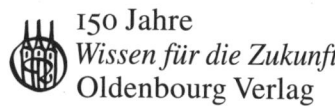

150 Jahre
Wissen für die Zukunft
Oldenbourg Verlag

Gewöhnliche Differentialgleichungen

von
Dr. Heidrun Günzel

Oldenbourg Verlag München

Dr. Heidrun Günzel studierte Mathematik an der Technischen Universität Dresden, wo sie anschließend auch auf dem Gebiet der Mathematik, speziell der Analysis/Partielle Differentialgleichungen promovierte.
Seit September 2002 ist sie Lehrbeauftragte am Fachbereich Mathematik/Naturwissenschaften der Hochschule Darmstadt. Sie hält Mathematikvorlesungen für Bachelorstudiengänge der Informatik sowie Vorlesungen über Gewöhnliche Differentialgleichungen im Studiengang Mathematik der Hochschule Darmstadt.

MATLAB®, Simulink® und Real-Time Workshop® sind eingetragene Warenzeichen von The MathWorks, Inc., 3 Apple Hill Drive, Natick, MA 01760-2098

Bibliografische Information der Deutschen Nationalbibliothek

Die Deutsche Nationalbibliothek verzeichnet diese Publikation in der Deutschen Nationalbibliografie; detaillierte bibliografische Daten sind im Internet über <http://dnb.d-nb.de> abrufbar.

© 2008 Oldenbourg Wissenschaftsverlag GmbH
Rosenheimer Straße 145, D-81671 München
Telefon: (089) 4 50 51-0
oldenbourg.de

Lektorat: Dr. Margit Roth
Herstellung: Anna Grosser
Coverentwurf: Kochan & Partner, München
Gedruckt auf säure- und chlorfreiem Papier
Druck: Grafik + Druck, München
Bindung: Thomas Buchbinderei GmbH, Augsburg

ISBN 978-3-486-58555-1

Vorwort

Das vorliegende Lehrbuch wendet sich vor allem an Studierende an Hochschulen, die sich in ihrer Mathematikausbildung mit gewöhnlichen Differentialgleichungen auseinandersetzen. Im Anschluss an erste Mathematik-Grundvorlesungen führt das Gebiet der gewöhnlichen Differentialgleichungen die Studierenden in neue Denkweisen ein, die für Mathematiker und Ingenieure gleichermaßen wichtig sind. In unserem Buch wurde die Einführung in das Thema so gewählt, dass man ohne große mathematische Vorkenntnisse verstehen kann, welche Fragestellungen im technisch-naturwissenschaftlichen Bereich mit der Lösung gewöhnlicher Differentialgleichungen beantwortet werden können. Einige überschaubare Anwendungen gewöhnlicher Differentialgleichungen werden ausführlich erläutert. Insgesamt soll aber die einheitliche mathematische Darstellungsweise im Vordergrund stehen, damit Zusammenhänge besser deutlich werden. Wir empfehlen dieses Buch sowohl Mathematikstudenten, die ihre Spezialisierung in Richtung Naturwissenschaft und Technik gewählt haben als auch Studierenden der Ingenieurwissenschaften und anderer technisch-physikalischer Studienfächer.

Das Buch basiert auf Vorlesungen und Übungen für den Studiengang Mathematik an der Hochschule Darmstadt. Die Idee zu diesem Buch ist von einigen Studierenden geäußert worden.

Mit der gewählten Darstellungsweise des Stoffes beabsichtigen wir einen Kompromiss zu erzielen zwischen kurzen Übersichten über Differentialgleichungen und Differentialgleichungssysteme in Formelsammlungen und umfassenden wissenschaftlichen Ausführungen in speziellen Fachbüchern. Im vorliegenden Buch wurde versucht, den Lehrstoff logisch und nachvollziehbar aufzubauen. Auf umfangreiche Beweise wird verzichtet. Kapitelabschnitte schließen mit passenden Aufgaben ab, die man anhand von durchgerechneten Beispielen lösen kann.

Das Buch enthält viele Abbildungen, hauptsächlich Darstellungen entsprechender Lösungskurven. Wir haben die Erfahrung gesammelt, dass sich MATLAB® sehr gut eignet, um einfach und schnell schöne Grafiken zu erzeugen. Räumliche Kurven lassen sich durch freie Drehungen des verwendeten Koordinatensystems besonders eindrucksvoll veranschaulichen. MATLAB® ist nicht nur zur Programmierung für numerische Praktika geeignet, sondern in Verbindung mit der Symbolic Math Toolbox als Algebrasystem zu empfehlen, in unserem Fall vor allem zur Lösung von Differentialgleichungen und Anfangswertproblemen.

Digitalisiert wurde der Inhalt meiner Lehrveranstaltungen mit der Software LATEX. Mein besonderer Dank ist hierbei an meinen Sohn Daniel gerichtet, der mit Hilfe einer effizienten LATEX-Arbeitsumgebung unter dem Betriebssystem Ubuntu immer für ein konsistentes, übersichtliches Layout gesorgt hat. Noch vor Beginn seines Studiums hat er sich sehr schnell in LATEX eingearbeitet. Ihm war keine Formel zu kompliziert, keine mathematische Darstellung zu lang. Daniel und Anne Lebhardt waren maßgeblich daran beteiligt, meine handschriftlichen Aufzeichnungen in die entsprechende Form zu bringen. Frau Anne Lebhardt gilt ebenfalls ein großes Dankeschön! Sie hat außerdem in der Endphase ihres Studiums an der TU Darmstadt meine Lehrveranstaltungen als Tutorin der Studierenden begleitet und viele Hausaufgaben korrigiert.

Ich möchte mich an dieser Stelle ganz herzlich für die Unterstützung und das Verständnis meiner Familie bedanken, ohne die dieses Buch nicht neben meinen beruflichen Tätigkeiten innerhalb von einem halben Jahr entstehen konnte. Mein Dank gilt außerdem Frau Dr. Margit Roth für die jederzeit sehr gute und unkomplizierte Zusammenarbeit mit dem Verlag. Abschließend möchte ich mich bei allen ungenannten Helfern bedanken, für die Motivation, für Hinweise und zahlreiche Korrekturen.

Darmstadt, im Januar 2008

Heidrun Günzel

Inhaltsverzeichnis

Abbildungsverzeichnis

1   Einführung

Gewöhnliche Differentialgleichungen gehören zu den Grundlagen der Mathematikausbildung an jeder Hochschule. Seit dem historischen Beginn der Theorie gewöhnlicher Differential-gleichungen durch Galilei, Leibniz und Newton im 17. Jahrhundert gehören besonders Na-turwissenschaft und Technik zu den Hauptanwendungsgebieten. Aber auch wirtschaftliche und gesellschaftliche Prozesse werden mit gewöhnlichen Differentialgleichungen modelliert, wobei diese Aufzählung keinen Anspruch auf Vollständigkeit erhebt. Eine Vielzahl von Beispielen findet man unter anderen in den Büchern von Heuser[1], Braun[2] oder Mayberg/Vachenauer[3].

Wir wollen mit unserem Buch einen anschaulichen Überblick überwiegend elementarer Lö-sungsmethoden gewöhnlicher Differentialgleichungen und Systeme erster Ordnung geben. Zur graphischen Darstellung von Lösungskurven haben wir die dafür hervorragend geeignete Soft-ware MATLAB® verwendet. Eine kompakte und vollständige Übersicht von MATLAB® findet man in den Büchern von Schweizer[4] und Angermann/Beuschel/Rau/Wohlfarth[5], letztgenann-tes enthält außerdem viele technische Beispiele und Übungsaufgaben.

Wir werden in Kapitel 7 eine beispielbezogene Einführung in MATLAB® geben. Sie erfahren dort unter anderem, wie wir einige Abbildungen des vorliegenden Buches mit MATLAB® er-zeugt haben. Sie lernen, wie man mit der Symbolic Math Toolbox algebraische Lösungen gewöhnlicher Differentialgleichungen ermitteln kann.

Mit der Kenntnis einiger Grundlagen aus der Analysis und der Linearen Algebra kann jeder Studierende die vorliegende Einführung in das Gebiet der gewöhnlichen Differentialgleichun-gen verstehen. Unverzichtbar dafür ist allerdings etwas Mühe und Fleiß, auch bei der Lösung der zu jedem Abschnitt passenden Übungsaufgaben.

Uns geht es nicht um spezielle Methoden der numerischen Lösung gewöhnlicher Differen-tialgleichungen, die bei zunehmender Komplexität zugehöriger mathematischer Modelle eine immer größere Rolle spielen. Wir verweisen hierfür auf die Bücher von Hermann,[6] Dahmen/ Reusken[7] und Bollhöfer/Mehrmann[8]. Das bereits genannte Buch von Angermann/Beuschel/ Rau/Wohlfarth erläutert ausführlich die Anwendung in MATLAB® enthaltener numerischer Lö-sungsalgorithmen für verschiedene Typen von Anfangs- und Randwertaufgaben gewöhnlicher

---

[1] Heuser, H.: *Gewöhnliche Differentialgleichungen*, Teubner Verlag (2006)

[2] Braun, M.: *Differentialgleichungen und ihre Anwendungen*, Springer Verlag, (1994)

[3] Meyberg, K., Vachaenauer, P.: *Höhere Mathematik 2 (Differentialgleichungen, Funktionentheorie, Fourier-Analysis, Variationsrechnung)*, Springer Verlag (2001)

[4] Schweizer, W.: MATLAB® *kompakt*, Oldenbourg Verlag (2007)

[5] Angermann, Beuschel, Rau, Wohlfarth: MATLAB®*-Simulink-Stateflow. Grundlagen, Toolboxen, Beispiele*, Oldenbourg Verlag (2005)

[6] Hermann, M.: *Numerik gewöhnlicher Differentialgleichungen*, Oldenbourg Verlag (2004)

[7] Dahmen, W., Reusken, A.: *Numerik für Ingenieure und Naturwissenschaftler*, Springer Verlag (2006)

[8] Bollhöfer, M., Mehrmann, V.: *Numerische Mathematik*, Vieweg Verlag (2004)

Differentialgleichungen. Eine Übersicht dazu liefert das ebenfalls schon genannte Buch von Schweizer.

Nach den folgenden Bemerkungen und Beispielen in diesem Kapitel werden wir mehrmals einen Anwendungsbezug herstellen:

Was hat das Wort „Resonanz" bei Lösungen einer Klasse von Differentialgleichungen mit der Eigenschaft „Resonanz" von Schwingungen zu tun?

Bevor wir diese Frage beantworten, beschäftigen wir uns in Kapitel 4.5 ausführlich mit der Schwingungsdifferentialgleichung, die gleichermaßen freie mechanische Schwingungen und elektrische Schwingkreise beschreibt.

Warum sind Wetterprognosen teilweise ungenau? Wir wollen am Schluss von Kapitel 6 durch einen Ausblick auf die besonderen Eigenschaften eines nichtlinearen Differentialgleichungssystems die Behauptung verstehen, wie sie Lorenz 1963 aufgestellt hat:

„Der Flügelschlag eines Schmetterlings im Amazonas-Urwald kann einen Orkan in Europa auslösen."

„Edward N. Lorenz beobachtete, dass kleinste Varianten in seinen Anfangsdaten der Variablen in seinem einfachen Wettermodell, das er etwa 1960 auf einem Computer simulierte, stark abweichende Ergebnisse der Wetterprognosen hervorrufen. Diese empfindliche Abhängigkeit von den Anfangsbedingungen wurde bekannt als so genannter Schmetterlingseffekt."[9]

Eine Analyse des Verhaltens der Lösungen von Differentialgleichungen in Form von sogenannten Phasenporträts spielen auch für nichtlineare Schwinger (z. B. des Van-der-Pol-Schwingers) und für nichtlineare Regelkreise eine Rolle, siehe [10].

Über eine moderne numerische Realisierung aktueller Anwendungsbeispiele informiert das Buch von Huckle/Schneider.[11]

1.1   Beispiele zur Modellbildung

Einstein „Wie ist es möglich, dass die Mathematik, letztendlich doch ein Produkt menschlichen Denkens, unabhängig von der Erfahrung, den wirklichen Gegebenheiten so wunderbar entspricht?"[12]

Wir können hier keinesfalls auch nur ansatzweise eine Antwort auf diese Frage von Einstein geben, sondern wollen jetzt bei den aller einfachsten historischen Modellen der Anwendung gewöhnlicher Differentialgleichungen beginnen.

1.1.1   Newtonsche Bewegungsgleichungen

Zunächst veranschaulichen wir uns den Zusammenhang zwischen einer Funktion und ihrer Ableitung an einem einfachen bekannten Beispiel:

---

[9] http://de.wikipedia.org/wiki/EdwardN.Lorenz10.08.2007
[10] Hütte: *Das Ingenieurwissen*, Springer Verlag (2007)
[11] Huckle, T., Schneider, S.: *Numerische Methoden*, Springer Verlag (2006)
[12] Heuser, H.: *Gewöhnliche Differentialgleichungen*, Teubner Verlag (2006), S. 4

Zur Zeit t wurde ein *Weg* $s = s(t)$ zurückgelegt, die Funktionswerte s beschreiben die zugehörige Ortskoordinate. Bilden wir zu einem beliebigen *Zeitpunkt* t die erste Ableitung der differenzierbaren Funktion

$$s = s(t),$$

erhalten wir mit

$$s'(t) =: v(t)$$

die *Geschwindigkeit* zum Zeitpunkt t. Man sagt auch,

$$s'(t) = \frac{ds(t)}{dt}$$

ist die *momentane Änderungsrate* von $s(t)$. Bei der Darstellung des Funktionsverlaufes von

$$s = s(t)$$

erkennt man sie an den Steigungen der Tangenten an die Kurve (siehe Abbildung 1.1). Man stellt sich vor, ein Fahrzeug fährt von A nach B, die in gleichen Zeitintervallen zurückgelegte Wegstrecke wird zunächst etwas größer, dann noch größer, d. h. die Geschwindigkeit wächst. Dies passiert etwa bis zum Zeitpunkt $t = 6$, dann werden wieder entsprechend kleinere Wegstrecken zurückgelegt, bis das Ziel in B erreicht ist. Die Geschwindigkeit verhält sich ab $t = 6$ monoton fallend. Der Funktionsverlauf von

$$v(t) = s'(t)$$

ist in der Abbildung 1.2 zu sehen, in $t = 6$ hat die Funktion $s'(t)$ ein lokales Maximum.

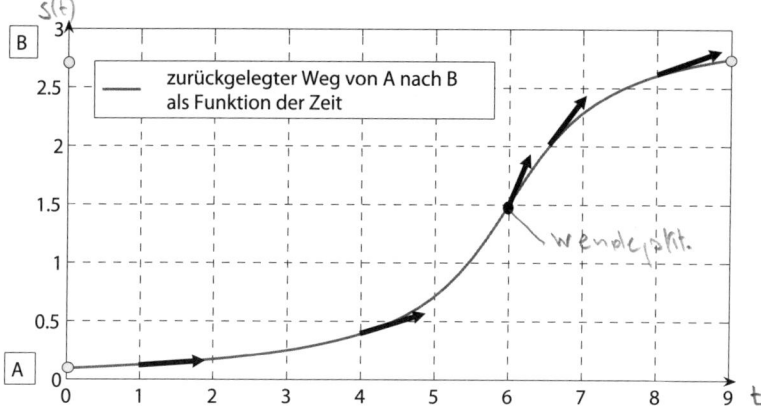

Abb. 1.1: Weg

Führen wir diesen Prozess fort, d. h. bilden wir die Ableitung von $v(t)$, erhalten wir mit

$$v'(t) = s''(t) = \frac{d^2 s}{dt^2} =: a(t)$$

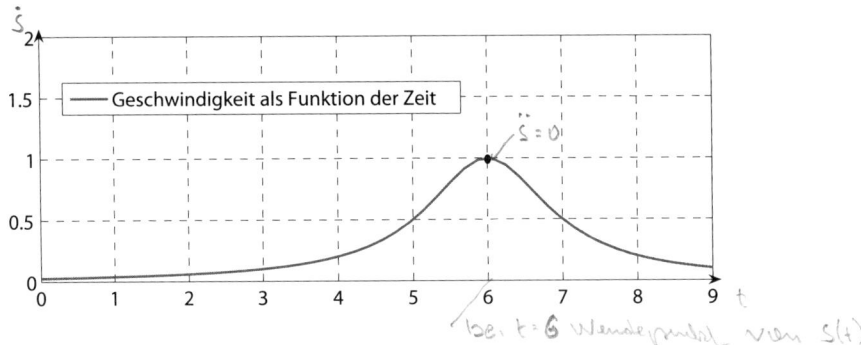

Abb. 1.2: *Geschwindigkeit*

die momentane *Beschleunigung* des Fahrzeuges, also die momentane Änderungsrate der Geschwindigkeit.

Wer sich zur Wiederholung mit der Darstellung, Verknüpfung, der graphischen Ableitung und Integration von Funktionen beschäftigen möchte, dem sei das Funktionen-Tool von MATLAB® empfohlen. Dies lässt sich im Command Window von MATLAB® einfach durch die Eingabe des Wortes funtool starten.

Im Folgenden wollen wir uns vier Grundmodelle für die Anwendung einfacher Differentialgleichungen anschauen, die auf dem *Newtonschen Grundgesetz*

$$F = m \cdot a \qquad\qquad\qquad\qquad (1.1)$$

beruhen. Hierbei ist

$$a = a(t) = s''(t)$$

wieder die Beschleunigung zur *Zeit t* und die Konstante *m* sei die Masse eines *Massenpunktes*, der sich bei Einwirkung einer *Kraft F* längs der Wegachse *s* bewegt. Je nach weiterer Charakterisierung der Kraft *F* entstehen Gleichungen, aus denen man den zurückgelegten Weg

$$s = s(t)$$

und auch die Geschwindigkeit

$$v = v(t) = s'(t)$$

berechnen kann. Da diese Gleichungen Ableitungen der Funktion $s = s(t)$ enthalten, nennt man sie *Differentialgleichungen*.

Beispiel 1.1

Freier Fall aus geringer Höhe ohne Berücksichtigung des Luftwiderstandes:

In diesem Modell nimmt man an, dass Körper beim Fallen auf die Erde einem vernachlässigbar kleinen Luftwiderstand ausgesetzt sind und ihre Fallhöhe sehr viel kleiner als der

Erdradius ist. Hierbei ist die den Körper anziehende Kraft konstant und wird beschrieben durch

$$F = m \cdot g, \qquad \text{wobei} \quad g \approx 9{,}81 \frac{m}{s^2}$$

die Konstante der *Fallbeschleunigung* darstellt.

Die Maßeinheit der Kraft F ist $kg \cdot \frac{m}{s^2} = N$ (Newton), wobei hier s eine Einheit der *Zeit* (Sekunden) und m eine Einheit der Weglänge (Meter) bedeuten. kg ist eine Einheit der Masse m.

Mit dem Newtonschen Grundgesetz bekommt man durch Gleichsetzen der beiden Kräfte die sehr einfache Differentialgleichung

$$s'' = g, \tag{1.2}$$

also eine Gleichung für die Beschleunigung s'', die in Meter pro Sekundenquadrat gemessen wird.

Um eine eindeutige Lösung $s = s(t)$ zu erhalten, muss man *Anfangsbedingungen* festlegen

$$s(0) = s_0 \quad \text{und} \quad v(0) = v_0,$$

d. h. hier, der Ausgangspunkt in $t = 0$ für den freien Fall des Massenpunktes ist eine Höhe s_0 und die Startgeschwindigkeit hat einen Wert v_0.

Die Maßeinheit der Geschwindigkeit $v = s'$ ist Meter pro Sekunde.

Lösung: Die Differentialgleichung (1.2) lässt sich ohne weiteres zweimal auf beiden Seiten integrieren. Wir bekommen zuerst

$$\frac{ds}{dt} = \int g \, dt$$

also

$$v(t) = gt + C_1,$$

anschließend

$$\int v(t) \, dt = \int (gt + C_1) dt$$

und damit die allgemeine Lösung

$$s(t) = \frac{1}{2} gt^2 + C_1 t + C_2$$

mit den noch beliebigen Konstanten C_1, $C_2 \in \mathbb{R}$.

Wir prüfen die Maßeinheiten in den erhaltenen Gleichungen $g \cdot t$ sind Meter pro Sekunde: $\frac{m}{s^2} \cdot s$; die additive Konstante C_1 muss eine Geschwindigkeit sein.

Die Einheiten in $g \cdot t^2$ ergeben Meter: $\frac{m}{s^2} \cdot s^2$; die additive Konstante C_2 muss ebenfalls ein Weg in Metern sein.

Durch das Einsetzen der Anfangsbedingungen bestimmen wir die Werte der Konstanten C_1, C_2 und erhalten so *die Lösung der Anfangswertaufgabe*

$$s(t) = \frac{1}{2}gt^2 + v_0 t + s_0. \tag{1.3}$$

In diesem Modell hängen die Fallgeschwindigkeit $v(t) = gt + v_0$ und der Fallweg $s(t)$ nicht von der Masse m des fallenden Körpers ab. Diese Eigenschaft lesen wir auch schon aus der zugehörigen Differentialgleichung (1.2) ab, die die Konstante m nicht enthält.

Beispiel 1.2

Freier Fall unter Berücksichtigung des Luftwiderstandes:

Der Luftwiderstand werde in Form einer der Erdanziehung entgegenwirkenden *Reibungskraft*

$$F_R = \varrho \cdot v$$

berücksichtigt. Hierbei ist die positive Konstante ϱ der *Reibungskoeffizient*. So entsteht jetzt mit $v = s'$ die Differentialgleichung

$$ms'' = mg - \varrho s'. \tag{1.4}$$

Wir wollen die Funktion der Geschwindigkeit $v(t)$ mit der im Beispiel 1.1 vergleichen. Den einfachen Lösungsweg, um zunächst $v(t) = s'(t)$ zu ermitteln, lernen wir in Kapitel 3.1. Die komplette Differentialgleichung lösen wir in Kapitel 4. Die Lösung der Differentialgleichung

$$mv' = mg - \varrho v \tag{1.5}$$

mit der Anfangsbedingung $v(0) = v_0$ ergibt sich zu

$$v(t) = \left(v_0 - \frac{mg}{\varrho}\right) \cdot e^{\frac{-\varrho}{m}t} + \frac{mg}{\varrho}. \tag{1.6}$$

Dieses Ergebnis ist plausibel, da sich die Geschwindigkeit beim freien Fall unter Berücksichtigung des Luftwiderstandes einer Grenzgeschwindigkeit nähert

$$\lim_{t \to \infty} v(t) = \frac{mg}{\varrho}.$$

Dagegen ist die Geschwindigkeit im Modell ohne Berücksichtigung des Luftwiderstandes (Beispiel 1.1) eine monoton wachsende, lineare Funktion der Zeit t. Man skizziere die beiden Fälle der Funktionen $v(t)$ oder erzeuge ihre Bilder mit MATLAB®.

Die beiden nächsten Differentialgleichungen beschreiben die Bewegung eines Feder-Masse-Systems.

An einer vertikalen Feder befinde sich ein Massenpunkt der konstanten Masse m. Der Anfangszustand des Systems ist seine Ruhelage. Die Kräfte, die entgegengesetzt längs der Feder
wirken, sind im Gleichgewicht: die *Rückstellkraft* der Feder und die *Trägheitskraft*. Die Masse
befindet sich im Nullpunkt $s = 0$ des Koordinatensystems (siehe Abbildung 1.3).

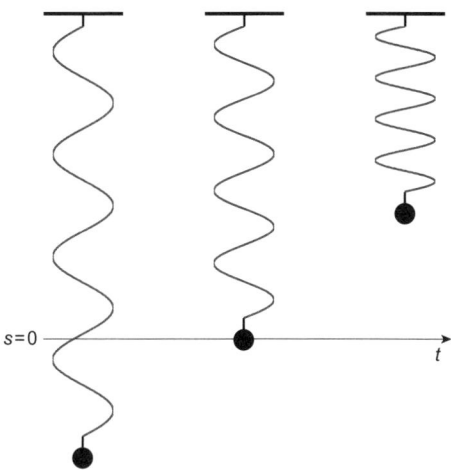

Abb. 1.3: *Drei Zustände in einem Feder-Masse-System*

Durch Zug an der Masse in Richtung negativer s-Achse wird die Feder anschließend um $s = s_0$ gedehnt und zum Zeitpunkt $t = 0$ mit einer Anfangsgeschwindigkeit $v_0 = s'(0) = 0$ losgelassen. Damit beginnt das Masse-Feder-System zu schwingen.

Gesucht ist die Funktion $s = s(t)$, die die Bewegung der Masse um den Ruhepunkt in Abhängigkeit von der Zeit t beschreibt.

Beispiel 1.3

Ungedämpfte Schwingung: Hier wird keine Reibung bzw. Dämpfung berücksichtigt. Mit
der Federrückstellkraft

$$F_D = k \cdot s, \quad k > 0 \quad \text{zugehörige Federkonstante,}$$

entsteht wegen dem Kräftegleichgewicht die Differentialgleichung

$$ms'' = -ks. \tag{1.7}$$

Man erhält unter Berücksichtigung der beiden Anfangsbedingungen die Lösung (vergleiche
Kapitel 4)

$$s(t) = s_0 \cos(\omega_0 t), \quad \omega_0 = \sqrt{\frac{k}{m}}. \tag{1.8}$$

Die Konstante ω_0 wird *Eigenfrequenz* genannt. *Durch Differenzieren und Einsetzen von s(t) in die Differentialgleichung beweise man, dass dies tatsächlich die Lösung des Anfangswertproblems ist.*

Wir schauen uns die Darstellung der Auslenkung $s(t)$ aus der Ruhelage in der Abbildung 1.4 an. Zu Beginn ist die Feder in die Länge gezogen und hat die „negative" Höhe s_0. Dann durchläuft der Massenpunkt die Nulllage $s = 0$, anschließend erreicht die Feder ihre größte Stauchung (sie ist zusammengedrückt), hier liegt das erste lokale Maximum der Funktion $s(t)$. Aufgrund der Rückstellkraft der Feder dehnt sich die Feder wieder aus, durchläuft die Nulllage und kehrt zum Ausgangspunkt zurück. Weil man den Bewegungsablauf in diesem Modell ohne Dämpfung und Einfluss anderer Kräfte betrachtet, ist der Prozess ein unendlicher, periodischer Vorgang mit konstanter *Amplitude* $|s_0|$, der durch die an der Zeitachse gespiegelte, mit s_0 skalierte Kosinusfunktion beschrieben wird. Interessant ist auch der Verlauf der Geschwindigkeiten beim Schwingungsvorgang des Feder-Masse-Systems. Die Anfangsgeschwindigkeit nach dem Loslassen der Masse nimmt zu, bis sie beim Durchlauf der Nulllage ihr Maximum erreicht, anschließend nimmt sie wieder ab. In den Umkehrpunkten, zu den Zeitpunkten der maximalen Stauchung bzw. Ausdehnung der Feder, ist die Geschwindigkeit gleich Null. Stellt man sich die Tangenten an den Verlauf der Kurve in Abbildung 1.4 vor, kann man diese Überlegung leicht nachvollziehen. *Welche Funktion beschreibt diesen Geschwindigkeitsverlauf? Ihre Vermutung können Sie durch Differenzieren der Lösung s(t) bestätigen. Zeichnen Sie den zugehörigen Verlauf der Geschwindigkeit!*

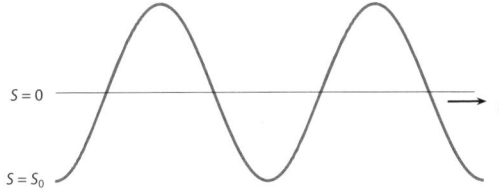

Abb. 1.4: *zeitlicher Verlauf der Auslenkung s(t) bei ungedämpfter Federschwingung*

Beispiel 1.4

Gedämpfte Schwingung:

Jetzt werde eine zur Geschwindigkeit s' proportionale Dämpfungskraft berücksichtigt. Sie ist durch einen *Dämpfungskoeffizienten* $d > 0$ charakterisiert und wirkt, wie die Federrückstellkraft selbst, der Beschleunigung entgegen. So entsteht die Differentialgleichung

$$ms'' = -ks - ds'. \tag{1.9}$$

Die Federkraft ist proportional zur ihrer Auslenkung, deshalb erscheint die Federkonstante k als Faktor vor s. Genaueres darüber erfahren Sie im nächsten Abschnitt dieses Kapitels.

Die Lösung dieser Differentialgleichung führt auf drei verschiedene Fälle, die durch den Zusammenhang der Konstanten d, m und k bestimmt werden, anders gesagt, je nach dem, wie groß die Dämpfung im Vergleich zu den anderen Konstanten tatsächlich ist. Um einen qualitativen Unterschied zum Beispiel 1.3 ohne Dämpfung zu erkennen, beschränken wir uns hier zunächst auf einen der drei Fälle. Für $d < 2\sqrt{m\,k}$ wird die Lösung der Anfangswertaufgabe beschrieben durch

$$s(t) = e^{-\delta t}\left(s_0 \cos(\omega_1 t) + \frac{\delta s_0}{\omega_1}\sin(\omega_1 t)\right) \qquad (1.10)$$

(handschriftlich: $+ v_0 \to$ für $v_0 \neq 0$; Knaebel 89)

(handschriftlich am Rand: | 137)

$$\delta = \frac{d}{2m}, \quad \omega_1 = \sqrt{\frac{k}{m} - \delta^2}. \qquad (1.11)$$

(handschriftlich: Eigenfrequenz d. ged. Schw.)

Mit Hilfe von Abbildung 1.5 wollen wir uns das Verhalten der Auslenkung der Feder als Funktion der Zeit anschauen. Die Amplitude wird kontinuierlich kleiner. Nach unendlich langer Zeit ist (wie auch in den beiden anderen noch zu besprechenden Teilfällen dieses Modells) keine Schwingung mehr vorhanden.

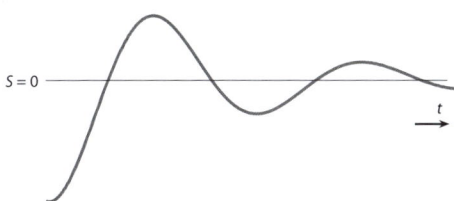

$s = 0$

t

Abb. 1.5: *zeitlicher Verlauf der Auslenkung $s(t)$ bei gedämpfter Federschwingung*

Abschließend sei zu den beiden letzten Beispielen bemerkt, dass diese Differentialgleichungen zum sogenannten Modell des *ungestörten harmonischen Oszillators* gehören. Die Bewegung des Feder-Masse-Systems wird hier durch einmalige äußere Anregung erzeugt, man spricht auch von *freien Schwingungen*. Wenn aber ein Feder-Masse-System zusätzlich durch eine Kraft von außen zu Schwingungen angeregt wird, haben wir es mit dem Modell des *gestörten harmonischen Oszillators* zu tun. Dem System wird Energie zugeführt, die Schwingungen werden erzwungen. Mit den beiden Oszillatormodellen wollen wir uns in Kapitel 4.5 genauer beschäftigen.

1.1.2 Änderungsprozesse

Bevor wir uns einige weitere Beispiele für Modellierungen mit gewöhnlichen Differentialgleichungen anschauen, wollen wir auf eine charakteristische Herangehensweise besonders hinweisen.

Die Theorie der Differentialrechnung beruht auf dem Differentialquotienten als Grenzwert des Differenzenquotienten:

$$\frac{dy}{dx} = \lim_{\Delta x \to 0} \frac{\Delta y}{\Delta x}, \tag{1.12}$$

wobei

$$y = f(x)$$

eine differenzierbare Funktion ist mit den beiden Differenzen

$$\Delta x := x - x_0$$

und

$$\Delta y := f(x) - f(x_0).$$

Der Quotient $\frac{\Delta y}{\Delta x}$ liefert den Anstieg der Sekante an die Kurve von f, die diese im Punkt $(x_0, f(x_0))$ und einem weiteren Punkt $(x, f(x))$ schneidet. Der Grenzprozess $\lim_{\Delta x \to 0}$ bedeutet die Annäherung von x an x_0 und von $f(x)$ an $f(x_0)$, wobei als Grenzwert aus dem Anstieg der Sekanten der Anstieg der Tangente $\frac{dy}{dx}$ in x_0 entsteht. Die Zeichnung einer Skizze kann hilfreich sein.

Wenn man die Zuordnungsvorschrift $f(x)$ einer solchen Funktionen f kennt, lässt sich in jedem Punkt x_0 des zugehörigen Definitionsbereiches die erste Ableitung bestimmen. Man gelangt von der Information des gesamten Funktionsverlaufes zu ihren momentanen Änderungsraten.

Wenn Prozesse durch gewöhnliche Differentialgleichungen beschrieben werden, ist es umgekehrt. Gegeben sind momentane Änderungsraten, oder man kennt kleine Teilabschnitte eines Vorgangs oder ein Verhältnis zwischen zwei physikalischen Größen, siehe Beispiel 1.5 und Beispiel 1.6. Ziel ist es, daraus möglichst den gesamten Verlauf „vorherzusagen". Die Lösung einer Differentialgleichung bezeichnet man ganz allgemein als *Integral der Differentialgleichung,* was nach dem lateinischen Wort *integrare* soviel bedeutet wie „Herstellung eines Ganzen".

Beispiel 1.5

Radioaktiver Zerfall:

Gesucht ist eine Funktion

$$N = N(t),$$

die eine zur Zeit t vorhandene Masse oder eine Anzahl von Teilchen beschreibt.

Anmerkung: Im Unterschied zur konstanten Masse m in den vorigen Beispielen wird hier für die zeitabhängige Masse der Buchstabe N verwendet.

Bekannt ist der Prozessbeginn mit

$$N(0) = N_0. \qquad \text{oder} \quad N(t_0) = N_0, t_0 \tag{1.13}$$

$$\text{Anfangsbedingung}$$

In einem kleinen Zeitraum $\Delta t = dt$ zerfällt eine Menge $\Delta N = dN$ der vorhandenen Masse N. Man geht davon aus, dass dN sowohl zu N als auch zu dt proportional ist. Wenn beispielsweise nur die Hälfte der Masse N vorhanden ist, zerfällt auch nur die Hälfte der Menge dN; dasselbe passiert bei einer Halbierung der Zeitspanne dt. Diese Feststellung lässt sich durch einen *Proportionalitätsfaktor*, hier λ, ausdrücken:

$$dN = -\lambda \cdot N(t) \cdot dt. \qquad \lambda > 0$$

Die positive Konstante λ ist die *Zerfallskonstante*. Die Differentialgleichung lautet damit offensichtlich

$$\frac{dN}{dt} = -\lambda \cdot N(t). \tag{1.14}$$

Es lässt sich in diesem Fall auch kürzer argumentieren, um sofort

$$N' = -\lambda \cdot N$$

zu notieren, wenn klar ist, dass die Zerfallsgeschwindigkeit proportional der vorhandenen Masse ist. Als erste Ableitung der Funktion N beschreibt N' die momentane Änderungsrate der Masse pro Zeit, die Änderungsrate des Zerfallsprozesses.

Die Zerfallskonstante λ gibt einen Wert pro Zeiteinheit an. Die *Zerfallsgeschwindigkeit* N' der Masse N wird in Masse pro Zeit gemessen. Da die Anfangswertaufgabe mit der Anfangsbedingung (1.13) und der Differentialgleichung (1.14) sehr einfach zu lösen ist, wollen wir hier ihre Lösung berechnen. Das zugehörige Lösungsverfahren behandeln wir in Kapitel 3.

Lösung: Wir „sortieren", d. h. *trennen die Variablen* in der Differentialgleichung (1.14)

$$\frac{dN}{N} = -\lambda \cdot dt \quad \text{mit} \quad N \neq 0$$

und integrieren auf beiden Seiten.

Mit

$$\ln|N| = -\lambda t + C, \quad C \in \mathbb{R}$$

erhält man über

$$e^{\ln|N|} = e^{-\lambda t + C}$$

schließlich

$$N(t) = e^{-\lambda t} \cdot K \quad \text{mit} \quad K = \pm e^C$$

Man bestimmt den Wert der freien Konstanten $K \neq 0$ aus der Anfangsbedingung

$$N(0) = 1 \cdot K = N_0.$$

Die Lösung der Anfangswertaufgabe ist

$$N(t) = N_0 e^{-\lambda t}. \qquad \rightarrow N(t) = N_0 e^{-\lambda(t-t_0)}, \ N_0 = N(t_0), t_0 \tag{1.15}$$

Die vorhandene Masse nimmt exponentiell ab, bis sie nach unendlich langer Zeit nicht mehr vorhanden ist.

Wie wirklichkeitsnah Modelle mit Proportionalitätsfaktoren tatsächlich sind, hängt unter anderem davon ab, ob sich während des betrachteten Prozesses diese Faktoren tatsächlich nicht verändern, und ob in allen kleinen Zeitspannen das gleiche passiert.

Ähnlich lassen sich exponentielle Wachstumsprozesse beschreiben. Die Lösung $P = P(t)$ eines solchen Anfangswertproblems sagt ein unendliches Wachstum voraus:

$$\lim_{t\to\infty} P(t) = \lim_{t\to\infty} \left(P_0 e^{\alpha t}\right) = \infty, \quad \alpha > 0 \quad \text{Wachstumskonstante.}$$

Um Modelle genauer an tatsächlich ablaufende Prozesse anzupassen, kann man in die Differentialgleichung weitere bzw. andere Faktoren einbeziehen, zum Beispiel einen Faktor der Wachstumsmöglichkeit $(P_{max} - P)$. Dabei ist die Konstante P_{max} ein vorgegebener Maximalwert, der die Kapazitätsgrenze einer wachsenden Menge oder Anzahl beschreibt. Eine realistische Beschreibung vieler Wachstumsprozesse liefert die *logistische Differentialgleichung*

$$\frac{dP}{dt} = \alpha P \left(P_{max} - P\right), \quad \alpha > 0, \quad P_{max} > 0. \tag{1.16}$$

Für $P(t) = P_{max}$ findet keine Änderung des Prozesses, kein Wachstum mehr statt (natürlich auch nicht für $P(t) = 0$).

Als Modellbeispiel für Sättigungs- oder Ausgleichsprozesse wollen wir einen Erwärmungsprozess betrachten, wobei die den Prozess beschreibende Differentialgleichung ausschließlich mit dem genannten Faktor der „Prozessmöglichkeit" gebildet wird.

Beispiel 1.6

Temperaturausgleich:

Es befindet sich Sekt in einem Glas mit einer Temperatur von $T(0) = 5$ Grad Celsius. Wenn der Sekt, bei einer Raumtemperatur von 20 Grad Celsius, nicht sofort ausgetrunken oder in den Kühlschrank gestellt wird, erwärmt er sich. Dabei wird angenommen, dass zu jedem festen Zeitpunkt die Temperatur im Sekt überall gleich ist. Gesucht ist die Funktion $T(t)$, die den Temperaturwert des Sekts zur Zeit t beschreibt. Mit ihrer Kenntnis kann man voraussagen, wie lange der Sekt vermutlich genießbar bleibt (abgesehen von der mit der Zeit verschwindenden Kohlensäure). Die Differentialgleichung, die diesen Erwärmungsprozess der im Glas enthaltenen Flüssigkeit beschreibt, lässt sich mühelos aufstellen:

$$T' = k \cdot (20 - T). \tag{1.17}$$

Der Proportionalitätsfaktor $k > 0$ ist bisher unbekannt. Man könnte ihn mit Hilfe einer Reihe von Kontrollmessungen der Temperatur näherungsweise bestimmen. Dies ist für den idealisierten Modellfall nicht nötig, wir brauchen nur einen zweiten Wert, z. B. $T(1) = 9,5$ und berechnen die Konstante k mit Hilfe der gelösten Differentialgleichung.

Lösung: Wie im vorigen Beispiel ergibt sich aus

$$\int \frac{dT}{20 - T} = \int k \, dt$$

die Lösungsfunktion

T_u

$|T_0 - T_u = 5 - 20 = -15$

$$T(t) = 20 - 15e^{-kt} \qquad (1.18)$$

Aus der Gleichung für $T(1)$

$$9{,}5 = 20 - 15e^{-k}$$

ermitteln wir dann

$$k = -\ln\left(\frac{10{,}5}{15}\right), \quad k \approx 0{,}356675.$$

Damit ist die Lösung der Differentialgleichung eindeutig bestimmt.

Für $t = 5$, also z. B. nach Ablauf von 5 Minuten, beträgt die Temperatur des Sekts schon über 17 Grad Celsius. Der Verlauf der Funktion $T(t)$, siehe Abbildung 1.6, zeigt, dass sich der Sekt im Glas am Anfang schnell erwärmt, dann immer langsamer und die Grenztemperatur von 20 Grad Celsius erst nach unendlich langer Zeit erreichen würde.

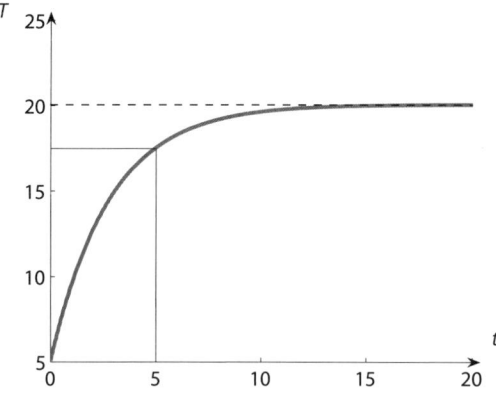

Abb. 1.6: *Temperaturverlauf bei Erwärmung einer Flüssigkeit*

Wie uns allen klar ist, hängt der Prozessverlauf, d. h. hier die Geschwindigkeit der Erwärmung der Flüssigkeit, von der Größe der direkten „Berührungsfläche" mit der Luft und weiteren Faktoren ab. Die Differentialgleichung beschreibt also ein stark vereinfachtes Modell.

Bemerkung:

Die Werte der Proportionalitätsfaktoren in den Differentialgleichungen, wie zum Beispiel für k in Beispiel 1.6 oder für λ in Beispiel 1.5 hängen von den physikalischen Eigenschaften der betreffenden Stoffe (Flüssigkeiten, Materialien usw.) ab.

Aufgabe 1.1.1

Stellen Sie die Gleichung des Kräftegleichgewichts nach dem Newtonschen Grundgesetz auf, die den freien Fall eines Körpers mit der Masse m unter Berücksichtigung des Luftwiderstandes unter der Annahme modelliert, dass der Luftwiderstand proportional zum Quadrat der Geschwindigkeit ist.

Schreiben Sie für dieses Modell die Differentialgleichung für die Geschwindigkeit und die Differentialgleichung für den Fallweg jeweils als Funktion der Zeit auf. Formulieren Sie außerdem zugehörige Anfangsbedingungen, die den Fall mit einer Anfangshöhe und aus der Ruhe heraus beschreiben.

Aufgabe 1.1.2

Wir betrachten einen Trocknungsprozess von Wäsche in einem handelsüblichen elektrischen Wäschetrockner. Die Trocknungsrate (die zeitliche Änderung der Restfeuchtigkeit) ist proportional zur vorhandenen Restfeuchtigkeit. Für eine konstante Menge entsprechend vorbehandelter Baumwollwäsche kann man einen Proportionalitätsfaktor von $\lambda = 3{,}5$/Stunde annehmen. Wie lange muss die Wäsche im Wäschetrockner getrocknet werden, bis sie nur noch ein Hundertstel ihrer ursprünglichen Feuchtigkeit hat?

Aufgabe 1.1.3

Ermitteln Sie die Differentialgleichung, deren Lösungskurve in jedem Punkt (x, y) die doppelte Summe ihrer Koordinatenwerte als Steigung hat.

Aufgabe 1.1.4

Welche Differentialgleichung mit zwei Anfangsbedingungen beschreibt das nachfolgende Modell?

Ein Massenpunkt P der Masse $m = 2$ bewege sich längs der x-Achse und werde in Richtung des Ursprungs $x = 0$ von einer Kraft F, die proportional zu x ist (Proportionalitätsfaktor 8), angezogen. Zum Zeitpunkt $t = 0$ befinde sich der Massenpunkt P an der Stelle $x = 10$ und ist nicht in Bewegung. Äußere Kräfte wirken dabei nicht.

Zusatz: Es soll noch eine Dämpfungskraft berücksichtigt werden, deren Wert das achtfache der augenblicklichen Geschwindigkeit beträgt.

1.2   Begriffe und geometrische Aspekte

Definition 1.1

- Unter einer *gewöhnlichen Differentialgleichung* für die gesuchte Funktion $y = y(x)$ versteht man eine Gleichung, in der neben x und y auch noch mindestens eine der Ableitungen y', y'', ..., $y^{(n)}$ vorkommt.

- Die *Ordnung der Differentialgleichung* ist gleich der Ordnung n ($n \in \mathbb{N}$) der höchsten in ihr auftretenden Ableitung.

- Eine Differentialgleichung n-ter Ordnung hat die Gestalt

$$F\left(x, y, y', \ldots, y^{(n)}\right) = 0 \qquad (1.19)$$

  mit einer Funktion F, die von $n + 2$ Variablen abhängt.

- Eine in einem Definitionsbereich $D \subseteq \mathbb{R}$ (oder $D \subseteq \mathbb{C}$) n-mal differenzierbare Funktion $y = y(x)$ heißt *Lösung der Differentialgleichung* (1.19), wenn für alle $x \in D$ gilt

$$F\left(x, y(x), y'(x), \ldots, y^{(n)}(x)\right) = 0.$$

- Die *allgemeine Lösung* einer gewöhnlichen Differentialgleichung der Ordnung n hat die Form $y = y(x, C_1, C_2, \ldots, C_n)$, wobei C_1 bis C_n reelle (oder komplexe) Konstanten sind.

- Mit der Festlegung der Konstanten C_i, ($i = 1, 2, \ldots, n$) durch bestimmte Zahlenwerte erhält man *partikuläre (spezielle) Lösungen*.

- Eine gewöhnliche Differentialgleichung kann auch *singuläre Lösungen* haben, die nicht in der allgemeinen Lösung enthalten sind. Geometrisch ist eine singuläre Lösung eine „*Hüllkurve*" („*Einhüllende*", *Enveloppe*) aller partikulären Lösungen.

Bezeichnung:

Eine Differentialgleichung der Form

$$y^{(n)} = f\left(x, y, y', \ldots, y^{(n-1)}\right)$$

nennt man *explizite Differentialgleichung*. Ihre allgemeine Form (1.19) ist eine *implizite Differentialgleichung*.

Beispiel 1.7

Am Beispiel einer impliziten Differentialgleichung wollen wir die eben definierten Begriffe veranschaulichen:

$$(y')^2 + y^2 = 1 \qquad (1.20)$$

- Die allgemeine Lösung wird durch die Funktionen $y(x) = \sin(x + C)$, $C \in \mathbb{R}$ beschrieben, Beweis durch Ableiten und Einsetzen in die Differentialgleichung.

- Spezielle Lösungen sind z. B. $y(x) = \sin x$ ($C = 0$) und $y(x) = \sin\left(x + \dfrac{\pi}{2}\right) = \cos x$ $\left(C = \dfrac{\pi}{2}\right)$.

- Singuläre Lösungen, d. h. Hüllkurven, bilden die Geraden $y = 1$ und $y = -1$ (siehe Abbildung 1.7).

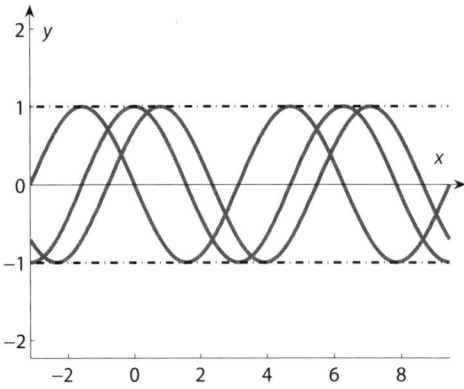

Abb. 1.7: *Sinuskurven mit Hüllkurven*

Charakteristik einer Hüllkurve zu einer Kurvenschar:

Die Hüllkurve wird in *jedem* ihrer Punkte von einer (sich in diesem Punkt ändernden) Kurve dieser Kurvenschar *berührt*.

Aussagen:

Die allgemeine Lösung einer gewöhnlichen Differentialgleichung n-ter Ordnung stellt geometrisch eine n-parametrige *Kurvenschar* dar. Jede n-parametrige Kurvenschar lässt sich analytisch durch eine Differentialgleichung n-ter Ordnung erfassen.

Man erhält aus einer Kurvenschar eine Differentialgleichung, in dem man die Gleichung der Kurvenschar hinreichend oft differenziert, bis es gelingt, mit den durch das Differenzieren entstandenen Gleichungen die Parameter aus der Ausgangsgleichung zu eliminieren und so die von Parametern freie Differentialgleichung aufzustellen.

Bemerkung:

In den Lösungen der Differentialgleichung sind dann alle Kurven der Kurvenschar enthalten, aber nicht alle Lösungen müssen zur ursprünglichen Kurvenschar gehören, siehe auch Beispiel 1.10.

Beispiel 1.8

Die Differentialgleichung zur bekannten einparametrigen Kurvenschar

$$y = C\,x, \quad C \in \mathbb{R} \tag{1.21}$$

ist

$$y' = \frac{y}{x}, \quad x \neq 0. \tag{1.22}$$

Nach der Ableitung der Kurvenschar (1.21) mit $y' = C$ folgt durch Einsetzen dieser Ableitung in (1.21):

$$y = y'x,$$

womit wir die genannte Differentialgleichung, zunächst in impliziter Form, erhalten.

Beispiel 1.9

Zur Kurvenschar

$$y^2 + (x - C)^2 = 1, \quad C \in \mathbb{R} \tag{1.23}$$

gehört die implizit gegebene Differentialgleichung

$$y^2 + y^2 y'^2 = 1. \tag{1.24}$$

Diese hat übrigens auch singuläre Lösungen, die Hüllkurven $y = 1$ und $y = -1$, die offensichtlich nicht als partikuläre Lösungen in der allgemeinen Lösung enthalten sind. Die folgende Rechnung führt zum genannten Ergebnis:

$$2yy' + 2(x - C) = 0 \Rightarrow yy' + x = C \Rightarrow \text{(einsetzen)} \ y^2 + (x - (yy' + x))^2 = 1.$$

Bemerkung zu Hüllkurven:

Für die Kurvenschar, die durch die Gleichung

$$y^3 = (x - C)^2$$

beschrieben wird, ist die x-Achse keine Hüllkurve, da bekanntlich Ecken keine Berührungspunkte sind, weil dort die Funktion nicht differenzierbar ist, siehe Abbildung 1.8.

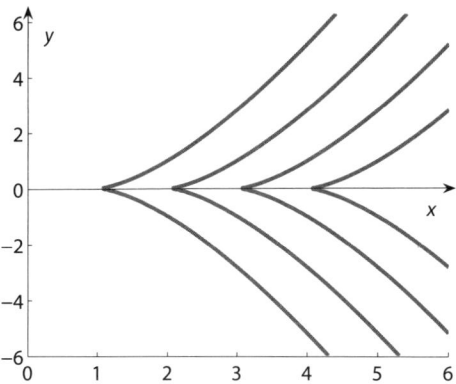

Abb. 1.8: Die x-Achse ist keine Hüllkurve!

Beispiel 1.10

Als letztes Beispiel betrachten wir eine Kurvenschar mit zwei Parametern

$$y = C_1 x + C_2, \quad C_1, \ C_2 \in \mathbb{R}, \tag{1.25}$$

es ist die gesamte (x, y)-Ebene. Die zugehörige Differentialgleichung zweiter Ordnung bekommt man sofort durch zweimaliges Differenzieren der Kurvenschar (1.25), eine Elimination von Parametern ist nicht notwendig:

$$y'' = 0. \tag{1.26}$$

Diese Differentialgleichung beschreibt die Schar aller Kurven ohne Krümmung, also alle Geraden einer Ebene.

Wenn wir in (1.25) die Menge der Kurvenscharen z. B. durch die Forderung $c_1 > 0$ einschränken, bekommen wir mit den Lösungen der erhaltenen Differentialgleichung $y'' = 0$ nicht nur diese, sondern weitere Kurven, auch diejenigen mit $c_1 \leq 0$.

Die erläuterten und veranschaulichten Zusammenhänge lassen sich in vielfältiger Weise benutzen, um Fragestellungen wie die folgende zu beantworten.

Beispiel 1.11

Gegeben ist die Funktion

$$f(x) = x^2.$$

Gesucht ist diejenige Kurvenschar, die alle Tangenten an diese Kurve beschreibt. Man stelle außerdem die zugehörige Differentialgleichung auf und prüfe ihren Bezug zur gegebenen Funktion.

Lösung:

Die Gleichung, die die Tangente an die Kurve der Funktion f in einem Punkt x_0 beschreibt, ist

$$y = f(x_0) + f'(x_0) \cdot (x - x_0). \tag{1.27}$$

Da die Kurvenschar der Tangenten in allen Punkten x_0 beschrieben werden soll, ist $x_0 = C$ der freie Parameter:

$$y = f(C) + f'(C)(x - C) \ \Rightarrow \ y = C^2 + 2xC - 2C^2.$$

Damit haben wir die gesuchte Kurvenschar ermittelt

$$y = -C^2 + 2Cx. \tag{1.28}$$

Über die Substitution $y' = 2C$ bestimmen wir die zugehörige Differentialgleichung

$$y = -\frac{(y')^2}{4} + xy'. \tag{1.29}$$

Durch Einsetzen von $y = x^2$ in die Differentialgleichung sehen wir, dass diese Funktion die Differentialgleichung erfüllt, was intuitiv auch zu erwarten war. Allerdings ist $y = x^2$ kein Teil ihrer allgemeinen Lösung, der berechneten Tangentenschar. Also handelt es sich um eine singuläre Lösung der Differentialgleichung. In der Abbildung 1.9 sind einige Tangenten und die Hüllkurve dargestellt.

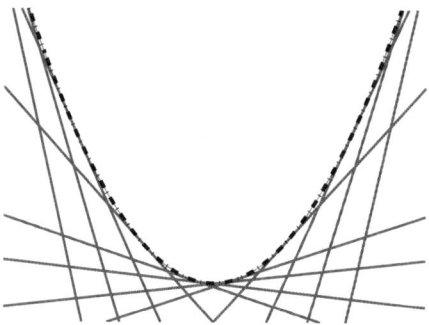

Abb. 1.9: *Tangentenschar*

Am Schluss dieses Kapitels wollen wir noch einige Bemerkungen speziell zu Kurvenscharen mit einem Parameter bzw. zu Differentialgleichungen erster Ordnung machen.

Definition 1.2

Eine Kurve, die jede Kurve einer einparametrigen Kurvenschar rechtwinklig schneidet, heißt *Orthogonaltrajektorie*.

Beispiel 1.12

Gesucht sind die Orthogonaltrajektorien zur Kurvenschar

$$x^2 + y^2 = r^2, \quad r > 0. \tag{1.30}$$

Wir differenzieren zunächst

$$\frac{d}{dx}\left(x^2 + y^2\right) = \frac{d}{dx}\, r^2$$

und erhalten mit

$$2x + 2yy' = 0$$

die zugehörige Differentialgleichung

$$y' = -\frac{x}{y}, \quad y \neq 0. \tag{1.31}$$

Die Orthogonaltrajektorien stehen senkrecht zu allen Tangenten, ihre Steigungen müssen deshalb negativ reziprok zu y' (den Tangentensteigungen) sein. Damit ergibt sich mit

$$y' = \frac{y}{x} \tag{1.32}$$

die Differentialgleichung der Orthogonaltrajektorien. Deren Lösungen kennen wir bereits, es ist die gesuchte Kurvenschar

$$y = C\,x, \quad C \in \mathbb{R}. \tag{1.33}$$

Die Darstellung einiger Kurven der gegebenen Kreisschar und zugehöriger Trajektorien finden Sie in Abbildung 1.10.

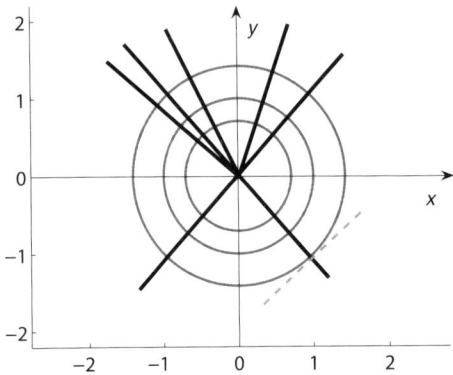

Abb. 1.10: Orthogonaltrajektorien einer Kreisschar

Bemerkung:

Zur Differentialgleichung

$$y' = f(x, y)$$

gehört die Differentialgleichung

$$y' = -\frac{1}{f(x, y)}$$

ihrer Orthogonaltrajektorien.

Aufgabe 1.2.1

a) Zeichnen Sie die Kurvenschar $y(x) = (x - C)^3$ für einige Werte $C \in \mathbb{Z}$ und bestimmen Sie die zugehörige Differentialgleichung.

b) Geben Sie eine zusätzliche Bedingung an, um aus der in a) gegebenen allgemeinen Lösung der Differentialgleichung eine partikuläre Lösung zu erhalten und markieren Sie diese in Ihrer Zeichnung.

c) Hat die Differentialgleichung auch singuläre Lösungen? Wenn ja, ergänzen Sie diese in Ihrer Zeichnung. Wie nennt man eine solche Kurve und welche besondere Eigenschaft hat jeder ihrer Punkte?

Aufgabe 1.2.2

Gesucht ist eine Differentialgleichung erster Ordnung, deren Lösung die folgende Bedingung erfüllt.

Die gesuchte Kurve $y = y(x)$ wird im ersten Quadranten des Koordinatensystems durch ihre Tangente im Punkt x beschrieben. Diese Tangente schneidet die x-Achse im Punkt $\frac{x}{2}$.

Hinweis: Wählen Sie ein beliebiges Koordinatenpaar (x, y) im ersten Quadranten und zeichnen Sie die Tangente mit der geforderten Eigenschaft. Der Ausdruck für den Anstieg der Tangente liefert die gesuchte Differentialgleichung.

Aufgabe 1.2.3

Gegeben sei die Kurvenschar $x^2 - y^2 = C$ ($C \in \mathbb{R}$). Man bestimme die zugehörige Schar der Orthogonaltrajektorien.

2 Differentialgleichungen erster Ordnung

Bevor wir im dritten Kapitel elementare Lösungsmöglichkeiten von Differentialgleichungen erster Ordnung behandeln, wollen wir ihre Lösungen anschaulich verstehen, ihre Existenz und Eindeutigkeit klären und sie näherungsweise berechnen.

2.1 Richtungsfeld und Isoklinen

Im Folgenden betrachten wir Differentialgleichungen der Form

$$y' = f(x, y), \quad (x, y) \in D \subseteq \mathbb{R}^2 \tag{2.1}$$

mit einer gegebenen Funktion

$$f : D \to \mathbb{R}.$$

Gesucht wird eine differenzierbare Funktion $y = y(x)$, deren Kurve in D verläuft.

Für $y(x)$ gilt

$$y'(x) = f(x, y(x)),$$

d. h. der Anstieg einer Lösungskurve $y(x)$ im Punkt $(x, y) \in D$ wird durch den jeweiligen Funktionswert $f(x, y)$ bestimmt.

Damit wird klar, dass die Differentialgleichung (2.1) eine Vorgabe für die Tangentensteigungen der Lösungskurven in allen zugehörigen Punkten (x, y) ist.

Geometrisch lässt sich dies durch ein „Richtungsfeld" beschreiben

$$(x, y) \longmapsto \text{Wert } m := y'(x) = f(x, y)$$
$$= \text{Anstieg der Tangente}$$
$$\text{an die Kurve } y(x) \text{ an der Stelle } x.$$

Der Wert $m = f(x, y)$ hängt von der Wahl des Punktes $(x, y) \in D$ ab und lässt sich bei gegebener Zuordnungsvorschrift f sofort für jeden Punkt berechnen.

Ein „Stück" einer solchen Tangente mit dem Anstieg m nennt man *Linienelement* im Punkt (x, y), siehe Abbildung 2.1.

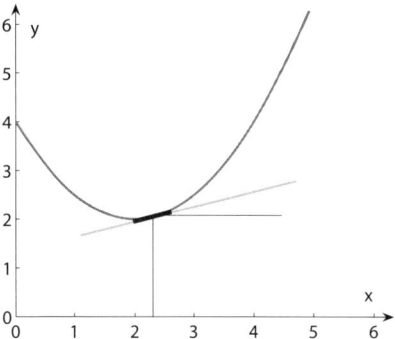

Abb. 2.1: *Linienelement mit Tangente an eine Lösungskurve*

Beispiel 2.1

$$y' = x^2 + y^2$$

Im Punkt $(x, y) = (2, 1)$ erhält man aus

$$f(2, 1) = 2^2 + 1^2$$

den Wert $m = 5$. Das ist der Anstieg der Tangente an die unbekannte Lösungskurve $y(x)$ in $x = 2$ (vgl. Abbildung 2.2).

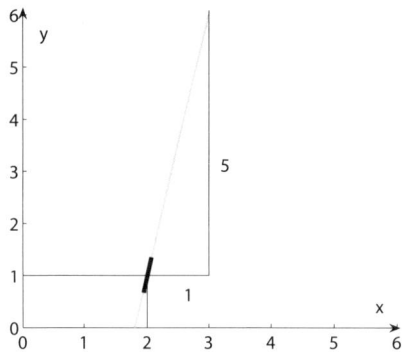

Abb. 2.2: *Linienelement und Tangente in einem Punkt einer Lösungskurve*

Beispiel 2.2

$$y' = x - y^2$$

Gegeben: $(x, y) = (-1, 1)$

$$\Rightarrow m = -1 - 1 = -2.$$

Bezeichnung:

Die Gesamtheit aller Linienelemente einer Differentialgleichung heißt ihr *Richtungsfeld*. Das Lösen einer Differentialgleichung erster Ordnung bedeutet, alle Kurven zu finden, die auf das Richtungsfeld der Differentialgleichung passen, d. h., die in jedem Punkt des Definitionsbereichs eine Tangente haben und nur solche Linienelemente enthalten, die mit den durch $m = y' = f(x, y)$ gelieferten Werten übereinstimmen.

Wenn man ein Richtungsfeld einer Differentialgleichung zur Verfügung hat, kann man unter Umständen sofort die Lösungskurven erkennen. Hierfür sind die Abbildungen 2.3 und 2.4 ein Beispiel.

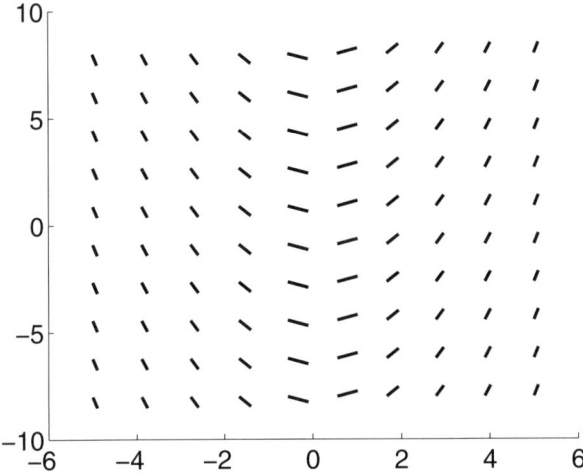

Abb. 2.3: Richtungsfeld von $y' = x$

Aufgabe 2.1.1

Welche Kurvenschar ist jeweils dargestellt? Schreiben Sie die entsprechenden Funktionen auf. Überprüfen Sie Ihre Vermutung durch die Herleitung der zugehörigen Differentialgleichungen und deren Lösung!

Beispiel 2.3

Wir wollen das Richtungsfeld der Differentialgleichung

$$y' = \frac{y}{x}, \quad D = (\mathbb{R} \setminus \{0\}) \times \mathbb{R} \tag{2.2}$$

ermitteln.

Für welche Kurven ist ihr Anstieg immer das gleiche Verhältnis von y zu x ?

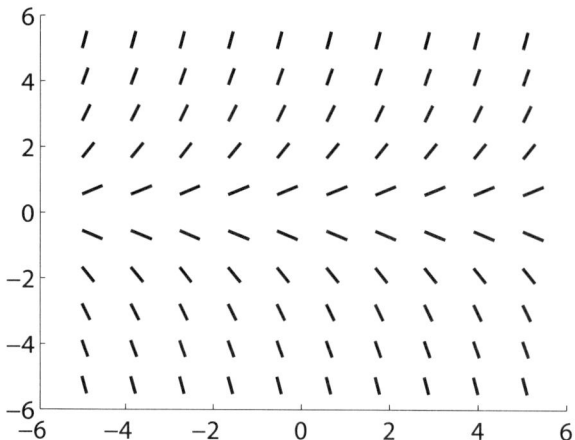

Abb. 2.4: *Richtungsfeld von $y' = y$*

Wir erkennen die Struktur des Richtungsfeldes sofort, wenn wir diese Frage in die Form einer Gleichung bringen:

$$\frac{y}{x} = m.$$

Also beschreiben die Geraden $y = mx$ das Richtungsfeld der gegebenen Differentialglei-chung, siehe Abbildung 2.5. Zu jedem Punkt (x, y) gehört ein Wert m, $m = \frac{y}{x}$. Nur alle Punkte auf der y-Achse ($x = 0$) haben senkrechte Tangenten und gehören deshalb nicht zur Lösungsmenge der Differentialgleichung $xy' = y$.

Beispiel 2.4

Nun bestimmen wir das Richtungsfeld von

$$y' = -\frac{x}{y}, \quad D = \mathbb{R} \times (\mathbb{R} \setminus \{0\}).$$

$$-\frac{x}{y} = m \quad \Rightarrow \quad y = -\frac{1}{m}x.$$

Die Anstiege der Linienelemente sind also gleich $-\frac{1}{m}$, d. h. die Linienelemente stehen senkrecht auf allen Geraden $y = mx$. Das Richtungsfeld wird deshalb durch die Kreisbögen um den Nullpunkt beschrieben, siehe Abbildung 2.6.

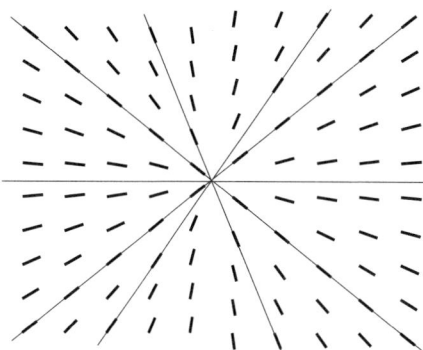

Abb. 2.5: *Richtungsfeld und Lösungskurven der Differentialgleichung* $y' = \dfrac{y}{x}$

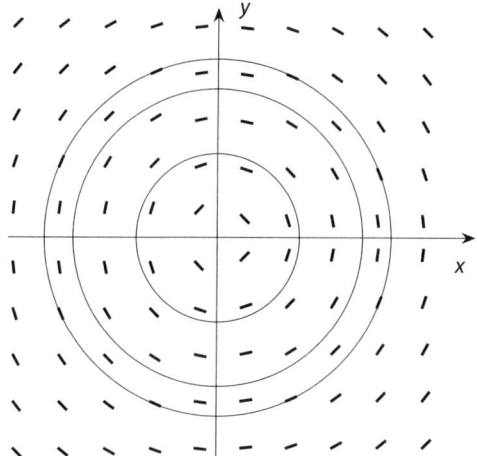

Abb. 2.6: *Richtungsfeld und Lösungskurven der Differentialgleichung* $y' = -\dfrac{x}{y}$

Beispiel 2.5

Wir betrachten nun ein altbekanntes Beispiel einer elementaren Differentialgleichung:

$$y' = f(x).$$

Die rechte Seite der Differentialgleichung ist unabhängig von y.

Deshalb werden die Richtungen nur durch die x-Koordinaten bestimmt, in y-Richtung verlaufen alle Lösungskurven parallel zueinander

$$y(x) = \int f(x)dx = F(x) + C, \quad C \in \mathbb{R}.$$

In der Abbildung 2.3 sehen Sie das Richtungsfeld, in das die Kurvenschar $y(x)$ mit $F(x) = \frac{1}{2}x^2$ hineinpasst.

Bezeichnung:

Die Verbindungslinie von Punkten gleicher Linienrichtung nennt man *Isokline* des Richtungsfelds der Differentialgleichung. Die Isoklinen sind Hilfslinien zur Erkennung der Struktur des Richtungsfeldes. Wenn man die Gleichungen von Isoklinen kennt, lassen sich die zugehörigen Teile des Richtungsfeldes der Differentialgleichung mühelos zeichnen.

Um die Gleichung einer Isokline zu ermitteln, führt man in der Differentialgleichung

$$y' = f(x, y)$$

die Substitution $y' = m$ durch und stellt die Gleichung nach y um.

Die Konstante $m \in \mathbb{R}$ ist die jeweilige Steigung aller Linienelemente der zugehörigen Isokline.

Bemerkung:

Es kann auch der Grenzfall $m \to \infty$ auftreten (siehe folgendes Beispiel).

Beispiel 2.6

Wir wollen jetzt mit Hilfe von Isoklinen das Richtungsfeld einer Differentialgleichung zeichnen:

$$(x + y)y' + x - y = 0. \tag{2.3}$$

Diese Differentialgleichung liegt nicht in der expliziten Form

$$y' = f(x, y)$$

vor. Wenn wir sie dahingehend umformen würden, müssten wir $x \neq -y$ voraussetzen. Wir werden am Schluss des Beispiels sehen, warum wir eine solche implizite Differentialgleichung gewählt haben.

$$y' = m \implies (x + y)m + x - y = 0$$

Hier erweist sich eine Fallunterscheidung für die Konstante m als nützlich:

$$m = \begin{cases} 0 \implies y = x & \\ 1 \implies x + y + x - y = 0 & \implies x = 0 \\ -1 \implies -x - y + x - y = 0 & \implies y = 0 \\ \to \infty \implies (x + y) \to 0 & \implies y = -x \end{cases}$$

Warum haben wir gerade diese Werte für m gewählt? Man kann zunächst durch Einsetzen signifikanter Punkte (x, y) in die umgeformte explizite Differentialgleichung

$$y' = \frac{y - x}{x + y}$$

die auftretenden Werte für die Anstiege der Tangenten bzw. Linienelemente berechnen. Der Fall $y = -x$ liefert den singulären Fall senkrechter Tangenten, siehe Abbildung 2.7.

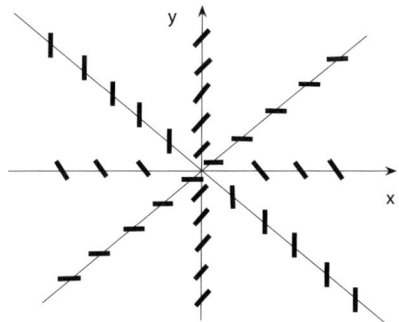

Abb. 2.7: *Isoklinen und Richtungsfeld der Differentialgleichung* $(x + y)y' + x - y = 0$

Wenn wir die Abbildung 2.7 betrachten, stellt sich eine zusätzliche Frage: Was passiert im Punkt $(0, 0)$? Dort schneiden sich die Isoklinen, d. h. in hinreichender Nähe zum Nullpunkt nimmt die Steigung der Tangenten beliebig alle vier vorkommenden Werte an. Damit wird plausibel, dass $(0, 0)$ nur ein *singulärer Punkt* der Differentialgleichung sein kann.

Fazit:

Die *Isoklinenmethode*, d. h. Isoklinen und Richtungsfeld zeichnen, liefert einen Überblick über die Lösungen der betreffenden Differentialgleichung. Durch „Einpassung" von Lösungskurven in das Richtungsfeld erhält man ein *Lösungsporträt*. Auf diese Weise gelangt man mit völlig elementaren Mitteln zu einem Überblick über die Lösungskurven von Differentialgleichungen erster Ordnung (siehe Abbildung 2.8 für die Differentialgleichung (2.3)). Wir können jetzt die Isoklinen für die Beispiele 2.1, 2.3, und 2.4 berechnen:

Für

$$y' = x^2 + y^2$$

sind es Kreise um den Nullpunkt mit Radien $\sqrt{m}$.

Die Differentialgleichung

$$y' = \frac{y}{x}, \quad x \neq 0$$

hat die Isoklinen

$$y = mx, \quad m \in \mathbb{R},$$

die gleichzeitig die Lösungskurven sind.

Im Beispiel

$$y' = -\frac{x}{y}, \quad y \neq 0$$

erhält man die Isoklinen

$$y = -\frac{x}{m}, \quad m \neq 0.$$

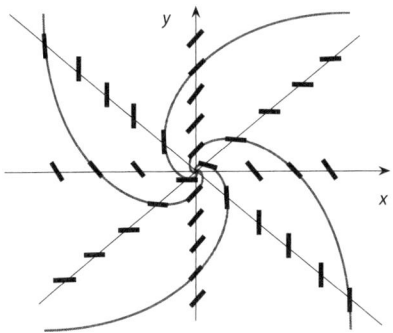

Abb. 2.8: *Isoklinen mit Richtungsfeld und Lösungskurven der Differentialgleichung* $(x + y)y' + x - y = 0$

Bemerkungen:

Die Lösungsporträts in den Abbildungen 2.5, 2.6, 2.7 und 2.9 veranschaulichen jeweils eine charakteristische Eigenschaft singulärer Punkte der zugehörigen Differentialgleichung. Diese haben folgende Bezeichnungen:

- *Stern* (Abbildung 2.5)

- *Wirbelpunkt* (Abbildung 2.6)

- *Strudelpunkt* (Abbildung 2.8)

- *Sattelpunkt* (Abbildung 2.9).

Wir finden die Bezeichnungen und Bilder bei den Charakteristiken stationärer Lösungen ebener autonomer Differentialgleichungssysteme wieder (Kapitel 6).

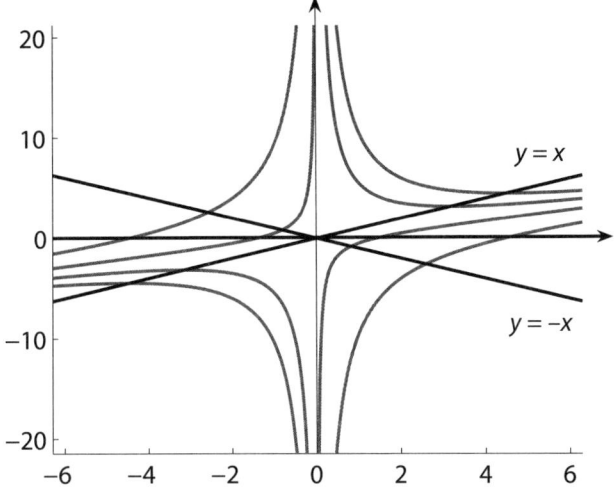

Abb. 2.9: Lösungskurven und drei Isoklinen zur Differentialgleichung $xy' = x - y$

Beispiel 2.7

In Abbildung 2.9 sehen Sie Lösungskurven und drei Isoklinen der Differentialgleichung

$$y' = \frac{x - y}{x}, \quad D = (\mathbb{R} \setminus \{0\}) \times \mathbb{R}.$$

Berechnen Sie die Gleichung der Isoklinen.

Wie man Richtungsfelder in MATLAB® erzeugt, erfahren Sie im Kapitel 7.1.

Aufgabe 2.1.2

Ermitteln Sie für die Differentialgleichungen

    a) $y' = x$

    b) $y' = x + y$

einige Werte der Linienelemente ihres Richtungsfeldes, so dass Sie 7 Isoklinen erkennen können, die insgesamt durch alle vier Quadranten eines kartesischen Koordinatensystems verlaufen. Zeichnen Sie die Isoklinen und fügen Sie anschließend Linienelemente hinzu. Auf diese Weise lässt sich näherungsweise die Lage einiger Lösungskurven vermuten; tragen Sie entsprechende Kurven ein!

Hinweis zu b): Hier ist das Erkennen von Lösungskurven von der geschickten Wahl der eingezeichneten Isoklinen abhängig. Wählen Sie größere Abstände für diejenigen Isoklinen, die die x-Achse in einem Punkt mit $x > 0$ schneiden als für diejenigen mit einem Schnittpunkt $x < 0$.

2.2   Existenz und Eindeutigkeit von Lösungen für Anfangswertaufgaben

Zur Erinnerung: Die Differentialgleichung $y' = f(x, y)$ hat als Lösung eine einparametrige Kurvenschar, falls diese existiert. Der freie Parameter wird durch die Vorgabe eines Anfangswerts y_0 bestimmt

$$\textbf{Anfangswertproblem:} \quad y' = f(x, y), \quad y(x_0) = y_0 \tag{2.4}$$

In diesem Abschnitt werden wir erkennen, dass Existenz und Eindeutigkeit der Lösung der Anfangswertaufgabe (2.4) vor allem von Eigenschaften der Funktion f abhängt.

Aussage:

Wenn $f(x, y)$ eine stetige Funktion von x und y ist, dann geht durch jeden Punkt (x_0, y_0) ihres Stetigkeitsgebiets eine Lösungskurve der Differentialgleichung

$$y' = f(x, y). \tag{2.5}$$

Mit anderen Worten, es gibt im Stetigkeitsgebiet von f keinen Punkt, durch den keine Lösungskurve geht (höchstens mehrere).

Eine Veranschaulichung des genannten Sachverhaltes sehen Sie in den Abbildungen 2.10 und 2.11. In der Abbildung 2.10 gehen durch den Punkt $(0, 0)$ zwei Lösungskurven, siehe Beispiel 2.8. Die Abbildung 2.11 zeigt die eindeutige Lösbarkeit: Durch jeden Punkt des Stetigkeitsgebietes der Funktion f geht genau eine Lösungskurve (zu einer zur Differentialgleichung zugehörigen Anfangsbedingung).

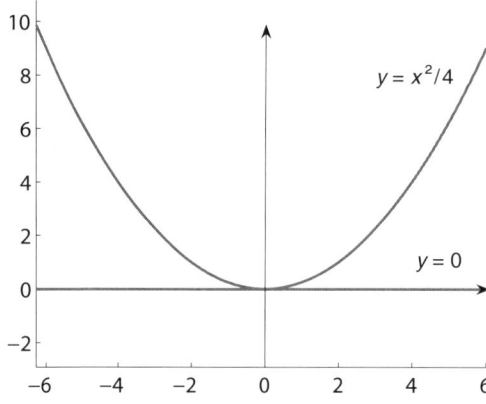

Abb. 2.10: *Verzweigte Lösung eines Anfangswertproblems*

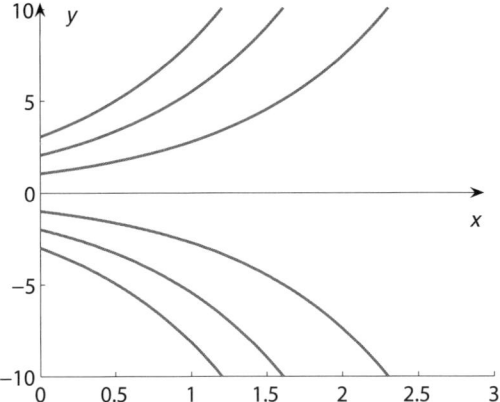

Abb. 2.11: *Eindeutige Lösungen von $y' = y$ zu verschiedenen Anfangswerten $y(0)$*

Satz 2.1   *Satz von Peano (Existenz einer Lösung)*

Die Funktion $f(x, y)$ sei stetig auf einem Rechteck

$$R := \{(x, y) \mid \ |x - x_0| \leq a, \quad |y - y_0| \leq b\} \quad (a, \ b > 0) \tag{2.6}$$

und es seien

$$M := \max_{(x,y)\in R} \{|f(x, y)|\}$$

das Maximum von $|f|$ auf R und

$$\alpha := \min\left\{a, \frac{b}{M}\right\}.$$

Dann gibt es (mindestens) eine auf dem Intervall

$$J := [x_0 - \alpha, \ x_0 + \alpha]$$

existierende Lösung des Anfangswertproblems (2.4).

Bemerkung zum Satz:

Wenn zusätzlich $f(x, y)$ auf $[c, d] \times \mathbb{R}$ beschränkt ist, dann existiert (mindestens) eine Lösung $y(x)$ auf dem Intervall $[c, d]$, $(x \in [c, d])$.

Der Beweis des Existenzsatzes wird mit Hilfe der Fixpunkttheorie (hier zweiter Fixpunktsatz von Schauder) und dem Satz von Arzela-Ascoli geführt (genauer siehe [1]). Wer funktional-analytisch interessiert ist, für den lohnt es sich, diesen und den folgenden Beweis ausführlich nachzuvollziehen. Hier sei nur eine kurze Beweisskizze angegeben.

---

[1] Heuser, H.: *Gewöhnliche Differentialgleichungen*, Teubner Verlag (2006), S. 137 ff.

Beweisskizze:

$$y' = f(x, y), \quad y(x_0) = y_0$$

$$\Rightarrow \int_{t=x_0}^{x} y'(t)dt = \int_{x_0}^{x} f(t, y(t))dt$$

$$\text{d. h. } y(x) - y(x_0) = \int_{x_0}^{x} f(t, y(t))dt = y(x)$$

$$\Rightarrow y(x) = y_0 + \int_{x_0}^{x} f(t, y(t))dt \quad (=: (Ay)(x)).$$

Mit dieser zum Anfangswertproblem (2.4) äquivalenten Formulierung entsteht ein *Fixpunktverfahren*. Man kann sich der Lösung $y(x)$ iterativ nähern, indem man in f zuerst y_0 einsetzt, dann y berechnet, dies wieder in f einsetzt usw. Die Abbildung A bildet eine gewisse Teilmenge K von auf $J = [x_0 - \alpha, \; x_0 + \alpha]$ stetigen Funktionen $y(x)$ mit $|y(x) - y_0| \leq b$ in sich selbst ab, d. h. es gilt $A : K \to K$.

Man zeigt, dass die Bildmenge $A(K)$ eine gleichmäßig konvergente Teilfolge hat und deshalb A (mindestens) einen Fixpunkt besitzt $(Ay = y)$.

Eindeutigkeit der Lösung

Wenn eine Lösung nicht eindeutig ist, könnte sie sich in einem Punkt z. B. verzweigen. Das hieße, ein Vorgang liefe trotz eindeutiger Anfangsbedingung in verschiedener Weise ab.

Beispiel 2.8

Die folgende Anfangswertaufgabe ist nicht eindeutig lösbar:

$$y' = y^{\frac{1}{2}}, \qquad y(0) = 0, \qquad x \geq 0.$$

Die Funktion $f(y) = \sqrt{y}$ ist stetig auf $\mathbb{R}^+$.

Aussage Peano $\Rightarrow$ Es existiert (mindestens) eine Lösung.

Die Integration der Differentialgleichung liefert

$$y(x) = \frac{x^2}{4}, \qquad x \geq 0.$$

Aber auch $y = 0 \quad (x \geq 0)$ löst die Aufgabe, d. h. es gibt zwei Lösungen.

Warum?

$f(y)$ ist stetig, hat aber im Nullpunkt eine senkrechte Tangente.

Die Ableitung

$$\frac{\partial f}{\partial y} = f'(y) = \frac{1}{2} y^{-\frac{1}{2}}$$

hat keinen endlichen rechtsseitigen Grenzwert für $y \to 0 + 0$:

$$\lim_{y \to 0+0} \frac{1}{2\sqrt{y}} = +\infty,$$

oder mit dem Differentialquotienten beschrieben:

$$\lim_{\Delta y \to 0+0} \frac{f(0 + \Delta y) - f(0)}{\Delta y} = +\infty.$$

Vermutung:

Durch die Forderung nach beschränkter bzw. stetiger partieller Ableitung $\frac{\partial f}{\partial y}$ wird die Mehrdeutigkeit von Lösungen des Anfangswertproblems (2.4) ausgeschlossen.

Eine etwas schwächere Forderung an die Funktion f ist ihre *Lipschitzstetigkeit* bezüglich y, d. h. es gibt eine Konstante L, so dass für alle Punkte (x, y) und $(x, \bar{y}) \in R$ gilt:

$$|f(x, y) - f(x, \bar{y})| \leq L |y - \bar{y}| .$$

Geometrisch:

$f(x, y)$ hat für alle y im betreffenden Bereich (hier $|y - y_0| \leq b$) beschränkte Differenzenquotienten bezüglich y.

Die Eigenschaft Lipschitzstetigkeit kann sehr gut mit dem Wort „dehnungsbeschränkt" veranschaulicht werden.

Aus dem Mittelwertsatz der Differentialrechnung liest man ab, dass sich die Lipschitzkonstante L bei beschränkter partieller Ableitung $\frac{\partial f}{\partial y}$ ergibt als

$$L = \max_{(x,y) \in R} \left| \frac{\partial f}{\partial y} \right| .$$

Satz 2.2 *Satz von Picard und Lindelöf (Existenz und Eindeutigkeit)*

Die Funktion $f(x, y)$ sei stetig auf dem Rechteck (2.6)

$$R = \{(x, y)| \ |x - x_0| \leq a, \quad |y - y_0| \leq b\} \quad (a, b > 0)$$

und erfülle dort eine Lipschitzbedingung bezüglich y.

Dann besitzt das Anfangswertproblem (2.4)

$$y' = f(x, y), \quad y(x_0) = y_0$$

genau eine auf

$$J = [x_0 - \alpha, \ x_0 + \alpha]$$

definierte Lösung $y(x)$.

Dabei kann ein Wert für α ermittelt werden aus

$$\alpha = \min\left\{a, \frac{b}{M}\right\} \quad \text{und} \quad M = \max_{(x,y)\in R} \{|f(x,y)|\}.$$

Bemerkungen zum Beweis:

Der Beweis beruht auf dem Banachschen Fixpunktsatz (siehe [2]). Man zeigt die Kontraktivität einer Selbstabbildung A, so dass diese genau einen Fixpunkt hat.

Genau wie im Beweis von Satz (2.1) wird die Zuordnungsvorschrift für die Abbildung A konstruiert:

$$(Ay)(x) := y_0 + \int_{x_0}^{x} f(t, y(t))dt = y(x)$$

Auf diese Weise erhält man jetzt die Lösung $y(x)$ als Grenzwert einer gleichmäßig konvergenten Funktionenfolge und damit ihre Eindeutigkeit. Wesentlich für die gleichmäßige Konvergenz dieser Folge ist die Lipschitzstetigkeit von f.

Picard-Lindelöfsches Iterationsverfahren

Start: Es sei $\varphi_0(x) := y_0$.

Mit der Iterationsvorschrift

$$\varphi_{n+1}(x) := y_0 + \int_{x_0}^{x} f(t, \varphi_n(t))dt \quad \text{für} \quad n = 0, 1, 2, \ldots \quad \text{und} \quad x \in J$$

entsteht eine Folge von Funktionen $(\varphi_n(x))$.

Ergebnis:

$$\lim_{n\to\infty} \varphi_n(x) = y(x) \quad (x \in J), \text{ gleichmäßige Konvergenz.}$$

Fehlerabschätzung:

$$|y(x) - \varphi_n(x)| \le \frac{(\alpha \cdot L)^n}{n!} e^{\alpha L} \cdot \max_{x\in J} |\varphi_1(x) - \varphi_0(x)|.$$

Beispiel 2.9

Wir wollen zwei Schritte dieses Iterationsverfahrens für die folgende Anfangswertaufgabe durchführen:

$$y' = y \quad y(0) = 1 =: \varphi_0(x)$$

---

[2] Bronstein, Semendjajew, Musiol, Mühlig: *Taschenbuch der Mathematik*, Verlag Harri Deutsch (2001), S. 628–630

$$n = 1: \quad \varphi_1(x) = 1 + \int_0^x f(1)dt \quad \text{mit} \quad f(y) = y$$

$$= 1 + \int_0^x 1 \, dt = 1 + t \, \Big|_0^x = 1 + x$$

$$n = 2: \quad \varphi_2(x) = 1 + \int_0^x f(1 + t)dt = 1 + \int_0^x (1 + t)dt$$

$$= 1 + (t + \frac{t^2}{2}) \, \Big|_0^x = 1 + x + \frac{x^2}{2}$$

$$n = k: \quad \varphi_k(x) = 1 + x + \frac{x^2}{2} + \cdots + \frac{x^k}{k!}$$

$$\lim_{n \to \infty} \varphi_n(x) = e^x = y(x)$$

Probe: $y' = e^x$, $\quad y' = y$, $\quad e^0 = 1$.

Fehlerabschätzung in geeignetem Rechteck

$$R = \{(x, y) : \quad |y - 1| \le b\} :$$

Wir wählen beispielsweise für b den Wert 3. Da die Funktion f hier nicht von x abhängt, ist die Menge R in x-Richtung nicht beschränkt (vergleiche Abbildung 2.12).

$$|f(y) - f(\bar{y})| = |y - \bar{y}|, \quad \text{d.h.} \quad L = 1 \left(\text{was auch an } \frac{\partial f}{\partial y} = 1 \text{ zu sehen ist} \right).$$

Welche y gehören zur Menge

$$y \in \{|y - 1| \le 3\} \, ?$$

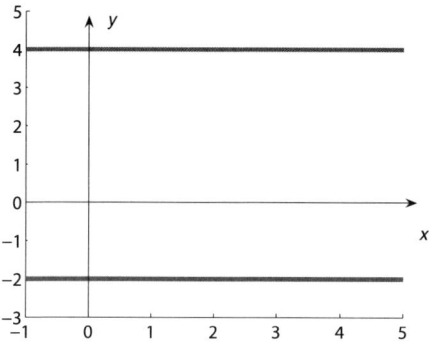

Abb. 2.12: *Rechteck in x-Richtung offen*

Durch Auflösen des Betrages für die zwei Fälle $y \ge 1$ und $y < 1$

$$y - 1 \le 3 \qquad -y + 1 \le 3$$
$$1 \le y \le 4 \qquad -2 \le y < 1$$

erhält man

$$-2 \le y \le 4,$$

vergleiche Abbildung 2.12.

$$\Rightarrow M = \max |y| = 4 \qquad \Rightarrow \alpha = \frac{b}{M} = \frac{3}{4}$$

$$\Rightarrow J = \left[-\frac{3}{4}, \frac{3}{4}\right] (\text{mit } x_0 = 0)$$

$\Rightarrow$ Existenz und Eindeutigkeit der Lösung für alle $x \in J$.

Fehlerabschätzung:

$$|y(x) - \varphi_n(x)| \le \frac{\left(\frac{3}{4} \cdot 1\right)^n}{n!} e^{\frac{3}{4}} \cdot \max_{x \in J} |\varphi_1(x) - \varphi_0(x)|$$

$$\le \frac{\left(\frac{3}{4}\right)^n}{n!} e^{\frac{3}{4}} \cdot \max_{|x| \le \frac{3}{4}} |1 + x - 1| \qquad \le \frac{\left(\frac{3}{4}\right)^n}{n!} e^{\frac{3}{4}} \frac{3}{4}.$$

Für $n = 2$ erhalten wir mit einem Wert von 0,447 eine hinreichende Abschätzung des Fehlers zwischen der Iterationslösung

$$\varphi_2(x) = 1 + x + \frac{x^2}{2}$$

und der exakten Lösung

$$y(x) = e^x \quad (x \in J).$$

Beispiel 2.10

Gegeben:

$$y' = x^2 + xy^2, \quad y(0) = 0$$

und

$$R := \{(x, y): \quad |x| \le 1, \quad |y| \le 1\}.$$

$$f(x, y) = x^2 + xy^2$$

$$\Rightarrow |f(x, y)| \le 1 + 1 = 2 =: M, \qquad \alpha = \min\left\{1, \frac{1}{2}\right\} = \frac{1}{2}$$

$$\Rightarrow J = \left[-\frac{1}{2}, \frac{1}{2}\right]$$

$$|f(x, y) - f(x, \bar{y})| = \left| x^2 + xy^2 - x^2 + x\bar{y}^2 \right|$$

$$= |x| \cdot \left| y^2 - \bar{y}^2 \right|$$

$$= |x| \cdot |(y - \bar{y})(y + \bar{y})|$$

$$\leq |x| \cdot (|y| + |\bar{y}|) \cdot |y - \bar{y}|$$

$$\leq 1 \cdot (1 + 1) \cdot |y - \bar{y}|$$

$$\Rightarrow L = 2,$$

$$\left(\text{kürzer:} \quad \left| \frac{\partial f}{\partial y} \right| = |2xy| \leq 2 \cdot 1 \cdot 1 = 2 = L \right)$$

Zwei Schritte des Picard-Lindelöfschen Iterationsverfahrens:

$$n = 1: \quad \varphi_1(x) = 0 + \int_0^x f(t, 0)dt = \int_0^x t^2 dt = \frac{t^3}{3} \bigg|_0^x$$

$$= \frac{x^3}{3}$$

$$n = 2: \quad \varphi_2(x) = 0 + \int_0^x f\left(t, \frac{t^3}{3}\right)dt = \int_0^x \left(t^2 + t\left(\frac{t^3}{3}\right)^2\right)dt$$

$$= \int_0^x \left(t^2 + \frac{1}{9}t^7\right)dt = \frac{t^3}{3} + \frac{1}{8 \cdot 9}t^8 \bigg|_0^x$$

$$= \frac{1}{3}x^3 + \frac{1}{8 \cdot 9}x^8$$

Vermutungen, wie im vorigen Beispiel über die exakte Lösung der Anfangswertaufgabe, lassen sich an dieser Stelle nicht anstellen.

Mit $\varphi_0(x) = 0$ und den anderen ermittelten Werten für α, L und $\varphi_1(x)$ erhält man die Abschätzung

$$|y(x) - \varphi_n(x)| \leq \left(\frac{1}{2} \cdot 2\right)^n \frac{1}{n!} \cdot e \cdot \max_{x \in \left[-\frac{1}{2}, \frac{1}{2}\right]} \left| \frac{x^3}{3} \right|$$

$$= \frac{1}{n!} \cdot e \cdot \frac{1}{3}\left(\frac{1}{2}\right)^3.$$

Aufgabe 2.2.1

Bestimmen Sie durch zwei Iterationsschritte die näherungsweise Lösung des Anfangswertproblems

$$y' = x^2 - y^2 \quad \text{auf} \quad R = \{(x, y) \in \mathbb{R}^2 : -1 \leq x \leq 1, -1 \leq y \leq 1\}, \quad y(0) = 0.$$

Für welches Intervall J garantiert der Satz von Picard und Lindelöf die Eindeutigkeit der Lösung und die Konvergenz des Iterationsverfahrens?

Aufgabe 2.2.2

Gegeben ist die Anfangswertaufgabe

$$y' = 2xy \quad auf \quad R = \{(x, y) \in \mathbb{R}^2 : |x| \leq \frac{\sqrt{2}}{2}, |y - 1| \leq 2\}, \quad y(0) = 1.$$

a) Zeigen Sie, dass diese Aufgabe auf dem Intervall $J = \left[-\frac{\sqrt{2}}{3}, \frac{\sqrt{2}}{3}\right]$ eine eindeutig bestimmte Lösung hat.

b) Berechnen Sie drei Näherungslösungen mit dem Iterationsverfahren von Picard und Lindelöf und schätzen Sie die Differenz der letzten Iterationslösung zur exakten Lösung ab.

c) Gegen welche Grenzfunktion konvergiert die Potenzreihe, die aus den Partialsummen der Iterationsfolge entsteht (siehe Formelsammlung)? Zeigen Sie, dass diese Grenzfunktion tatsächlich die Lösung der gegebenen Anfangswertaufgabe ist.

Aufgabe 2.2.3

Warum hat die Differentialgleichung $y' = 3 \cdot y^{\frac{2}{3}}$ für $(x, y) \in \mathbb{R}^2$ immer eine mehrdeutige Lösung?
Durch welche einschränkende Forderung an y lässt sich Eindeutigkeit erzwingen? Geben Sie ein Rechteckgebiet R und eine passende Anfangsbedingung an, so dass die mit der genannten Differentialgleichung gebildete Anfangswertaufgabe genau eine Lösung hat.

2.3 Numerische Verfahren für Anfangswertaufgaben (Einführung)

Da die in Anwendungsmodellen vorkommenden gewöhnlichen Differentialgleichungen meist keine „Bilderbuchtypen" sind, die man elementar lösen kann, wollen wir verstehen, wie man Lösungen näherungsweise berechnen kann. Eine iterative Möglichkeit dazu haben wir im letzten Abschnitt kennengelernt, die aber kaum praktische Bedeutung hat.

Schon mit wenigen einfachen Rechenschritten lassen sich *numerische Lösungen* erzeugen und auch in MATLAB® berechnen. Wie wir wissen, müssen allen Parameter der allgemeinen Lösungen Zahlen zugewiesen sein, um eindeutige Lösungen von Differentialgleichungen zu bekommen. Numerische Berechnungen sind offensichtlich nur für diesen Fall sinnvoll. Im folgenden Abschnitt betrachten wir den schon bekannten Fall gewöhnlicher Differentialgleichungen erster Ordnung, deren eindeutige Lösung man durch die Festlegung eines Anfangswertes erhält:

$$y' = f(x, y) \qquad y(x_0) = y_0. \tag{2.7}$$

Eine zweite Möglichkeit, um die Parameter der Lösungsscharen von gewöhnlichen Differentialgleichungen festlegen zu können besteht darin, Randbedingungen anzugeben. Da beispielsweise ein abgeschlossenes Intervall, das der Definitionsbereich einer gesuchten Lösung sein kann, *zwei* Randpunkte hat, sind *Randbedingungen* für gewöhnliche Differentialgleichungen von mindestens *zweiter* Ordnung sinnvoll. Das Festlegen von Randbedingungen führt aber nicht immer, wie bei den Anfangswertaufgaben für Differentialgleichungen erster Ordnung unter den bekannten Voraussetzungen, zu einer eindeutigen Lösung. Es existieren unlösbare Aufgaben oder Randwertprobleme mit unendlich vielen Lösungen. Diese Sachverhalte werden wir in Kapitel 4 näher untersuchen und auch auf eine numerische Lösungsmöglichkeit eingehen.

2.3.1   Das Euler-Cauchy'sche Polygonzugverfahren

Das nach Euler und Cauchy benannte Verfahren zur näherungsweisen Lösung von Anfangswertaufgaben der Form (2.7) beruht auf der geometrischen Idee der Linienelemente, die in wohldefinierten Punkten gezeichnet werden. Auf diese Weise konstruiert man schrittweise einen *Polygonzug* der eine Näherung der gesuchten Lösung darstellt. Im Startpunkt (x_0, y_0) wird durch den Wert

$$m_0 = f(x_0, y_0)$$

die Steigung des zugehörigen Linienelementes berechnet. Das Linienelement in diesem Punkt wird genau mit derjenigen Länge gezeichnet, um im nächsten Punkt (x_1, y_1) mit vorgegebenem Wert x_1 anzukommen.

Die mathematische Formulierung hierfür ist klar. Aus der Geradengleichung, die das lokale Linienelement und damit das erste Teilstück des zu konstruierenden Polygonzuges beschreibt

$$m_0 \cdot (x_1 - x_0) = y_1 - y_0$$

folgt die Berechnungsvorschrift für den ersten Näherungswert y_1 der gesuchten Lösung an der Stelle x_1:

$$y_1 = y_0 + (x_1 - x_0) \cdot f(x_0, y_0).$$

Nun wird im Punkt (x_1, y_1) wieder der Wert für die Steigung des lokalen Linienelementes

$$m_1 = f(x_1, y_1)$$

berechnet und diese Linie gezeichnet, bis sie die Senkrechte im vorgegebenen Wert x_2 schneidet, also in (x_2, y_2) ankommt, siehe Abbildung 2.13.

Man erhält den nächsten Näherungswert y_2 der gesuchten Lösung an der Stelle x_2:

$$y_2 = y_1 + (x_2 - x_1) \cdot f(x_1, y_1).$$

Der Polygonzug wird auf analoge Weise bis zu einem gewünschten Wert y_n, $n \in \mathbb{N}$ fortgesetzt.

Polygonzugverfahren:

Der hier konstante Abstand zwischen denjenigen Stellen x_i, an denen die Näherungswerte $y_i \approx y(x_i)$ berechnet werden sollen, wird *Schrittweite h* genannt:

$$x_i = x_{i-1} + h, \quad i = 1, 2, \ldots, n.$$

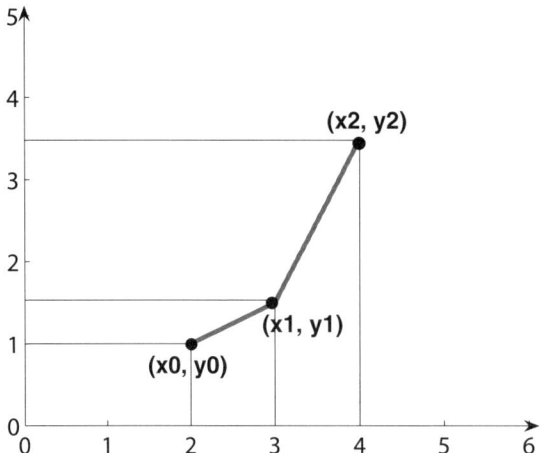

Abb. 2.13: Zwei Schritte des Polygonzugverfahrens

Dabei ist n die Anzahl der Teilstücke des Intervalls $[x_0, x_n]$ und auch die Anzahl der zu berechnenden Näherungswerte y_i. Dabei muss die Gleichung

$$n \cdot h = x_n - x_0$$

erfüllt sein.

Die Berechnungsvorschrift lautet zusammengefasst

$$y_i = y_{i-1} + h \cdot f(x_{i-1}, y_{i-1}) \quad i = 1, 2, \dots, n. \tag{2.8}$$

Beispiel 2.11

Gegeben:

$$y' = x + y, \quad y(0) = 0, \quad x \in [0, 2], \quad h = 0.5.$$

Damit ergibt sich $n = 4$, wir müssen die Berechnungsvorschrift (2.8) mit $f(x, y) = x + y$ vier mal anwenden:

$$
\begin{aligned}
x_0 = 0: \quad & y_1 = 0 + 0.5(0 + 0) = 0 \\
x_1 = 0.5: \quad & y_2 = 0 + 0.5(0.5 + 0) = 0.25 \\
x_2 = 1: \quad & y_3 = 0.25 + 0.5(1 + 0.25) = 0.875 \\
x_3 = 1.5: \quad & y_4 = 0.875 + 0.5(1.5 + 0.875) = 2.0625.
\end{aligned}
$$

Lösung: Die gesuchten Näherungswerte sind

$$y(x_1) \approx y_1 = 0, \quad y(x_2) \approx y_2 = 0.25,$$
$$y(x_3) \approx y_3 = 0.875, \quad y(x_4) \approx y_4 = 2.0625.$$

Bemerkungen:

Die Berechnungsvorschrift für das Euler-Cauchy'sche Polygonzugverfahren in MATLAB® um-
zusetzen ist eine geeignete kleine Programmieraufgabe, um sich dort einzuarbeiten. Die Software MATLAB® hat den großen Vorteil, dass man einfache Abfolgen von Anweisungen in einem
m-File speichern und ausführen kann, ohne sich um Eingabe-, Ausgabe- und andere Formate
und Festlegungen kümmern zu müssen, siehe auch Kapitel 7.3.

Die in der Abbildung 2.14 gezeichneten Näherungslösungen haben wir in dieser Weise in
MATLAB® erzeugt. Das Polygonzugverfahren wurde dazu für $h = 0,5$, $h = 0,2$ und $h = 0,1$
ausgeführt.

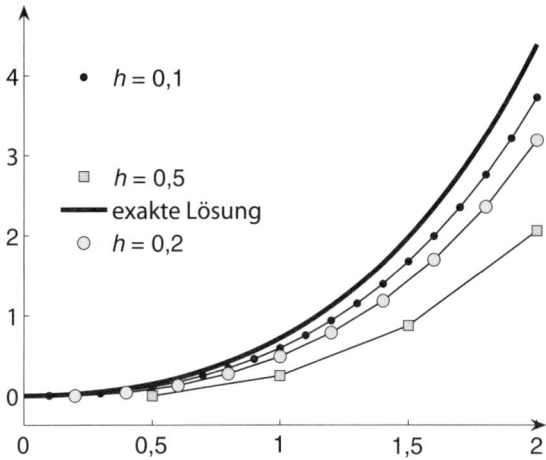

Abb. 2.14: Polygonzugverfahren für drei Schrittweiten und exakte Lösung

Wie haben wir die in der Abbildung 2.14 enthaltene Kurve der exakten Lösung ermittelt?

MATLAB® ist nicht nur eine Software, um numerische Lösungen zu berechnen, sondern man
kann (bei installierter Symbolic Math Toolbox) algebraische Rechnungen durchführen und die
Lösungsfunktionen zeichnen, siehe Kapitel 7.2.

Es lässt sich vermuten, dass die numerische Lösung umso „dichter" an der exakten Lösung
liegt, je kleiner die Schrittweite h gewählt wurde. Gefragt sind Aussagen über die „Approxima-
tionsgüte" von Näherungslösungen. Es gibt zwei qualitative Merkmale, um diesen Begriff auf
unterschiedliche Weise zu beschreiben, die *Konvergenzordnung* und die *Konsistenzordnung*.

Konsistenzordnung, lokaler Fehler

Der *lokale Fehler* beschreibt, wie weit sich ein berechneter Näherungswert in *einem* Schritt
eines Verfahrens vom exakten Wert unterscheidet.

Um hier den Begriff des lokalen Fehlers zu definieren nehmen wir an, wir hätten die Anfangswertaufgabe mit einem bestimmten Anfangswert exakt gelöst. Dieser Anfangswert wird gerade

an derjenigen Stelle der x-Werte festgelegt, die unmittelbar *vor* der im betrachteten numerischen Rechenschritt liegt und ist gleich dem dort berechneten Näherungswert. Der lokale Fehler ist dann gerade der Unterschied zwischen der unbekannten exakten Lösung dieses Anfangswertproblems an der darauffolgenden Stelle x und dem zugehörigen, in diesem Schritt des Verfahrens berechneten Näherungswert für y.

Definition 2.1

Die Funktion $z = z(x)$ sei die exakte Lösung der Anfangswertaufgabe

$$z' = f(x, z) \qquad mit \qquad z(x_k) = y_k.$$

Mit einem numerischen Verfahren werde der nächste Näherungswert y_{k+1} für den exakten Wert $z(x_k + h)$ der Lösung berechnet. Dann definieren wir den lokalen Fehler durch

$$\varepsilon(x_k, h) := z(x_k + h) - y_{k+1}.$$

Das Verfahren hat die *Konsistenzordnung* p, falls gilt:

$$|\varepsilon(x_k, h)| \leq C \cdot h^{p+1} \quad \text{mit einer Konstanten} \quad C > 0.$$

Die Konsistenz eines numerischen Verfahrens bedeutet, dass der lokale Fehler an jeder festgehaltenen Stelle x_k für eine gegen Null konvergierende Schrittweite h ebenfalls gegen Null konvergiert. An der Konsistenzordnung kann man sehen, wie „schnell" diese (punktweise) Konvergenz verläuft.

Der Begriff der Konsistenz numerischer Verfahren wird in der Literatur nicht einheitlich definiert.

Für das Polygonzugverfahren lässt sich der lokale Fehler ebenfalls näherungsweise berechnen. Die Herleitung dafür ist sehr einfach, kennt man Taylorreihen, siehe[3].

Wir führen zunächst einen Schritt des Polygonzugverfahrens durch

$$y_{k+1} = y_k + h \cdot f(x_k, y_k), \qquad x_{k+1} = x_k + h \tag{2.9}$$

und schreiben die Taylorreihe von $z(x_k + h)$ mit einem Restglied zweiter Ordnung auf

$$z(x_k + h) = z(x_k) + hz'(x_k) + \frac{h^2}{2}z''(\xi), \qquad \xi \in (x_k, x_{k+1}).$$

Nun setzt man die Anfangsbedingung $z(x_k) = y_k$ und die Differentialgleichung $z' = f(x, z)$ in die Taylorreihe ein

$$z(x_k + h) = y_k + hf(x_k, y_k) + \frac{h^2}{2}z''(\xi)$$

---

3   Preuß, W., Wenisch, G.: *Lehr- und Übungsbuch Mathematik, Band 2 Analysis*, Fachbuchverlag Leipzig
    (2000), S. 63–64.

und erhält wegen (2.9) mit $h \cdot f(x_k, y_k) = y_{k+1} - y_k$ die Gleichung

$$\varepsilon(x_k, h) = z(x_k + h) - y_{k+1} = \frac{h^2}{2} z''(\xi).\qquad(2.10)$$

Folgerung:

Das Euler-Cauchy'sche Polygonzugverfahren hat die Konsistenzordnung $p = 1$.

Der Beweis folgt sofort aus (2.10).

Konvergenzordnung, globaler Fehler

Definition 2.2

Es seien $y = y(x)$ die exakte Lösung der Anfangswertaufgabe (2.7) und y_k die in k Schritten mit der Schrittweite h eines geeigneten Iterationsverfahrens berechnete Näherung an der Stelle $x_k = x_0 + kh$. Der Fehler

$$y(x_k) - y_k =: e(x_k, h)$$

wird als *globaler Fehler* bezeichnet.

Man sagt, das Verfahren hat die *Konvergenzordnung p*, wenn gilt:

$$|y(x_k) - y_k| \le C h^p \qquad (k \le n).\qquad(2.11)$$

C bezeichne dabei eine Konstante, deren Wert man noch näher bestimmen kann, siehe Folgerung aus dem nächsten Satz.

Zusätzlich zu den lokalen und globalen Fehlern entstehen noch Rundungsfehler (siehe [4]), auf die wir an dieser Stelle nicht weiter eingehen.

Wir geben jetzt bezüglich des Polygonzugverfahrens eine obere Schranke für den globalen Fehler an und diskutieren diesen Sachverhalt für das betrachtete Beispiel.

Satz 2.3

Wenn in der Anfangswertaufgabe (2.7) die Funktion $f(x, y)$ eine Lipschitzbedingung

$$|f(x, y) - f(x, \bar{y})| \le L |y - \bar{y}|$$

erfüllt, dann gilt für den globalen Fehler des Polygonzugverfahrens die Abschätzung

$$|e(x_k, h)| = |y(x_k) - y_k| \le \frac{1}{2} h \cdot \max_{x \in [x_0, x_n]} |y''(x)| \cdot \left(e^{L(x_n - x_0)} - 1 \right) \cdot \frac{1}{L}.\qquad(2.12)$$

---

[4]   Meyberg, K., Vachaenauer, P.: *Höhere Mathematik 2 (Differentialgleichungen, Funktionentheorie, Fourier-Analysis, Variationsrechnung)*, Springer Verlag (2001), S. 60

Diese Fehlerabschätzung für das Polygonzugverfahren finden wir in [5], eine allgemeinere Aussage in [6].

Folgerung:

Das Euler-Cauchy'sche Polygonzugverfahren hat die Konvergenzordnung $p = 1$, es ist *linear konvergent*.

Die Konstante C in (2.11) besteht aus allen Faktoren der oberen Schranke in (2.12) ausschließlich dem Wert h, der dort mit dem Exponenten $p = 1$ vorhanden ist.

Diskussion der Ungleichung (2.12):

Einen tatsächlichen Wert für die rechte Seite von (2.12) können wir nur theoretisch ermitteln. Man braucht dazu eine Abschätzung für die zweite Ableitung $y''(x)$ der Lösung im betrachten Intervall oder die Kenntnis der exakten Lösung.

Abschätzung des globalen Fehlers für Beispiel (2.11):

Wir verwenden hierzu die auch in Abbildung 2.14 dargestellte exakte Lösung dieser Anfangswertaufgabe

$$y(x) = e^x - x - 1.$$

Wie man die Lösung berechnet, erfahren Sie in Kapitel 3.

Mit $L = 1$ wegen $\dfrac{\partial f}{\partial y} = 1$ und $y''(x) = e^x$ erhalten wir für $h = 0{,}1$ und $n = 20$ die Abschätzung

$$|e(x_{20}, 0{,}1)| = \leq 0.05 \cdot e^2 \cdot \left(e^2 - 1\right) \approx 2{,}3605.$$

Was in diesem Beispiel dieser größtmögliche Fehler tatsächlich wert ist, lässt sich aus der Abbildung 2.14 ablesen bzw. mit dem nach dem Polygonzugverfahren in MATLAB® ermittelten Wert für $y_{20} = 3{,}7275$ nachrechnen

$$|e(x_{20}, 0{,}1)| = |y(2) - y_{20}| = \left|\left(e^2 - 2 - 1\right) - 3{,}7275\right| \approx 0{,}6616.$$

2.3.2   Weitere Einschrittverfahren

Definition 2.3

Ein *Einschrittverfahren* ist eine Iterationsvorschrift der Form

$$y_{i+1} = y_i + h \cdot \Phi(x_i, y_i, h, f), \qquad i = 0, 1, 2 \ldots,$$

---

[5] Knorrenschild, M.: *Numerische Mathematik. Eine Beispielorientierte Einführung*, Fachbuchverlag Leipzig (2003) S. 143

[6] Meyberg, K., Vachaenauer, P.: *Höhere Mathematik 2 (Differentialgleichungen, Funktionentheorie, Fourier-Analysis, Variationsrechnung)*, Springer Verlag (2001), S. 60

um eine Anfangswertaufgabe

$$y' = f(x, y) \qquad y(x_0) = y_0$$

an den Stellen $x_i = x_0 + ih$ mit der Schrittweite h näherungsweise zu lösen.

Das Euler-Cauchy'sche Polygonzugverfahren ist ein Einschrittverfahren mit

$$\Phi(x_i, y_i, h, f) := f(x_i, y_i).$$

Wenn ein Einschrittverfahren die Konsistenzordnung p hat, so hat es auch die Konvergenzordnung p; siehe [7].
Diese Aussage gilt nicht für *Mehrschrittverfahren,* bei denen die Funktion Φ auch noch von den Ergebnissen vorhergehender Schritte abhängt.

Wegen der linearen und damit langsamen Konvergenz des Polygonzugverfahrens hat man nach Verbesserungen gesucht.

Die Mittelpunktsregel/Das Euler-Collatz-Verfahren

Die Idee des Collatz-Verfahrens (vergleiche Abbildung 2.15) lässt sich geometrisch sehr einfach beschreiben, wenn wir das im vorigen Abschnitt erläuterte Polygonzugverfahren im Auge haben.

Man berechnet vor der Ausführung eines jeden Collatz-Schrittes einen Hilfswert $y_{\frac{E}{2}}$. Geometrisch heißt das, man führt die Zeichnung der lokalen Linienelemente zunächst als Hilfslinie und nur mit der Schrittweite $\frac{h}{2}$ durch. Diese Hilfslinie wird genau soweit gezeichnet, bis sie über dem Mittelpunkt des Intervallstückes endet. Die auf diese Weise dort erhaltene y-Koordinate soll $y_{\frac{E}{2}}$ genannt werden. In diesem Punkt berechnet man jetzt die Steigung $m = f(x_{\frac{E}{2}}, y_{\frac{E}{2}})$ und zeichnet das zugehörige Linienelement aber im Ausgangspunkt dieses Verfahrensschrittes ein, und zwar mit der ganzen Schrittweite h.

Der erste Schritt des Collatz-Verfahrens lässt sich in den folgenden zwei Zeilen formulieren:

$$y_{\frac{E}{2}} = y_0 + \frac{h}{2} f(x_0, y_0) \qquad \text{Hilfsrechnung}$$

$$y_1 = y_0 + h f\left(x_0 + \frac{h}{2}, y_{\frac{E}{2}}\right) \qquad \text{Verfahrensschritt,}$$

siehe Abbildung 2.15.

Zur übersichtlichen Beschreibung des Verfahrens schreibt man die Vorschrift mit zwei Hilfsgrößen k_1 und k_2 auf:

---

[7] Dahmen, W., Reusken, A.: *Numerik für Ingenieure und Naturwissenschaftler*, Springer Verlag (2006), S. 393

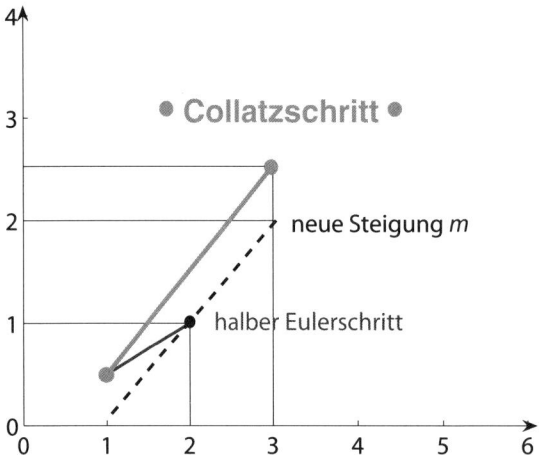

Abb. 2.15: *Ein Schritt des Collatzverfahrens*

Satz 2.4

Das Euler-Collatz-Verfahren

$$k_1 = f(x_i, y_i)$$
$$k_2 = f\left(x_i + \frac{h}{2}, y_i + \frac{h}{2}k_1\right)$$
$$y_{i+1} = y_i + hk_2$$

besitzt die Konsistenz- und Konvergenzordnung $p = 2$.

Satz 2.5

Das *Verfahren von Heun*

$$k_1 = f(x_i, y_i)$$
$$k_2 = f(x_i + h, y_i + hk_1)$$
$$y_{i+1} = y_i + \frac{h}{2}(k_1 + k_2)$$

besitzt die Konsistenz- und Konvergenzordnung $p = 2$.

Beim Verfahren von Heun handelt es sich um eine weitere Modifikation des Polygonzugverfahrens. Als Hilfsrechnung wird ein ganzer Eulerschritt ausgeführt und dort die Steigung berechnet. Der Verfahrensschritt wird dann mit dem Mittelwert aus dieser und der Steigung im Ausgangspunkt durchgeführt; siehe auch Abbildung 2.16.

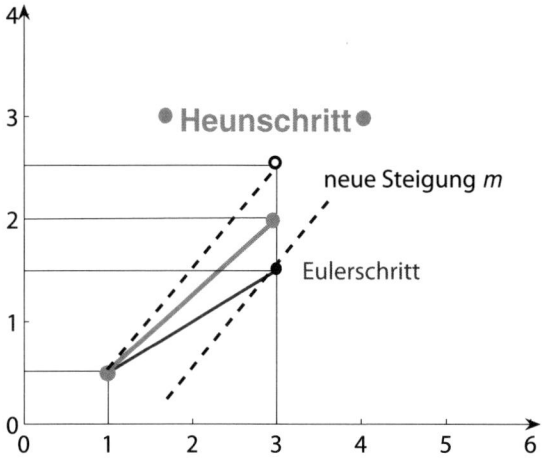

Abb. 2.16: *Ein Schritt im Heun-Verfahren*

Runge-Kutta-Verfahren

Ein Klassiker unter den Einschrittverfahren zur numerischen Berechnung der Lösungen der betrachteten Anfangswertaufgaben ist das *Runge-Kutta-Verfahren*. Bei diesem Verfahren werden für einen Verfahrensschritt Berechnungen an vier Zwischenpunkten durchgeführt:

Satz 2.6

Das klassische vierstufige Runge-Kutta-Verfahren

$$k_1 = f(x_i, y_i)$$
$$k_2 = f\left(x_i + \frac{h}{2}, y_i + \frac{h}{2}k_1\right)$$
$$k_3 = f\left(x_i + \frac{h}{2}, y_i + \frac{h}{2}k_2\right)$$
$$k_4 = f(x_i + h, y_i + hk_3)$$
$$y_{i+1} = y_i + \frac{1}{6}h(k_1 + 2k_2 + 2k_3 + k_4)$$

besitzt die Konsistenz- und Konvergenzordnung $p = 4$.

Abschließend sei erwähnt, dass es neben den genannten *expliziten Verfahren* auch *implizite* gibt, wie z. B. das *implizite Eulerverfahren*:

$$y_{i+1} = y_i + h \cdot f(x_{i+1}, y_{i+1}) \quad i = 1, 2, \dots, n.$$

Bei der Ausführung dieses Verfahrens muss in jedem Schritt eine im allgemeinen nichtlineare Gleichung gelöst werden, da y_{i+1} in der Funktion f vorkommt. Es gibt bei Anfangswertaufgaben (vergleiche z. B. [8]) numerische Besonderheiten, die diesen und anderen Mehraufwand erforderlich machen. Wir verweisen an dieser Stelle auf weitere Literatur (siehe [9], [10] oder [11]).

Aufgabe 2.3.1

a) Berechnen Sie mit dem Eulerschen Polygonzugverfahren einen Näherungswert für die Lösung $y(x)$ an der Stelle $x = 0.4$ der folgenden Anfangswertaufgabe. Wählen Sie die Schrittweite $h = 0.2$.

$$y' - 4y = -1 \qquad y(0) = 1.$$

b) Geben Sie mit Hilfe der exakten Lösung $y(x) = \dfrac{1}{4} + \dfrac{3}{4}e^{4x}$ einen Näherungswert für den absoluten globalen Verfahrensfehler an der Stelle $x = 0.4$ an!

Zusatz: Mit der Kenntnis der Lösungsfunktion können Sie den absoluten lokalen Diskretisierungsfehler $|\varepsilon(x_1, h)|$ vom ersten zum zweiten Eulerschritt näherungsweise bestimmen. Geben Sie eine obere Schranke für diesen Wert an.
Dieser Fehler lässt sich auch als Differenz der exakten Lösung einer Anfangswertaufgabe an der Stelle $x_2 = 0.4$ und dem berechneten Näherungswert der Lösung an der Stelle $x_2 = 0.4$ ermitteln. Welche Anfangswertaufgabe müssten Sie lösen, um diesen Fehler auf diese Weise zu bestimmen? (Mit der algebraischen Lösung der gesuchten Anfangswertaufgabe in MATLAB® folgt $|\varepsilon(0.2, 0.2)| \approx 0.57$.)

Aufgabe 2.3.2

a) Ermitteln Sie mit dem Euler-Collatz-Verfahren einen Näherungswert für die Lösung $y(x)$ an der Stelle $x = 0.2$ bei einer Schrittweite $h = 0.2$ für die Anfangswertaufgabe

$$y' - 2y = 4 \qquad y(0) = 1.$$

b) Geben Sie mit Hilfe der exakten Lösung $y(x) = -2 + 3e^{2x}$ einen Näherungswert für den absoluten globalen und den relativen globalen Fehler an der Stelle $x = 0.2$ an.

Aufgabe 2.3.3

Für die nachfolgende Anfangswertaufgabe ist ein Schritt des Runge-Kutta-Verfahrens mit der Schrittweite $h = 1$ durchzuführen und anschließend ein Näherungswert für den absoluten globalen Verfahrensfehler an der Stelle $x = 1$ zu ermitteln:

$$y' + xy = 0 \qquad y(0) = 2; \qquad \text{Lösung} \quad y(x) = 2e^{-\frac{1}{2}x^2}.$$

---

[8] Preuß, W., Wenisch, G.: *Lehr- und Übungsbuch Numerische Mathematik*, Fachbuchverlag Leipzig (2001), S. 286–288

[9] Dahmen, W., Reusken, A.: *Numerik für Ingenieure und Naturwissenschaftler*, Springer Verlag (2006), S. 441–443

[10] Hermann, M.: *Numerik gewöhnlicher Differentialgleichungen*, Oldenbourg Verlag (2004)

[11] Schwarz, H.R., Köckler: *Numerische Mathematik*, Teubner Verlag (2004)

3 Elementar integrierbare Differentialgleichungen erster Ordnung

Bezeichnung:

Wir nennen eine Differentialgleichung *elementar integrierbar* oder *elementar auflösbar,* wenn sich ihre allgemeine Lösung durch Kombination einer endlichen Anzahl von elementaren Funktionen und durch „gewöhnliche" Integration, also unter der Verwendung von Grundintegralen und der Integrationsregeln, gewinnen lässt.

Bemerkung:

Dies ist nur bei einigen Typen von Differentialgleichungen möglich.

3.1 Differentialgleichungen mit trennbaren Variablen

Beispiel 3.1

Zunächst schauen wir uns einige Differentialgleichungen der Form $y' = f(x, y)$ näher an:

1. (a) $y' = \dfrac{y}{x^2}$ $(x \neq 0)$

   (b) $y' = \dfrac{y+1}{x-1}$ $(x > 1)$

   (c) $y' = e^x \sin y$

2. (a) $y' = \sin(xy)$

   (b) $y' = x + y$

Welche Eigenschaft haben die rechten Seiten der Differentialgleichungen unter Punkt 1 (a) bis (c) im Gegensatz zu denen in Punkt 2 (a) und (b)?

Mit

1. (a) $g(x) = \dfrac{1}{x^2},$ $h(y) = y$

   (b) $g(x) = (x-1)^{-1},$ $h(y) = y + 1$

(c) $g(x) = e^x,$ $h(y) = \sin y$

sind die Funktionen f der rechten Seiten dieser Differentialgleichungen in

$$f(x, y) = g(x) \cdot h(y)$$

zerlegbar.

Bezeichnung:

Wenn sich die rechte Seite $f = f(x, y)$ der Differentialgleichung $y' = f(x, y)$ als Produkt $g(x) \cdot h(y)$ schreiben lässt, wobei die Funktionen g und h jeweils auf einem Intervall stetig sind, so nennt man die Differentialgleichung *trennbar*. Das Lösungsverfahren für solche Differential-gleichungen heißt deshalb *Trennung der Variablen* (T.d.V.). Die formale implizite Lösung von Differentialgleichungen mit getrennten Variablen lässt sich durch „getrenntes" Integrieren er-mitteln:

$$y' = g(x) \cdot h(y)$$

d. h. $\dfrac{dy}{dx} = g(x) \cdot h(y) \Rightarrow \dfrac{dy}{h(y)} = g(x) \cdot dx \Rightarrow \displaystyle\int \dfrac{dy}{h(y)} = \int g(x) \cdot dx$

$(h(y) \neq 0).$

Bei dieser Vorgehensweise muss man die Nullstellen der Funktion $h(y)$ zunächst ausschließen. Genauer wollen wir diesen Sachverhalt formulieren, wenn wir die Trennung der Variablen für die Differentialgleichungen (a) und (b) im ersten Teil von Beispiel 3.1 durchgeführt haben

Beispiel 3.2

Wir ermitteln die Produktdarstellung der rechten Seiten, berechnen die beiden Stammfunk-tionen und stellen nach der gesuchten Variablen y um.

Fall (a):

$$y' = \frac{1}{x^2}\, y \qquad (x \neq 0)$$

$$\frac{dy}{dx} = \frac{y}{x^2}$$

$$\int \frac{dy}{y} = \int \frac{dx}{x^2} \qquad (y \neq 0)$$

$$ln|y| = -x^{-1} + C, \quad C \in \mathbb{R}$$

$$e^{ln|y|} = e^{-\frac{1}{x}+C}$$

$$|y| = e^{-\frac{1}{x}} \cdot e^C$$

$$\Rightarrow y = e^{-\frac{1}{x}} \cdot K \quad \text{mit} \quad K = \pm e^C, \quad \text{d. h. } K \in \mathbb{R} \setminus \{0\}.$$

[handwritten annotations:]

$\nearrow e^{\ln |f(t)|} = |f(t)|$

$|$ Seite 61 (3.1)$\rangle$

da $e^{-\frac{1}{x}+C} > 0$ für alle $(-\frac{1}{x}+C) \in \mathbb{R}$ kann man die Betragsstriche

Mathematik positiv /8 Ans, Musterbsp vidauf /22

weg ... werden $\rightarrow y = e^{-\frac{1}{x}+C} > 0$

mit $K = \pm e^C$ kann ... $y = e^{-\frac{1}{x}} K$ auch neg. sein

Fall (b):

$$y' = \frac{y+1}{x-1} \quad \text{mit } x > 1$$

$$\int \frac{dy}{y+1} = \int \frac{1}{x-1} dx \quad (y \neq -1)$$

$$\ln|y+1| = \ln|x-1| + C, \quad C \in \mathbb{R} \qquad \ln\left(\frac{|y+1|}{|x-1|}\right) = C \rightarrow \frac{|y+1|}{|x-1|} = e^C$$

$$|y+1| = |x-1| \, e^C$$

$$|y+1| = (x-1) \, e^C$$

$$y = -1 + (x-1) \cdot K, \quad K = \pm e^C, \quad \text{d. h. } K \in \mathbb{R} \setminus \{0\}.$$

Problem: Nullstellen y_0 von $h(y)$.

Merke: Bei trennbaren Differentialgleichungen gehört jeder Geradenabschnitt $y(x) = y_0$ mit $h(y_0) = 0$, wobei x und y_0 in den jeweiligen Definitionsbereichen der stetigen Funktionen g und h liegen müssen, zur Lösungsmenge der Differentialgleichung.
$y = y_0$ ist eine partikuläre und konstante Lösung der Differentialgleichung.

Warum? Für $h(y) = 0$ folgt $y' = y_0 = const$ und somit $y' = 0$. Diese spezielle Differentialgleichung wird durch jede Konstante erfüllt. Also sind diejenigen Werte y, die diese Null erzeugen, die konstanten Lösungen der Differentialgleichung.

Ergänzung der Lösungen in Beispiel 3.2:

Fall (a):
Die Nullstelle $y_0 = 0$ der Funktion $h(y) = y$ lässt sich als partikuläre Lösung in die Darstellung der allgemeinen Lösung einbeziehen, in dem man für die Konstante K (bisher $K \in \mathbb{R} \setminus \{0\}$) auch den Wert $K = 0$ zulässt,

$$\Rightarrow \quad y(x) = e^{-\frac{1}{x}} \cdot K, \quad K \in \mathbb{R}.$$

Fall (b):
Die Nullstelle $y_0 = -1$ in $h(y) = y + 1$ fügen wir ebenfalls zur allgemeinen Lösung hinzu, in dem wir den Parameterwert $K = 0$ einbeziehen:

$$\Rightarrow \quad y(x) = -1 + (x-1) \cdot K, \quad K \in \mathbb{R}.$$

Beispiel 3.3

Wir wollen eine weitere Differentialgleichung mit Trennung der Variablen lösen und einige ihrer Lösungskurven darstellen:

$$y' = -4x\sqrt{y-1}, \qquad y \geq 1$$

Nullstelle von $h(y) = \sqrt{y-1}$ ist $y_0 = 1$. Die Funktion $h(y)$ ist insbesondere in $y = 1$ stetig (allerdings nicht differenzierbar). Die Funktion $g(x)$ ist überall stetig. Deshalb ist $y(x) = 1$ für alle $x \in \mathbb{R}$ eine partikuläre Lösung der Differentialgleichung.

Trennung der Variablen:

$$\frac{dy}{dx} = -4x\sqrt{y-1}$$

$$\Rightarrow \int \frac{dy}{\sqrt{y-1}} = -\int 4x\,dx, \quad y > 1$$

Das linke Integral berechnet man sofort, wenn man den Integranden in Potenzschreibweise bringt.

$$\Rightarrow 2\sqrt{y-1} = -2x^2 + C$$

$$\sqrt{y-1} = -x^2 + \frac{C}{2}$$

$$y - 1 = \left(-x^2 + K\right)^2, \quad K = \frac{C}{2}$$

$$\Rightarrow y = 1 + \left(-x^2 + K\right)^2$$

Wegen $\sqrt{y-1} > 0$ muss auch $\left(-x^2 + K\right) > 0$ gelten.
Mit $x^2 < K$ folgt $K > 0$.

Die allgemeine Lösung wird gebildet aus der Kurvenschar

$$y(x) = 1 + \left(-x^2 + K\right)^2 \quad \text{für} \quad |x| \leq \sqrt{K}$$

und der Geraden $y(x) = 1$, siehe Abbildung 3.1.

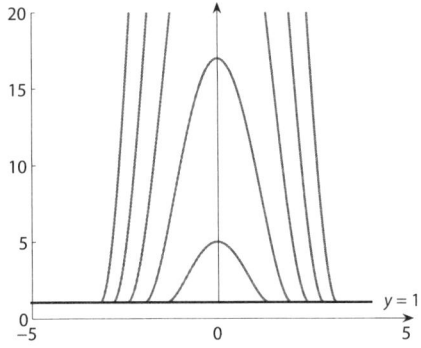

Abb. 3.1: *Lösungskurven von* $y' = -4x\sqrt{y-1}$

Aufgabe 3.1.1

Lösen Sie folgende Differentialgleichungen bzw. Anfangswertaufgaben mit der Methode Trennung der Variablen:

a) $\quad y' = e^y \sin x$

b) $\quad y' x^2 = e^y$

c) $\quad y' = (y - 1) \tan x$

d) $\quad y' = -\dfrac{x^2}{y^3} \quad (y \neq 0), \qquad y(0) = 1$

e) $\quad y'(1 + x) = x^2 y, \qquad y(0) = 1$

3.2 Ähnlichkeitsdifferentialgleichungen, Substitutionen

Bezeichnung:

Differentialgleichungen vom Typ

$$y' = f\left(\frac{y}{x}\right) \tag{3.1}$$

heißen *Ähnlichkeitsdifferentialgleichungen* und werden auch als *Euler-homogene Differential-gleichungen* bezeichnet.

Zur Lösung von (3.1) verwendet man die Substitution

$$z := \frac{y}{x}, \quad x \neq 0. \tag{3.2}$$

Ziel einer *Substitution* ist es, eine Aufgabe durch Einführung einer neuen Variablen in eine mit bekannten Mitteln lösbare neue Aufgabe umzuformen und am Ende durch die Rücksubstitution die ursprünglich gesuchte Lösung zu erhalten.

Um folglich hier eine Differentialgleichung für z zu bekommen, müssen wir die Gleichung (3.2) nach y umstellen, y' berechnen und anschließend beides in die Differentialgleichung (3.1) einsetzen.

$$z(x) = \frac{y(x)}{x}$$
$$\Rightarrow y(x) = x \cdot z(x)$$
$$\Rightarrow y'(x) = 1 \cdot z(x) + x \cdot z'(x) \quad \text{d. h. kurz:} \quad y' = z + xz'.$$

Beispiel 3.4

Wir wollen die Differentialgleichung

$$y' = \frac{y^2 - x^2}{2xy} \quad (x, y \neq 0)$$

lösen. Nach der Umformung

$$y' = \frac{1}{2}\frac{y}{x} - \frac{1}{2}\frac{x}{y} = \frac{1}{2}\left(\frac{y}{x} - \frac{1}{\frac{y}{x}}\right)$$

substituieren wir

$$z = \frac{y}{x}$$
$$\Rightarrow y = xz$$
$$y' = z + xz'$$

und setzen dies in die Differentialgleichung ein

$$z + xz' = \frac{1}{2}\left(z - \frac{1}{z}\right).$$

Wir formen weiter um, damit wir die Differentialgleichung für z mit Trennung der Variablen lösen können:

$$\Rightarrow xz' = \frac{1}{2}z - \frac{1}{2z} - z$$
$$\Rightarrow xz' = -\frac{1}{2}z - \frac{1}{2z}$$
$$\Rightarrow xz' = -\frac{z^2 + 1}{2z}$$
$$\Rightarrow \frac{dz}{dx} = -\frac{1}{x} \cdot \frac{z^2 + 1}{2z}.$$

Mit den Funktionen $g(x) = -\frac{1}{x}$ und $h(z) = \frac{z^2 + 1}{2z}$ können wir die Differentialgleichung trennen und ihre Lösung z berechnen:

$$\Rightarrow \int \frac{dz \cdot 2z}{z^2 + 1} = -\int \frac{dx}{x}$$
$$\Rightarrow \ln\left|z^2 + 1\right| = -\ln|x| + C$$
$$\Rightarrow e^{\ln|z^2 + 1|} = e^{\ln\left(|x|^{-1} + C\right)}$$
$$z^2 + 1 = \frac{1}{|x|} \cdot e^C$$
$$z^2 + 1 = \frac{1}{x} \cdot K, \quad K = \pm e^C \in \mathbb{R} \setminus \{0\}.$$

Rücksubstitution:

$$\left(\frac{y}{x}\right)^2 + 1 = \frac{K}{x}$$
$$y^2 + x^2 = Kx, \quad K \neq 0.$$

Dies ist eine erste implizite Darstellung der Lösung. Wir formen den erhaltenen Ausdruck mittels quadratischer Ergänzung um:

$$y^2 + x^2 - Kx = 0$$

$$y^2 + \left(x^2 - Kx + \left(\frac{K}{2}\right)^2 - \left(\frac{K}{2}\right)^2 \right) = 0$$

$$y^2 + \left(x - \frac{K}{2} \right)^2 = \left(\frac{K}{2} \right)^2 .$$

Diese Gleichung stellt Kreise um den Mittelpunkt $\left(\frac{K}{2}, 0\right)$ mit dem Radius $\frac{1}{2}|K|$ dar, siehe Abbildung 3.2.

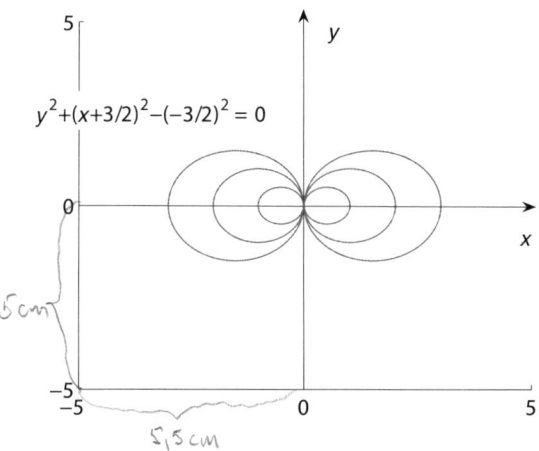

Abb. 3.2: *Lösungskurven von* $y' = \dfrac{y^2 - x^2}{2xy}$

Gleichungen vom Typ

$$y' = f(ax + by + c) \tag{3.3}$$

können ebenfalls durch eine Substitution auf eine Differentialgleichung mit trennbaren Variablen zurückgeführt werden. Mit der Substitution

$$z(x) = ax + by(x) + c \quad \text{und} \quad z' = a + by'$$

erhält man die Differentialgleichung $z' = a + bf(z)$.

Beispiel 3.5

Gesucht ist die Lösung der Differentialgleichung

$$y' = \frac{1}{1 + x - y}.$$

Es gilt

$$f(ax + by + c) = \frac{1}{ax + by + c}.$$

Deshalb verwenden wir die Substitution

$$z = 1 + x - y$$
$$z' = 1 - y'$$
$$\Rightarrow y = x + 1 - z$$
$$y' = 1 - z'.$$

Einsetzen in die Differentialgleichung ergibt

$$1 - z' = \frac{1}{z}, \quad z \neq 0$$
$$z' = 1 - \frac{1}{z}$$
$$z' = \frac{z - 1}{z}.$$

Die Trennung der Variablen führt zur Lösung der Differentialgleichung für z:

$$\frac{dz}{dx} = \frac{z - 1}{z}, \quad z \neq 0$$
$$\int \frac{z \cdot dz}{z - 1} = \int dx, \quad z \neq 1.$$

Die Nullstelle der Funktion $h(z) = z - 1$ ist $z_0 = 1$, also ist $z = 1$, bzw. nach Rücksubstitution $y(x) = x$, partikuläre Lösung.

Wie bestimmt man nun das Integral $\int \frac{z}{z - 1} dz$?

Da $\frac{z}{z - 1}$ eine unecht gebrochene rationale Funktion ist, wenden wir Polynomdivision an, woraus wir

$$\frac{z}{z - 1} = 1 + \frac{1}{z - 1}$$

erhalten. Somit folgt für die Integrale

$$\int \left(1 + \frac{1}{z-1}\right) dz = z + \ln|z-1| + C, \quad C \in \mathbb{R}$$

$$\text{und} \quad \int dx = x.$$

$$\Rightarrow x = z + \ln|z-1| + C$$

Nach der Rücksubstitution erhalten wir

$$x = x - y + 1 + \ln|x-y| + C,$$
$$\Rightarrow y(x) = 1 + \ln|x-y| + K \quad \text{mit} \quad K = 1 + C.$$

Die impliziten Lösungen der Differentialgleichung sind die Kurven

$$y(x) - \ln|x-y(x)| = K, \quad (K \in \mathbb{R}, \quad x \neq y) \quad \text{und} \quad y(x) = x, \quad (x \in \mathbb{R}),$$

siehe Abbildung 3.3.

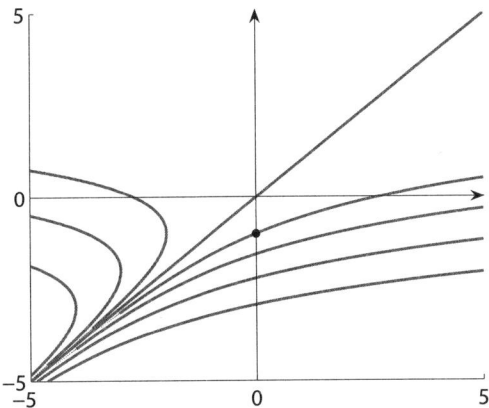

Abb. 3.3: Lösungskurven von $y' = \dfrac{1}{1 + x - y}$

Abschließend wollen wir das letzte Beispiel mit Anfangsbedingungen ergänzen.

Beispiel 3.6

Fall (a):

$$y(0) = -1$$

Die partikuläre Lösung $y(x) = x$ (siehe Beispiel 3.5) der Differentialgleichung

$$y' = \frac{1}{1 + x - y}$$

erfüllt diese Anfangsbedingung nicht, scheidet also als Lösung der Anfangswertaufgabe aus.

Mit dem Einsetzen von $y(0) = -1$ in $y(x) = 1 + \ln|x - y| + K$ folgt $K = -1$.

Für die Auflösung des Betrages kommt wegen der Anfangsbedingung nur der Fall $x > y$ in Frage.

Damit erhalten wir die Lösung $e^{y(x)+1} = x - y(x)$.

Der Leser möge die Zwischenschritte selbst ausführen.

Welche Kurve in der Abbildung 3.3 stellt diese Lösung dar?

Fall (b):

$y(-1) = -1$

Mit dieser Anfangsbedingung ist gerade die partikuläre Lösung der Differentialgleichung die Lösung der Anfangswertaufgabe: $y(x) = x, \quad x \in \mathbb{R}$.

Aufgabe 3.2.1

Berechnen Sie die Lösungen der folgenden beiden Ähnlichkeitsdifferentialgleichungen:

$$a) \quad y' = \frac{y}{x} - \frac{x^2}{y^2} \qquad (x, \, y \neq 0) \qquad \text{mit} \quad y(1) = 1$$

$$b) \quad y' = (x + y)^2.$$

3.3   Lineare Differentialgleichungen erster Ordnung

Bezeichnung:

Differentialgleichungen der Form

$$y' + a(x)y = r(x) \tag{3.4}$$

heißen *lineare Differentialgleichungen erster Ordnung.* Die Funktion $r(x)$ wird *Störfunktion* genannt. Für $r(x) = 0$ ist die Differentialgleichung *homogen*, andernfalls *inhomogen*.

Satz 3.1

Jede Lösung $y(x)$ einer linearen Differentialgleichung erster Ordnung lässt sich eindeutig darstellen als Summe einer Lösung y_H der homogenen Differentialgleichung und einer speziellen Lösung y_S der inhomogenen Differentialgleichung:

$$y(x) = y_H(x) + y_S(x). \tag{3.5}$$

Beweis:

Es sei erstens $y(x)$ eine beliebige Lösung der Differentialgleichung (3.4). Dann erfüllt die Funktion $y_H(x) := y(x) - y_S(x)$ die homogene Differentialgleichung

$$y_H' + a(x)y_H = (y - y_S)' + a(x)(y - y_S)$$
$$= y' + a(x)y - (y_S' + a(x)y_S) = r(x) - r(x) = 0.$$

Sei nun $y_H(x)$ eine beliebige Lösung der homogenen Differentialgleichung. Dann ist die Summe $y(x)$ aus $y_H(x)$ und einer speziellen Lösung $y_S(x)$ der inhomogenen Differentialgleichung eine Lösung der inhomogenen Differentialgleichung:

$$y' + a(x)y = (y_H + y_S)' + a(x)(y_H + y_S) = y_H' + y_S' + a(x)y_H + a(x)y_S = 0 + r(x).$$

y_H steht hier symbolisch für alle Lösungen der homogenen Differentialgleichung, im Gegensatz zu y_S — einer „einzelnen" Lösung der inhomogenen Differentialgleichung.

3.3.1 Die homogene Differentialgleichung

Wir wollen untersuchen, wie die Lösung y_H der homogenen Differentialgleichung

$$y' + a(x)y = 0 \qquad (3.6)$$

aussieht.

In der Literatur findet man für einige Typen gewöhnlicher Differentialgleichungen Lösungsformeln, so auch für die Lösung von (3.6). Der Sinn dieser Formeln besteht oft darin, eine geschlossene Darstellung der Lösung zu haben, die man für weiterführende Betrachtungen benötigt. Zum Verständnis der Lösungswege oder zum übersichtlichen, schrittweisen Berechnen von Lösungen eignen sie sich unter Umständen nicht.

Die Differentialgleichung (3.6) ist ein Spezialfall von $y' = g(x) \cdot h(y)$ mit $g(x) = -a(x)$ und $h(y) = y$, also eine trennbare Differentialgleichung. Zur Wiederholung führen wir hier ihre Integration durch Trennung der Variablen durch:

$$\int dy = \int -a(x)\, y \, dx$$
$$\Rightarrow \int \frac{dy}{y} = \int -a(x)dx$$
$$\Rightarrow \ln|y| - C = -\int a(x)dx, \quad C \in \mathbb{R}$$
$$\Rightarrow |y| = e^{-\int a(x)dx + C}$$
$$\Rightarrow |y| = e^{C} \cdot e^{-\int a(x)dx}$$
$$\Rightarrow y_H(x) = K \cdot e^{-\int a(x)dx}, \quad K \in \mathbb{R}. \quad \rightarrow \text{allgemeine Lösung v. (3.6)} \quad (3.7)$$

Die Betragsstriche dürfen wir weglassen, weil wir das Vorzeichen in die Wahl von $K = \pm e^{C}$ einbeziehen können. Wir erinnern uns außerdem, dass die Nullstelle von $h(y)$ als partikuläre Lösung mit in die Lösungsdarstellung einbezogen wird. Dies erfolgt durch den Wert $K = 0$.

Bemerkungen:

- y(x)=0 ist stets Lösung der homogenen Differentialgleichung (die *triviale Lösung*).

- Die Konstante $K \in \mathbb{R}$ in der Darstellung der Lösung $y_H(x)$ liefert uns bekanntlich die hier einparametrige Lösungsschar der Differentialgleichung erster Ordnung. Damit ist ab sofort klar, dass wir mit y_H tatsächlich die allgemeine Lösung der homogenen Differentialgleichung bezeichnen. Bei gegebener Anfangsbedingung wird K ein entsprechender Wert zugewiesen und man erhält die eindeutige Lösung der gestellten Anfangswertaufgabe.

- Die Lösung y_H der homogenen Differentialgleichung existiert, falls die Funktion $a(x)$ stetig und deshalb über jedem abgeschlossenen Intervall J integrierbar ist. In diesem Fall existiert auch die eindeutige Lösung der zugehörigen Anfangswertaufgabe, weil die Funktion $f(x, y) = -a(x) y$ die Voraussetzungen des Satzes 2.2 von Picard und Lindelöf erfüllt. Die Lipschitzstetigkeit von $f(x, y)$ bezüglich y folgt aus der Stetigkeit von $a(x)$, weil die Funktion $a(x)$ somit auf J beschränkt ist und folglich

$$L = \max \left| \frac{\partial f}{\partial y} \right| = \max |a(x)|, \quad x \in J$$

gilt.

3.3.2   Die inhomogene Differentialgleichung

Zur Ermittlung der allgemeinen Lösung $y(x)$ der inhomogenen Differentialgleichung (3.4)

$$y' + a(x)y = r(x) \qquad / \text{Bräuning}|42\ (67)$$

brauchen wir außer der allgemeinen Lösung y_H der homogenen Differentialgleichung eine spezielle Lösung y_S der inhomogenen Differentialgleichung:

$$y(x) = y_H(x) + y_S(x).$$

y_S lässt sich berechnen, wenn man in der allgemeinen Lösung y_H

$$y_H(x) = K \cdot e^{-\int a(x)dx}$$

die freie Konstante K „variiert", d. h. sie als Funktion von x betrachtet: $K = K(x)$.

$$\Rightarrow \text{Ansatz:} \quad y_S = K(x) \cdot e^{-\int a(x)dx} \tag{3.8}$$

Dieser Lösungsweg wird als *Variation der Konstanten* (V. d. K.) bezeichnet.

In einem *Ansatz* kommen bekannte und unbekannte Funktionen oder Konstanten vor. Vom unbekannten Anteil kennt man die Struktur (hier ist es eine Funktion von x, die mit $K(x)$ bezeichnet wird). Durch Einsetzen des Ansatzes (hier in unsere inhomogene Differentialgleichung) wird es möglich, die unbekannten Anteile des Ausdruckes zu bestimmen. Am Schluss der Rechnung setzt man das Ergebnis (hier eine Funktion von x, die speziell von der Störfunktion $r(x)$ bestimmt wird), in den „Platzhalter" $K(x)$ im Ansatz ein und hat somit die zu Beginn unbekannte Funktion $K(x)$ bestimmt.

Zunächst müssen wir $y_S(x)$ differenzieren, anschließend setzen wir y_S' und y_S in die inhomogene Differentialgleichung $y' + a(x)y = r(x)$ ein.

$$y_S' = K'e^{-\int a(x)dx} + K(-a(x))e^{-\int a(x)dx}.$$

Beim Einsetzen in die inhomogene Differentialgleichung müssen die Ausdrücke, die $K(x)$ enthalten, herausfallen

$$\left(K'e^{-\int a(x)dx} - Ka(x)e^{-\int a(x)dx}\right) + a(x)\left(K(x) \cdot e^{-\int a(x)dx}\right) = r(x).$$

Hier hat man immer eine Rechenkontrolle! Es bleibt ein Ausdruck für $K'(x)$ übrig, aus dem man durch Integration eine spezielle Funktion $K(x)$ berechnet:

$$\Rightarrow K'(x) = r(x)e^{\int a(x)dx}.$$

Ist $r(x)$ eine stetige Störfunktion, dann ist auch die rechte Seite integrierbar

$$\Rightarrow K(x) = \int r(x)e^{\int a(x)dx}dx \quad (x \in J).$$

Merke: Beim Berechnen dieses Integrals wählt man aus der Menge von Stammfunktionen $C \in \mathbb{R}$ praktischerweise die mit dem Wert $C = 0$ aus, weil wir nur eine spezielle Lösung suchen (und mit $K(x)$ schon die Konstante variiert haben).

Das Einsetzen der (nun speziellen) „Variation" der Konstanten $K(x)$ in den ursprünglichen Ansatz liefert die spezielle Lösung

$$y_S(x) = \left(\int r(x) \cdot e^{\int a(x)dx}\right)e^{-\int a(x)dx}. \tag{3.9}$$

Damit haben wir die allgemeine Lösung $y(x) = y_H(x) + y_S(x)$ der inhomogenen Differentialgleichung ermittelt.

Beispiel 3.7

Als erstes Beispiel sei eine Anfangswertaufgabe gestellt:

$$y' = \frac{1}{x}y + 5x, \qquad x \in (0, \infty), \quad y(1) = 0.$$

$$\Rightarrow y' - \frac{1}{x}y = 5x$$

$$\text{mit} \quad a(x) = -\frac{1}{x}, \quad r(x) = 5x.$$

1. Lösung der homogenen Differentialgleichung:

$$y' - \frac{1}{x}y = 0$$

$$\Rightarrow \frac{dy}{dx} = \frac{y}{x}$$

$$\Rightarrow \int \frac{dy}{y} = \int \frac{dx}{x}, \quad y \neq 0$$

$$\Rightarrow \ln|y| = \ln|x| + C$$

$$\Rightarrow |y| = |x|\, e^C$$

$$\Rightarrow y_H(x) = x\, K, \quad K \in \mathbb{R} \backslash \{0\}.$$

$$y_H(x) = x\, K \quad \text{und} \quad y = 0 \Rightarrow \quad K \in \mathbb{R}.$$

An dieser Stelle wollen wir einmal ausführlich die Auflösung der beiden Beträge beschreiben, die gerade durchgeführt worden ist.

1. Fall: $y > 0,\ x > 0$

$\Rightarrow y = x\, e^C$

2. Fall: $y > 0,\ x < 0$

$\Rightarrow y = -x\, e^C$

3. Fall: $y < 0,\ x > 0$

$\Rightarrow -y = x\, e^C$

$\Rightarrow y = -x\, e^C$

4. Fall: $y < 0,\ x < 0$

$\Rightarrow -y = -x\, e^C$

$\Rightarrow y = x\, e^C$

Mit der Wahl von $K = \pm e^C$ folgt die Zusammenfassung der vier Fälle zu $y = x\, K$.

2. Spezielle Lösung durch Variation der Konstanten bestimmen:
Wir setzen den Ansatz und seine Ableitung

$$y_S(x) = K(x) \cdot x$$

$$y'_S(x) = K'x + K$$

in die Differentialgleichung ein

$$K'x + K - \frac{1}{x}Kx = 5x$$

$$\Rightarrow K'x = 5x.$$

Bestimmen der Lösung durch Trennung der Variablen:

$$\frac{dK}{dx}x = 5x$$

$$\int dK = \int 5dx$$

$$\Rightarrow K(x) = 5x \quad (\text{mit } C = 0).$$

Einsetzen der speziell ermittelten Funktion $K(x)$ in den Ansatz liefert die gesuchte spezielle Lösung

$$y_S(x) = 5x^2.$$

3. Darstellung der Gesamtlösung:

$$y(x) = y_H + y_S$$

$$\Rightarrow y(x) = Kx + 5x^2, \quad (x \in (0, \infty) \quad \text{siehe Definitionsbereich})$$

4. Anpassen an die Anfangsbedingung $y(1) = 0$:

$$y(1) = K + 5 = 0$$

$$\Rightarrow K = -5$$

$$\Rightarrow y(x) = 5x^2 - 5x, \quad (x \in (0, \infty)).$$

Beispiel 3.8

Gesucht ist die allgemeine Lösung der Differentialgleichung

$$y' + y \cos x = \frac{1}{2} \sin 2x, \qquad x \in [0, \pi].$$

1. Homogene Differentialgleichung:

$$y' + y \cos x = 0$$

$$\frac{dy}{dx} = -y \cos x$$

$$\int \frac{dy}{y} = -\int \cos x \, dx, \quad y \neq 0$$

$$\ln |y| = -\sin x + C$$

$$y = e^{-\sin x} \cdot e^C$$

$$\Rightarrow y_H(x) = \pm e^{-\sin x} \cdot K, \quad K \in \mathbb{R} \text{ mit Berücksichtigung von } y = 0.$$

2. Spezielle Lösung der inhomogenen Differentialgleichung:

$$y_S(x) = K(x) \cdot e^{-\sin x}$$

$$y' = K'e^{-\sin x} + K(-\cos x)e^{-\sin x}$$

$$K'e^{-\sin x} - K\cos x \cdot e^{-\sin x} + Ke^{-\sin x} \cdot \cos x = \frac{1}{2}\sin(2x)$$

$$\frac{dK}{dx}e^{-\sin x} = \frac{1}{2} \cdot \sin(2x)$$

$$\int dK = \frac{1}{2}\left(\int e^{\sin x} \cdot \sin(2x)dx\right)$$

$K(x)$ ermitteln wir hier durch partielle Integration von $\int e^{\sin x} \cdot \sin(2x)dx$.
Beachte: $\sin 2x = 2\sin x \cdot \cos x$

$$\int e^{\sin x} \cdot \sin(2x)dx = \int e^{\sin x} \cdot 2\sin x \cdot \cos x\, dx$$

$$= 2\int e^{\sin x} \cdot \sin x \cdot \cos x\, dx$$

Für die partielle Integration wählen wir

$$u'(x) = e^{\sin x} \cdot \cos x\, dx,$$
$$v(x) = \sin x.$$

Die Funktion $u(x)$ aus

$$u(x) = \int e^{\sin x} \cdot \cos x\, dx$$

berechnen wir mit der Substitution

$$z = \sin x \quad \Rightarrow \quad \frac{dz}{dx} = \cos x \quad \Rightarrow \quad \cos x\, dx = dz.$$

$$\Rightarrow u(x) = \int e^z\, dz = e^z = e^{\sin x}.$$

Bei der Integration haben wir den Wert der Integrationskonstanten $C_1 = 0$ gewählt,
da wir nur eine spezielle Lösung suchen.
Jetzt können wir die partielle Integration ausführen und erhalten $K(x)$.

$$K(x) = \frac{1}{2} \cdot 2\int e^{\sin x} \cdot \cos x \cdot \sin x\, dx$$

$$= \left(e^{\sin x} \cdot \sin x - \int e^{\sin x} \cdot \cos x\, dx\right)$$

$$= \left(e^{\sin x} \cdot \sin x - e^{\sin x} + C_2\right)$$

$$= e^{\sin x}(\sin x - 1) \qquad (\text{mit } C_2 = 0).$$

Einsetzen in den Ansatz:

$$\Rightarrow y_S(x) = e^{-\sin x} \cdot \left(e^{\sin x}(\sin x - 1)\right)$$

$$\Rightarrow y_S(x) = \sin x - 1$$

3. Allgemeine Lösung:

$$\Rightarrow y(x) = y_H + y_S = e^{-\sin x} \cdot K + \sin x - 1 \qquad (K \in \mathbb{R}, \quad x \in [0, \pi])$$

Die freie Konstante K ist hier wieder die Konstante aus der Lösung der homogenen Differentialgleichung.

Die allgemeine Lösung der Differentialgleichung erster Ordnung hat genau einen Parameter K (siehe Definition 1.1), so dass sie noch an eine Anfangsbedingung angepasst werden kann.

Superpositionsprinzip

Wenn die rechte Seite $r(x)$ der linearen Differentialgleichung erster Ordnung (3.4)

$$y' + a(x)y = r(x)$$

eine Summe aus zwei Störfunktionen $r_1(x)$ und $r_2(x)$ ist, dann ist die Lösung von (3.4) gerade die Summe der Lösungen aus den beiden Differentialgleichungen, jeweils mit einer der beiden Störfunktionen als rechte Seite. Dies gilt auch für entsprechende Linearkombinationen, siehe Aussage.

Aussage:

Es seien $\mu \in \mathbb{R}$ und $\nu \in \mathbb{R}$. Für die Lösungen y_1 und y_2 der beiden Differentialgleichungen

$$y_1' + a(x)y_1 = r_1(x) \quad \text{und} \quad y_2' + a(x)y_2 = r_2(x) \quad \text{folgt}$$

$$y = \mu y_1 + \nu y_2 \quad \text{ist Lösung von} \quad y' + a(x)y = \mu r_1(x) + \nu r_2(x).$$

Was bedeutet diese Aussage praktisch für das Lösen unserer linearen Differentialgleichungen?

Man kann bei Summenausdrücken von Störfunktionen entscheiden, wie man diese Summe in Summanden aufteilt und dann für jeden Summanden eine spezielle Lösung berechnen. Wir werden uns im nächsten Abschnitt Beispiele dazu ansehen.

3.3.3 Spezialfälle inhomogener linearer Differentialgleichungen erster Ordnung

Wir betrachten weiterhin lineare Differentialgleichungen erster Ordnung der Form

$$y' + a(x) \cdot y = r(x),$$

jetzt unter der Voraussetzung $a(x) = a \in \mathbb{R}$ konstant. Die Differentialgleichung

$$y' + a\,y = r(x) \tag{3.10}$$

ist eine *lineare Differentialgleichung erster Ordnung mit konstanten Koeffizienten*.

Wenn die Störfunktion $r(x)$ ein bestimmter Funktionentyp (siehe (3.11)) ist, dann erhält man mit der Variation der Konstanten auch entsprechende Typen als spezielle Lösungen. Praktischerweise führt man in solchen Fällen nicht die Variation der Konstanten durch, sondern benutzt

Ansätze, die entsprechend des vorliegenden Typs der rechten Seite aufgestellt und in die Differentialgleichung eingesetzt werden. Unter Ausnutzung des Superpositionsprinzips kann man auf diese Weise eine ganze Reihe inhomogener Differentialgleichungen erster Ordnung mit konstanten Koeffizienten effizient lösen. Eine solche Vorgehensweise finden wir auch bei linearen Differentialgleichungen zweiter bis n-ter Ordnung und bei Systemen linearer Differentialgleichungen erster Ordnung.

Die Methode, die solche Ansätze zur Ermittlung einer speziellen Lösung verwendet, heißt „Ansatz vom Typ der rechten Seite mit unbestimmten Koeffizienten". Der „Typ der rechten Seite" in der Differentialgleichung (3.10), der solche Ansätze ermöglicht, lautet

$$r(x) = p(x)\, e^{\alpha x} \cos(\beta\, x) \quad \text{oder} \quad r(x) = p(x)\, e^{\alpha x} \sin(\beta\, x). \tag{3.11}$$

Dabei sind $p(x)$ ein Polynom in x vom Grade m mit Koeffizienten b_i und α, β reelle Zahlen.

Im Folgenden geben wir eine genaue Übersicht über die einzelnen Typen und den zugehörigen Ansätzen:

Störfunktion $r(x)$	Lösungsansatz
$b_0 + b_1 x + \cdots + b_m x^m$	$A_0 + A_1 x + \cdots + A_m x^m$, falls $a \neq 0$ $x\,(A_0 + A_1 x + \cdots + A_m x^m)$, falls $a = 0$
$(b_0 + b_1 x + \cdots + b_m x^m)\, e^{\alpha x}$	$(A_0 + A_1 x + \cdots + A_m x^m)\, e^{\alpha x}$, falls $-a \neq \alpha$ $x\,(A_0 + A_1 x + \cdots + A_m x^m)\, e^{\alpha x}$, falls $-a = \alpha$
$(b_0 + b_1 x + \cdots + b_m x^m) \cos \beta x$ $(\beta \neq 0)$	$(A_0 + A_1 x + \cdots + A_m x^m) \cos \beta x$ $+ (B_0 + B_1 x + \cdots + B_m x^m) \sin \beta x$
$(b_0 + b_1 x + \cdots + b_m x^m) \sin \beta x$ $(\beta \neq 0)$	$(A_0 + A_1 x + \cdots + A_m x^m) \cos \beta x$ $+ (B_0 + B_1 x + \cdots + B_m x^m) \sin \beta x$
$(b_0 + b_1 x + \cdots + b_m x^m)\, e^{\alpha x} \cos \beta x$ $(\beta \neq 0)$	$(A_0 + A_1 x + \cdots + A_m x^m)\, e^{\alpha x} \cos \beta x$ $+ (B_0 + B_1 x + \cdots + B_m x^m)\, e^{\alpha x} \sin \beta x$
$(b_0 + b_1 x + \cdots + b_m x^m)\, e^{\alpha x} \sin \beta x$ $(\beta \neq 0)$	$(A_0 + A_1 x + \cdots + A_m x^m)\, e^{\alpha x} \cos \beta x$ $+ (B_0 + B_1 x + \cdots + B_m x^m)\, e^{\alpha x} \sin \beta x$

Wir wollen nun zur Veranschaulichung der Methode „Ansatz vom Typ der rechten Seite mit unbestimmten Koeffizienten" drei Beispiele rechnen.

Beispiel 3.9 $y' + ay = b$

Bestimme die Lösung der Differentialgleichung

$$y' - 4y = -1 \quad \rightarrow \quad \left. \begin{array}{l} a = -4 \\ b = -1 \end{array} \right\} \quad y = \frac{b}{a} + \left(y(0) - \frac{b}{a} \right) \cdot e^{-ax} = \frac{1}{4} + \frac{3}{4} \cdot e^{4x}$$

mit der Anfangsbedingung $y(0) = 1$.

Diese Differentialgleichung lässt sich auch leicht mit einer anderen Methode ohne Aufteilung in den homogenen und den inhomogenen Anteil lösen, Mit welcher? Das liegt daran, dass die Störfunktion $r(x) = -1$ hier eine Konstante ist und nicht von x abhängt. Führen Sie diese Rechnung durch!

1. Lösen der homogenen Differentialgleichung:

$$\int \frac{dy}{y} = \int 4 \, dx$$

$$\ln|y| = 4x + C$$

$$\Rightarrow \quad y_H(x) = e^{4x} \cdot K, \quad K \in \mathbb{R}.$$

2. Berechnen der speziellen Lösung y_S mit Hilfe eines Ansatzes vom Typ der rechten Seite mit unbestimmten Koeffizienten.
   (Bemerkung: Bei der Störfunktion $r(x) = -1$ wäre der Aufwand, y_S mit Variation der Konstanten zu ermitteln, auch vertretbar. Probieren Sie dies aus!)

$$\text{Ansatz} \quad y_S = A_0$$

$$\Rightarrow \quad y'_s = 0$$

Einsetzen in die Differentialgleichung:

$$0 - 4A_0 = -1$$

$$A_0 = \frac{1}{4}$$

$$\Rightarrow \quad y_S(x) = \frac{1}{4}$$

$$\Rightarrow \quad y(x) = e^{4x} \cdot K + \frac{1}{4}, \quad K \in \mathbb{R}.$$

3. Einsetzen der Anfangsbedingung

$$y(0) = 1$$

$$\Rightarrow \quad y(0) = K + \frac{1}{4} = 1$$

$$\Rightarrow \quad K = \frac{3}{4}$$

Somit ist

$$y(x) = \frac{3}{4}e^{4x} + \frac{1}{4}$$

die Lösung des Anfangswertproblems.

Beispiel 3.10

Zu lösen ist die Differentialgleichung

$$y' - y = (x + 1)\, e^x.$$

1. Bestimme die homogene Lösung y_H von $y' - y = 0$

$$y_H(x) = e^x \cdot K, \quad K \in \mathbb{R} \quad \text{(vergleiche Beispiel 3.9)}.$$

2. Ansatz vom Typ der rechten Seite mit unbestimmten Koeffizienten.

   Merke: Tritt bei linearen Differentialgleichungen erster Ordnung mit konstanten Koeffizienten die Störfunktion als Produkt eines Polynoms $p(x)$ und der Eulerschen Funktion $e^{\alpha x}$ ohne einen Faktor mit der Sinus- oder der Kosinusfunktion auf, muss der Wert von $-a$ mit dem Wert von α verglichen werden. Stimmen diese Werte überein, muss ein zusätzlicher Faktor x in den Ansatz aufgenommen werden. Den Grund dafür werden wir bei den linearen Differentialgleichungen höherer Ordnung verstehen, wir haben es mit einem „Resonanzfall" zu tun. Das Gleiche wäre für $a = 0 = \alpha$ zu beachten. Allerdings wird man die in diesem Fall vorliegende Differentialgleichung $y'(x) = b_0 + b_1 x + \cdots + b_m x^m$ direkt durch Integration lösen!

   In der vorliegenden Differentialgleichung liegt der erste der beiden beschriebenen Fälle vor, die Werte $-a = 1$ und $\alpha = 1$ stimmen überein. Das heißt, wir müssen den gesamten Ansatz mit dem Faktor x multiplizieren

$$y_S = x\,(A_0 + A_1 x)\, e^x$$

$$y_S = \left(A_0 x + A_1 x^2 \right) e^x$$

$$\Rightarrow\ y_s' = (A_0 + 2A_1 x)\, e^x + \left(A_0 x + A_1 x^2 \right) e^x$$

$$y_s' = \left(A_0 + 2A_1 x + A_0 x + A_1 x^2 \right) e^x$$

Einsetzen des Ansatzes in die Differentialgleichung, Division durch e^x und Koeffizientenvergleich liefert

$$A_0 + 2A_1 x = x + 1$$

$$\Rightarrow\ A_0 = 1 \quad A_1 = \frac{1}{2}.$$

Wir setzen diese beiden Zahlen in den Ansatz ein. Wir haben die unbestimmten Koeffizienten jetzt bestimmt

$$\Rightarrow\ y_S = x\,\left(1 + \frac{1}{2} x \right) e^x$$

$$y_S = \left(x + \frac{1}{2} x^2 \right) e^x.$$

Was würde passieren, wenn wir den zusätzlichen Faktor x wegließen, d. h., wenn wir keinen „Resonanzansatz" verwenden würden? Probieren Sie es aus!

3. Die Gesamtlösung $y(x) = y_H(x) + y_S(x)$ ist somit

$$y(x) = \left(x + \frac{1}{2}x^2 + K \right) e^x, \quad K \in \mathbb{R} \quad (x \in \mathbb{R}).$$

Im letzten Beispiel dieses Abschnittes wollen wir einen weiteren speziellen Ansatz benutzen und das Superpositionsprinzip demonstrieren.

Beispiel 3.11

Bekannt seien die Lösung y_H der homogenen Differentialgleichung

$$y' - 2y = 0$$

und zwei spezielle Lösungen y_{S1} und y_{S2} zugehöriger inhomogener Differentialgleichungen

$$y' - 2y = 1 + x^2$$
$$\text{und} \quad y' - 2y = e^x.$$

Gesucht ist die Lösung $y(x)$ von

$$y' - 2y = 4 \left(1 + x^2 + e^x \right) + 5\sin(3x).$$

Gegeben:

$$y_H(x) = K\, e^{2x}, \quad K \in \mathbb{R}$$
$$y_{S1}(x) = -\frac{3}{4} - \frac{1}{2}x - \frac{1}{2}x^2$$
$$y_{S2}(x) = -e^x$$

Es fehlt nur eine spezielle Lösung y_{S3} von

$$y' - 2y = \sin(3x), \tag{3.12}$$

um dann nach dem Superpositionsprinzip die gesuchte Gesamtlösung zu bekommen.

Spezielle Lösung von (3.12)

Wir müssen (siehe Tabelle) den Ansatz $y_S(x) = A_0 \cos(3x) + B_0 \sin(3x)$ verwenden.

$$\Rightarrow \quad y_S'(x) = -3A_0 \sin(3x) + 3B_0 \cos(3x)$$

Einsetzen in (3.12) und Zusammenfassen ergibt

$$(-3A_0 - 2B_0)\sin(3x) + (3B_0 - 2A_0)\cos(3x) = \sin(3x).$$

Durch Vergleich der Koeffizienten der Sinusfunktion und der Kosinusfunktion auf beiden Seiten dieser Gleichung entsteht ein lineares Gleichungssystem für die unbekannten Koeffizienten A_0 und B_0:

$$-3A_0 - 2B_0 = 1$$
$$3B_0 - 2A_0 = 0,$$
$$\Rightarrow A_0 = -\frac{3}{5}, \quad B_0 = \frac{2}{5},$$
$$\Rightarrow y_S = -\frac{3}{5}\cos(3x) + \frac{2}{5}\sin(3x).$$

Die Gesamtlösung ist nun die folgende Linearkombination:

$$y = y_H + 4(y_{S1} + y_{S2}) + 5y_S$$
$$y(x) = K\,e^{2x} + 4\left(-\frac{3}{4} - \frac{1}{2}x - \frac{1}{2}x^2 - e^x\right) + 5\left(-\frac{3}{5}\cos(3x) + \frac{2}{5}\sin(3x)\right)$$
$$y(x) = K\,e^{2x} - 3 - 2x - 2x^2 - 4e^x - 3\cos(3x) + 2\sin(3x), \quad K \in \mathbb{R}.$$

Aufgabe 3.3.1

Bestimmen Sie die Lösungen nachfolgender Anfangswertprobleme. Formen Sie die Differentialgleichungen zunächst so um, dass diese die Standardform einer expliziten linearen Differentialgleichung erster Ordnung bekommen.

a) $\quad y' = \dfrac{1}{1-x}y + x - 1 \qquad (x \neq 1) \qquad y(2) = 0$

b) $\quad y' = \dfrac{x - 4xy}{1 + x^2} \qquad\qquad\qquad\quad y(1) = 1$

c) $\quad xy' = x - y - xy\cot x \qquad (x \neq 0) \qquad y\left(\dfrac{\pi}{2}\right) = 0$

Aufgabe 3.3.2

Lösen Sie die folgenden linearen Differentialgleichungen. Bei einigen der vorliegenden Differentialgleichungen können Sie eine spezielle Lösung mit der Methode Ansatz vom Typ der rechten Seite ermitteln. Nicht immer lässt sich diese Methode schneller ausführen als das ihr zugrunde liegende Verfahren der Variation der Konstanten.

a) $\quad xy' = 4y + x^5 \qquad (x \neq 0)$

b) $\quad y'x^2 = 1 - y \qquad (x \neq 0)$

c) $\quad y' = -2y + x + \sin x$

d) $\quad y' = y + xe^x\cos x$

3.4 Zwei Differentialgleichungen, die sich auf lineare zurückführen lassen

3.4.1 Die Bernoulli-Differentialgleichung

Bezeichnung:

Eine Differentialgleichung vom Typ

$$y' + a(x) \cdot y = r(x) \cdot y^\alpha \qquad (3.13)$$

mit $\alpha \neq 0$ und $\alpha \neq 1$ heißt *Bernoulli-Differentialgleichung.*

Wir schließen mit den Bedingungen an die Konstante α die bisher bekannten Fälle aus. Die Bernoulli-Differentialgleichung (3.13) ist eine *nichtlineare* Differentialgleichung erster Ordnung.

Mit welcher Substitution könnte man die Bernoulli-Differentialgleichung auf eine lineare Differentialgleichung zurückführen? Zunächst würde man versuchen, in (3.13) die beiden Potenzen von y zusammenzufassen, dies gelingt durch Multiplikation mit $y^{-\alpha}$ und führt zu $y^{1-\alpha}$. Damit wird die anzuwendende Substitution plausibel:

$$u = y^{1-\alpha} \qquad (y \neq 0). \qquad (3.14)$$

Wir kennen die Vorgehensweise, um mit einer Substitution eine lineare Differentialgleichung für u aufzustellen.

$$u \, y^\alpha = y$$
$$\Rightarrow u' = (1 - \alpha) \, y^{-\alpha} \, y'$$
$$\Rightarrow y' = \frac{u' y^\alpha}{1 - \alpha}$$
$$\Rightarrow y' = \left(u' \frac{y}{u}\right) \frac{1}{1 - \alpha}$$

Einsetzen in die Differentialgleichung:

$$\left(u' \frac{y}{u}\right) \frac{1}{1 - \alpha} + a(x) \cdot y = r(x) \cdot \frac{y}{u}$$
$$\Leftrightarrow u' + (1 - \alpha) \cdot a(x) \cdot u = r(x) \cdot (1 - \alpha).$$

Rechenkontrolle: Die Variable y darf nicht mehr in der Differentialgleichung erscheinen!

Beispiel 3.12

Wir werden jetzt eine Bernoulli-Differentialgleichung lösen:

$$x y' - 4y = x^2 y^3, \quad x \neq 0.$$

Nach Division durch $x \neq 0$ erhalten wir die Form (3.13) und sind uns sicher, dass eine Bernoulli-Differentialgleichung vorliegt:

$$y' - \frac{4}{x} y = x y^3 \quad \text{mit} \quad \alpha = 3.$$

$$\Rightarrow \text{ Substitution } u = y^{1-3} \quad \text{d.\,h.} \quad u = \frac{1}{y^2}$$

$$\Rightarrow u' = -\frac{2}{y^3}\, y'$$

$$\Rightarrow y' = -u' y^3 \frac{1}{2}$$

Einsetzen in die Differentialgleichung:

$$-\frac{1}{2} u' y^3 - \frac{4}{x} y = x y^3$$

$$\Rightarrow -\frac{1}{2} u' - \frac{4}{x} y^{-2} = x$$

$$\Rightarrow u' + \frac{8}{x} u = -2x$$

Diese lineare inhomogene Differentialgleichung für u mit nichtkonstanten Koeffizienten hat die Lösung (bitte nachrechnen)

$$u(x) = \frac{C}{x^8} - \frac{1}{5} x^2, \quad C \in \mathbb{R}.$$

Rücksubstitution $u = \dfrac{1}{y^2}$:

$$\Rightarrow \frac{1}{y^2} = \frac{C}{x^8} - \frac{1}{5} x^2$$

$$\frac{1}{y^2} = \frac{5C - x^{10}}{5x^8} \quad \left(x^{10} \neq 5C\right)$$

$$\Rightarrow y^2 = \frac{5x^8}{K - x^{10}}, \quad K = 5C$$

$$\Rightarrow y(x) = \pm\sqrt{\frac{5x^8}{K - x^{10}}}, \quad \left(K - x^{10} > 0\right)$$

3.4.2   Die Riccati-Differentialgleichung

Eine weitere nichtlineare Differentialgleichung, die sich auf eine lineare Differentialgleichung erster Ordnung zurückführen lässt, ist die *Riccati-Differentialgleichung*

$$y' + a(x) \cdot y = r(x) + g(x) \cdot y^2. \tag{3.15}$$

Für diesen Differentialgleichungstyp gibt es, wie für viele andere Differentialgleichungen auch, kein allgemeingültiges Verfahren zur Bestimmung analytischer Lösungen. Wenn man allerdings eine spezielle Lösung $y_S(x)$ kennt, lässt sich eine Riccati-Differentialgleichung auf eine lineare Differentialgleichung zurückführen.

Es sei eine spezielle Lösung y_S von (3.15) bekannt. Dann führt die Substitution

$$y = y_S + \frac{1}{u}.$$

auf eine lineare Differentialgleichung der Form

$$u' + (2y_S(x) \cdot g(x) - a(x))u = -g(x). \tag{3.16}$$

Beispiel 3.13

Gesucht ist die Lösung der Differentialgleichung

$$y' = \frac{2}{x^2} - y^2, \quad (x \neq 0).$$

Zunächst müssen wir erkennen, um welchen Differentialgleichungstyp es sich handelt! Hierzu muss in vielen Fällen die Differentialgleichung umgeformt werden. Erst wenn man weiß, welchen Differentialgleichungstyp man vorliegen hat, kann man mit der Lösung beginnen, kann ein Lösungsverfahren wählen, in der Literatur nachschlagen oder Näherungslösungen berechnen.

Die zu lösende Differentialgleichung ist tatsächlich eine Riccati-Differentialgleichung. Warum gehört sie nicht zu den Bernolli-Differentialgleichungen?

Die Funktionen in der allgemeinen Form (3.15) sind hier

$$g(x) = -1, \quad a(x) = 0 \quad \text{und} \quad r(x) = \frac{2}{x^2}. \tag{3.17}$$

Zuerst stellt sich also die Frage nach einer speziellen Lösung y_S. Bei Ratlosigkeit hilft **gezieltes** Probieren, d. h. mit einem naheliegenden Ansatz eine spezielle Lösung suchen. Dies gelingt allerdings nur mit Erfahrung und soll kein Lernziel unseres Buches sein.

Wir verwenden den Ansatz

$$y_S = \beta x^\alpha$$
$$\Rightarrow y_S' = \alpha \beta x^{\alpha - 1}.$$

Einsetzen in die Differentialgleichung liefert

$$\alpha \beta x^{\alpha - 1} = \frac{2}{x^2} - \beta^2 x^{2\alpha}.$$

Jetzt versucht man eine Wahl der Konstanten α und β zu finden, so dass die Differentialgleichung identisch erfüllt ist. Mit $\alpha = -1$ wird die Differentialgleichung von x unabhängig und man kann den oder die Werte für β berechnen:

$$-\beta x^{-2} = 2x^{-2} - \beta^2 x^{-2}$$

$$\beta^2 - \beta - 2 = 0$$

$$\beta_{1,2} = \frac{1}{2} \pm \sqrt{\frac{1}{4} + 2}$$

$$\Rightarrow \beta_1 = 2, \qquad\qquad \beta_2 = -1$$

$$\Rightarrow y_{S_1}(x) = 2x^{-1}, \qquad y_{S_2}(x) = -x^{-1}$$

Nun können wir die Substitution zur Lösung der Riccati-Differentialgleichung durchführen, wir wählen eine der beiden speziellen Lösungen dafür aus

$$y_{S2} = -x^{-1}$$

$$y = y_{S2} + \frac{1}{u}$$

$$\Rightarrow y = -\frac{1}{x} + \frac{1}{u}$$

$$\Rightarrow y' = \frac{1}{x^2} - \frac{u'}{u^2}.$$

Eingesetzt in die Riccati-Differentialgleichung erhalten wir mit

$$\frac{1}{x^2} - \frac{u'}{u^2} = \frac{2}{x^2} - \left(-\frac{1}{x} + \frac{1}{u}\right)^2$$

$$\frac{1}{x^2} - \frac{u'}{u^2} = \frac{2}{x^2} - \left(+\frac{1}{x^2} - \frac{2}{x \cdot u} + \frac{1}{u^2}\right)$$

$$\Rightarrow -u' = \frac{2u}{x} - 1$$

$$u' + \frac{2}{x}u = 1$$

eine lineare Differentialgleichung für u mit nichtkonstantem Koeffizienten.

Zur Kontrolle können wir die erhaltene Differentialgleichung mit der allgemeinen Form in (3.16) vergleichen, indem wir die Funktionen in (3.17) dort einsetzen. Wir empfehlen ausdrücklich **nicht**, zur Rechnung ausschließlich derartige Formeln zu benutzen! Wichtig ist das Verständnis der immer wiederkehrenden logischen Vorgehensweisen.

1. Lösung u_H der homogenen Differentialgleichung:

$$u' + \frac{2}{x}u = 0$$

$$\int \frac{du}{u} = -2\int \frac{dx}{x}, \quad u \neq 0$$

$$\ln|u| = \ln|x|^{-2} + C$$

$$\Rightarrow u_H(x) = K\frac{1}{x^2}, \quad K \in \mathbb{R}.$$

2. Lösung u_S der inhomogenen Differentialgleichung mit Variation der Konstanten:

$$u_S = K(x) \cdot \frac{1}{x^2}$$

$$u_S' = K'(x) \cdot \frac{1}{x^2} + K(x) \cdot \left(-2x^{-3}\right)$$

$$\Rightarrow 1 = K'(x)\frac{1}{x^2} + K(x) \cdot \left(-2x^{-3}\right) + \frac{2}{x}K(x)\frac{1}{x^2}$$

$$1 = K'(x)\frac{1}{x^2}$$

$$\Rightarrow K(x) = \int x^2 \, dx = \frac{x^3}{3}, \qquad (C = 0)$$

$$\Rightarrow u_S(x) = \frac{x^3}{3} \cdot \frac{1}{x^2} = \frac{x}{3}.$$

3. Gesamtlösung $u(x)$ der linearen Differentialgleichung:

$$\Rightarrow u(x) = \frac{K}{x^2} + \frac{x}{3} = \frac{K_1 + x^3}{3x^2}, \quad 3K = K_1 \in \mathbb{R} \quad (x \neq 0).$$

Schließlich setzen wir $u(x)$ in unsere Riccati-Substitution $y = -\frac{1}{x} + \frac{1}{u}$ ein und erhalten die gesuchte Lösung

$$y(x) = -\frac{1}{x} + \frac{3x^2}{K_1 + x^3}, \quad K_1 \in \mathbb{R}, \quad \left(x \neq 0, \quad -x^3 \neq K_1\right).$$

Bemerkung:

Alle Lösungen von Differentialgleichungen und Anfangswertproblemen, die wir hier mühevoll erarbeitet haben, lassen sich in MATLAB® erzeugen. Wenn Sie die Symbolic Math Toolbox installiert haben, können Sie MATLAB® als Computeralgebrasystem benutzen. Genaueres über die symbolische Lösung von Differentialgleichungen und die unserer Beispiele erfahren Sie im letzten Kapitel des Buches.

Aufgabe 3.4.1

Bestimmen Sie in Aufgabe a) die Lösung der Bernoullischen Differentialgleichung mit einer Anfangsbedingung und in Teil b) die Lösung der Riccati-Differentialgleichung.

a) $\quad y' + \frac{y}{x} = x^2 y^2 \qquad (x \neq 0) \qquad\qquad y(1) = 2$

b) $\quad y' = (1 - x)y^2 + (2x - 1)y - x \qquad y_S(x) = 1$

3.5 Exakte Differentialgleichungen, integrierender Faktor

3.5.1 Exakte Differentialgleichungen

Der Ausgangspunkt unserer Betrachtungen ist eine allgemeine explizite lineare Differentialgleichung erster Ordnung

$$y' = f(x, y). \tag{3.18}$$

Die Differentialgleichung kann auch geschrieben werden als

$$y' = -\frac{p(x, y)}{q(x, y)} \qquad (q(x, y) \neq 0),$$

oder um Brüche zu vermeiden, als

$$\frac{dy}{dx}q(x, y) + p(x, y) = 0; \qquad y = y(x). \tag{3.19}$$

Alternativ schreibt man die Differentialgleichung für eine Funktion $x(y)$ in der Form

$$q(x, y) + \frac{dx}{dy}p(x, y) = 0.$$

Die zu (3.18) äquivalente Gleichung

$$q(x, y)dy + p(x, y)dx = 0 \qquad \text{│ siehe 80 Bedingung} \tag{3.20}$$

ist eine Differentialgleichung in der ursprünglichen Bedeutung des Wortes, nämlich eine Gleichung der *Differentiale dx* und *dy*.

Welchen Vorteil würde es bringen, wenn die Differentialgleichung (3.18) die Form

$$\frac{dF(x, y(x))}{dx} = 0$$

mit einer Funktion $F = F(x, y(x))$ hätte? In diesem Fall könnte man beide Seiten nach x integrieren mit dem Ergebnis

$$F(x, y) = C \qquad (C \in \mathbb{R}).$$

Damit hätte man die Lösungen $y(x)$ der Differentialgleichung (3.18) implizit als *Höhenlinien* der (gekrümmten) Fläche $z = F(x, y(x))$ erhalten.

Beispiel 3.14

$$y' = -\frac{x}{y} \qquad (y \neq 0).$$

Die Differentialgleichung wird weiter umgeformt zu

$$\frac{dy}{dx} = -\frac{x}{y}, \qquad 2y\frac{dy}{dx} + 2x = 0.$$

Diese letzte Gleichung hat die Form (3.18).

Gesucht wird eine Funktion $F(x, y(x))$ mit

$$\frac{d}{dx}F(x, y(x)) = \underbrace{2y}_{\dfrac{\partial F}{\partial y}}\frac{dy}{dx} + \underbrace{2x}_{\dfrac{\partial F}{\partial x}} = 0$$

Man beachte dabei die Kettenregel für $F = F(x, y(x))$:

$$\frac{dF(x, y(x))}{dx} = \frac{\partial F}{\partial x} + \frac{\partial F}{\partial y}\frac{dy}{dx}.$$

Die offensichtliche Lösung ist

$$F(x, y) = x^2 + y^2 = C \qquad \left(C \in \mathbb{R}^+\right).$$

Die Lösungskurven $y(x)$ der Differentialgleichung sind wegen

$$x^2 + y^2 = C$$

die Höhenlinien eines Rotationsparaboloids, siehe Abbildung 3.4.

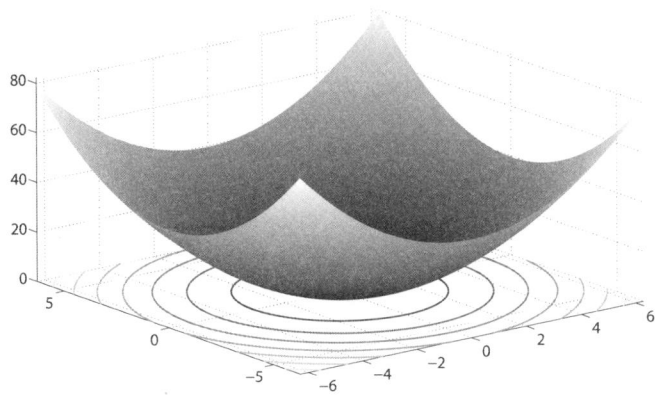

Abb. 3.4: Das Paraboloid und einige Höhenlinien

Nicht immer lässt sich wie hier die explizite Form der Lösung angeben

$$y(x) = \pm\sqrt{C - x^2}, \qquad \left(C - x^2 \geq 0\right).$$

Wir erinnern uns an die umgekehrte Aufgabe (siehe Beispiel 1.12), bei der wir zur Kurvenschar

$$x^2 + y^2 = C$$

die zugehörige Differentialgleichung ermittelt haben

$$\frac{d}{dx}\left(x^2 + y^2\right) = \frac{d}{dx}(C).$$

Aus der differenzierten Gleichung

$$2x + 2yy' = 0$$

folgt sofort

$$y' = -\frac{x}{y} \qquad (y \neq 0).$$

Frage: Funktioniert dieses Verfahren immer?

Antwort: Leider nur selten!

Offensichtlich kann (3.19) nach x integriert werden, wenn gilt:

$$q(x, y) = \frac{\partial F}{\partial y} \qquad \text{und} \qquad p(x, y) = \frac{\partial F}{\partial x},$$

weil die linke Seite der Differentialgleichung (3.19) dann das Differential einer Funktion $F(x, y(x))$ ist, welches für konstante Funktionen $F(x, y(x)) = C$ verschwindet.

Definition 3.1

Die Differentialgleichung (3.20) heißt *exakt,* wenn es eine Funktion $F(x, y)$ mit stetigen partiellen Ableitungen $\dfrac{\partial F}{\partial x}$ und $\dfrac{\partial F}{\partial y}$ gibt, so dass gilt:

$$q(x, y) = \frac{\partial F}{\partial y}, \qquad p(x, y) = \frac{\partial F}{\partial x}.$$

Die Funktion $F(x, y)$ ist in diesem Fall eine *Stammfunktion* der Differentialgleichung (3.20).

Gibt es ein Kriterium, an dem man die *Exaktheit* einer Differentialgleichung ablesen kann?

Zwischenbemerkung/Beispiel:

Gegeben ist die Differentialgleichung

$$p(x, y)dx + q(x, y)dy = 0$$

Gesucht ist ihre Lösung $y = y(x)$.

Falls die Differentialgleichung (3.20) exakt ist, d. h. falls

$$\frac{\partial F}{\partial x}dx + \frac{\partial F}{\partial y}dy = 0$$

für eine Funktion $F(x, y(x))$ mit stetigen partiellen Ableitungen gilt, dann ist $F(x, y)$ eine Stammfunktion der Differentialgleichung und $F(x, y(x)) = C$ die implizit gegebene Lösung $y(x)$ der Differentialgleichung mit $C \in \mathbb{R}$. Warum?

Wegen der verallgemeinerten Kettenregel gilt:

$$\frac{d}{dx}F(x, y(x)) = \frac{\partial F}{\partial x} + \frac{\partial F}{\partial x}y' = \frac{\partial F}{\partial x} + \frac{\partial F}{\partial x}\frac{dy}{dx}$$

$$\text{und} \quad \frac{d}{dx}C = 0$$

$$\Rightarrow \frac{\partial F}{\partial x} + \frac{\partial F}{\partial x}\frac{dy}{dx} = 0.$$

Zum Vergleich: Die Ableitungsregel für implizit gegebene Funktionen $y(x)$ in $F(x, y(x))$:

$$y' = \frac{-\frac{\partial F}{\partial x}}{\frac{\partial F}{\partial y}} \quad \Leftrightarrow \quad \frac{dy}{dx} = \frac{-\frac{\partial F}{\partial x}}{\frac{\partial F}{\partial y}} \quad \Leftrightarrow \quad \frac{\partial F}{\partial x}dx + \frac{\partial F}{\partial y}dy = 0.$$

Bemerkung:

Die Gleichung

$$\frac{\partial F}{\partial x}dx + \frac{\partial F}{\partial y}dy = 0$$

bedeutet auch, dass die Differentiale dx und dy voneinander abhängig sind. Im Allgemeinen ist das Differential

$$dz = \frac{\partial F}{\partial x}dx + \frac{\partial F}{\partial y}dy$$

einer Funktion $z = F(x, y)$ nicht identisch Null.

Satz 3.2

Existieren die partiellen Ableitungen der Funktionen $p(x, y)$ und $q(x, y)$ auf einem Rechteck $R \subseteq \mathbb{R}^2$ und sind diese stetig, so ist die Differentialgleichung (3.20)

$$p(x, y) \cdot dx + q(x, y) \cdot dy = 0$$

genau dann exakt, wenn die Integrabiltitätsbedingung $\dfrac{\partial p}{\partial y} = \dfrac{\partial q}{\partial x}$ auf R erfüllt ist.

Dabei ist das Rechteck R der Definitionsbereich der Funktionen p und q. Es kann endlich

$$R := \{(x, y) \mid \ |x - x_0| \le a, \quad |y - y_0| \le b\} \quad (a, b > 0)$$

oder unendlich sein.

Beispiel 3.15

Gegeben sind zwei Differentialgleichungen:

$$1. \quad x + y + \sin x + \left(3y^2 + \cos y + x\right) y' = 0$$

$$2. \qquad\qquad 3y + e^x + (x + \cos y) \, y' = 0$$

Welche dieser Differentialgleichungen ist exakt?

$$1. \quad \underbrace{(x + y + \sin x)}_{p(x,y)} dx + \underbrace{\left(3y^2 + \cos y + x\right)}_{q(x,y)} dy = 0$$

$$\Rightarrow \quad \frac{\partial p}{\partial y} = 1 \quad \text{und} \quad \frac{\partial q}{\partial x} = 1 \quad \Rightarrow \quad \text{exakt!}$$

$$2. \quad \underbrace{\left(3y + e^x\right)}_{p(x,y)} dx + \underbrace{(x + \cos y)}_{q(x,y)} \, dy = 0$$

$$\Rightarrow \quad \frac{\partial}{\partial y}(3y + e^x) = 3 \quad \text{und} \quad \frac{\partial}{\partial x}(x + \cos y) = 1$$

$$\Rightarrow \quad \text{nicht exakt!}$$

(Mit $q(x, y) = 3x + \cos y$ wäre die Differentialgleichung exakt!)

Wie löst man nun eine exakte Differentialgleichung, d. h. wie findet man eine Stammfunktion $F(x, y)$?

Man verwendet die Gleichungen

$$\frac{\partial F}{\partial x} = p(x, y) \quad \text{und} \quad \frac{\partial F}{\partial y} = q(x, y).$$

Aus

$$\frac{\partial F}{\partial x} = p(x, y)$$

folgt nach Integration

$$F(x, y) = \int p(x, y) dx + \varphi(y). \tag{3.21}$$

Hierbei ist $\varphi(y)$ eine noch zu bestimmende, von x unabhängige Funktion.

Bildet man dann die partielle Ableitung von $F(x, y)$ nach y

$$\frac{\partial F}{\partial y} = \frac{\partial}{\partial y} \int p(x, y) dx + \varphi'(y)$$

und beachtet die Gleichheit

$$\frac{\partial F}{\partial y} = q(x, y),$$

erhält man eine Differentialgleichung für φ

$$\frac{\partial}{\partial y} \int p(x, y)dx + \varphi'(y) = q(x, y).$$

Durch Integration von

$$\varphi'(y) = q(x, y) - \frac{\partial}{\partial y} \int p(x, y)dx$$

hat man die unbekannte Funktion $F(x, y)$ mit dem Ansatz (3.21) berechnet

$$\varphi(y) = \int \left(q(x, y) - \frac{\partial}{\partial y} \int p(x, y)\, dx \right) dy$$

$$\Rightarrow F(x, y) = \int p(x, y)dx + \int \left(q(x, y) - \frac{\partial}{\partial y} \int p(x, y)\, dx \right) dy.$$

Dieses Ergebnis liefert mit

$$F(x, y) = C, \qquad (C \in \mathbb{R})$$

eine implizite Darstellung der Lösung $y(x)$, da wir ja wissen, dass die gesuchte Kurvenschar $y(x)$ aus den Höhenlinien der berechneten Fläche besteht.
Die explizite allgemeine Lösung $y(x)$ der Differentialgleichung (3.20) lässt sich ermitteln, falls $F(x, y) = C$ nach y auflösbar ist.

Beispiel 3.16

Jetzt wollen wir die beschriebene Vorgehensweise an einem Beispiel nachvollziehen und die folgende Anfangswertaufgabe lösen.

$$\underbrace{(12xy + 3)}_{p(x,y)}\, dx + \underbrace{6x^2}_{q(x,y)}\, dy = 0 \qquad \text{mit} \qquad y(1) = 1.$$

1. Exaktheit prüfen

$$\frac{\partial p}{\partial y} = 12x \qquad \text{und} \qquad \frac{\partial q}{\partial x} = 12x$$

$\Rightarrow$ die Differentialgleichung ist exakt!

2. Konstruktion einer Stammfunktion $F(x, y)$ mit

$$\frac{\partial F}{\partial x} = p(x, y) \qquad \text{und} \qquad \frac{\partial F}{\partial y} = q(x, y).$$

Wir integrieren die beiden Seiten der Gleichung

$$\frac{\partial F}{\partial x} = p(x, y)$$

nach x

$$F(x, y) = \int (12xy + 3)dx + \varphi(y) = 6x^2y + 3x + \varphi(y)$$

und differenzieren anschließend nach y

$$\frac{\partial F}{\partial y} = 6x^2 + \varphi'(y).$$

Aus

$$\frac{\partial F}{\partial y} = q(x, y) = 6x^2 \quad \text{folgt} \quad \varphi'(y) = 0 \quad \text{und} \quad \varphi(y) = C.$$

Damit stellt nun

$$F(x, y) = 6x^2y + 3x + C \qquad (C \in \mathbb{R})$$

die Menge aller Stammfunktionen der Differentialgleichung dar. Einen Ausschnitt der Fläche $z = F(x, y)$ sehen Sie in Abbildung 3.5.
Die Gleichung

$$6x^2y + 3x = K, \quad K \in \mathbb{R} \tag{3.22}$$

liefert die implizite Lösungsschar der gegebenen Differentialgleichung. Dies sind die Höhenlinien der ermittelten Fläche. Einige davon sind in der Abbildung 3.5 ebenfalls dargestellt.

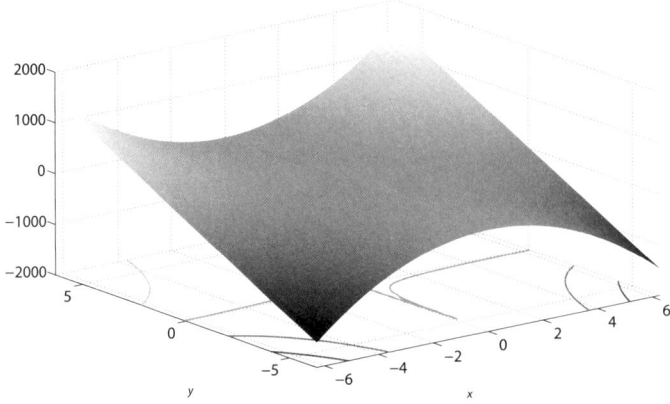

Abb. 3.5: *Die Fläche $z = 6x^2y + 3x$ und einige Höhenlinien*

Die explizite Darstellung der gesuchten Kurvenschar ist

$$y(x) = \frac{(K - 3x)}{6x^2} \qquad (x \neq 0) \quad (K \in \mathbb{R}).$$

3. Eindeutige Lösung des Anfangswertproblems ermitteln

$$y(1) = 1 = \frac{(K-3)}{6} \qquad \Rightarrow \qquad K = 9$$

$$\Rightarrow y(x) = \frac{9 - 3x}{6x^2} = \frac{3(3-x)}{3 \cdot 2x^2} = \frac{3-x}{2x^2} \qquad (x \neq 0).$$

3.5.2 Der integrierende Faktor/Eulersche Multiplikator

Falls eine Differentialgleichung der Form

$$p(x, y)dx + q(x, y)dy = 0$$

nicht exakt ist, multipliziert man sie nach dem Vorschlag des Schweizer Mathematikers *L. Euler* (1707–1783) mit einer Funktion $M(x, y) \neq 0$, so dass eine exakte Differentialgleichung entsteht

$$M(x, y)p(x, y)dx + M(x, y)q(x, y)dy = 0.$$

Definition 3.2

Eine Funktion $M(x, y) \neq 0$, die die Gleichung

$$M(x, y)p(x, y)dx + M(x, y)q(x, y)dy = 0 \tag{3.23}$$

erfüllt, heißt *Eulerscher Multiplikator* oder *integrierender Faktor*.

Die Differentialgleichung (3.20) ist bei Existenz und Stetigkeit der benötigten partiellen Ableitungen offensichtlich genau dann auf einem Rechteckgebiet R exakt, wenn gilt:

$$\frac{\partial}{\partial y}(Mp) = \frac{\partial}{\partial x}(Mq) \quad \text{auf } R. \tag{3.24}$$

Die Gleichung (3.24) ist eine *partielle Differentialgleichung* für die gesuchte Funktion $M(x, y)$, d. h. es kommen partielle Ableitungen nach x und nach y vor.
(Die ausführliche Lösung ist Gegenstand der Theorie partieller Differentialgleichungen.)

Die Anwendung der Produktregel auf die (nun exakte) Differentialgleichung liefert eine Differentialgleichung für die Funktion M

$$\frac{\partial M}{\partial y}p + M\frac{\partial p}{\partial y} = \frac{\partial M}{\partial x}q + M\frac{\partial q}{\partial x}. \tag{3.25}$$

Wir wollen hier besonders einfache Lösungen für $M(x, y)$ bestimmen, z. B. $M = M(x)$ oder $M = M(y)$.

Hängt die Funktion

$$f(x, y) := \frac{1}{q}\left(p_y - q_x\right)$$

nur von x ab, gilt also

$$f(x) = \frac{1}{q}\left(p_y - q_x\right),$$

versucht man eine Lösung $M(x)$ zu finden.
Wenn die Funktion

$$g(x, y) := \frac{1}{p}\left(q_x - p_y\right)$$

nur von y abhängt, dann sucht man eine Lösung $M(y)$.

(Es gibt ein ganzes Konzept mit Formeln, um für verschiedene Fälle eine solche Funktion $M(x, y)$ zu konstruieren; siehe [1]).

Beispiel 3.17

Wir suchen eine Beschreibung derjenigen Kurvenschar, die die folgende Differentialgleichung erfüllt

$$4x + 3y^2 + 2xyy' = 0.$$

$$\Rightarrow \underbrace{(4x + 3y^2)}_{\frac{\partial}{\partial y}(4x+3y^2)=6y}\, dx + \underbrace{2xy}_{\frac{\partial}{\partial x}(2yx)=2y}\, dy = 0$$

$$\Rightarrow \text{ nicht exakt!}$$

Wegen

$$f = \frac{6y - 2y}{2xy} = \frac{2}{x} = f(x) \qquad (y \neq 0)$$

suchen wir eine Funktion $M = M(x)$ und setzen in (3.25) den Ausdruck $\dfrac{\partial M}{\partial y} = 0$ ein

$$\Rightarrow 6My = M'2xy + 2My$$

$$\Rightarrow M' = \frac{2M}{x}.$$

Dies ist eine gewöhnliche Differentialgleichung für $M(x)$, $\quad x \neq 0$.

Eine spezielle Lösung dieser Differentialgleichung ist $M(x) = x^2$.
Nach Multiplikation der gegebenen Differentialgleichung mit M erhalten wir eine exakte Differentialgleichung:

$$\underbrace{x^2(4x + 3y^2)}_{=:\bar{p}(x,y)}\, dx + \underbrace{x^2 \cdot 2xy}_{=:\bar{q}(x,y)}\, dy = 0.$$

---

[1] Meyberg, K., Vachenauer, P.: *Höhere Mathematik 2 (Differentialgleichungen, Funktionentheorie, Fourier-Analysis, Variationsrechnung)*, Springer Verlag (2001), S. 23

Probe:

$$\frac{\partial}{\partial y}\left(4x^3 + 3x^2y^2\right) = 6yx^2 = \frac{\partial}{\partial x}\left(2x^3y\right).$$

$\Rightarrow M(x) = x^2$ ist tatsächlich (wir haben uns nicht verrechnet!) integrierender Faktor, allerdings nur in Intervallen **ohne** $x = 0$!

Im nächsten Schritt berechnen wir eine Stammfunktion $F(x, y)$

Mit den neu bestimmten Funktionen $\bar{p}(x, y)$ und $\bar{q}(x, y)$ in der jetzt exakten Differential- gleichung folgt:

$$\frac{\partial F}{\partial x} = 4x^3 + 3x^2y^2 = \bar{p}(x, y)$$

$$\frac{\partial F}{\partial y} = 2x^3y = \bar{q}(x, y)$$

1. Prüfen der Exaktheit (entfällt, siehe oben).

2. Integrieren der Gleichung

$$\frac{\partial F}{\partial x} = 4x^3 + 3x^2y^2$$

nach x liefert

$$F(x, y) = \int \left(4x^3 + 3x^2y^2\right) dx + \varphi(y) = x^4 + x^3y^2 + \varphi(y)$$

3. Ableiten der Gleichung

$$F(x, y) = x^4 + x^3y^2 + \varphi(y)$$

nach y ergibt

$$\frac{\partial F}{\partial y} = 2x^3y + \varphi'(y)$$

4. Bestimmung von $\varphi(y)$ durch Gleichsetzung von

$$\frac{\partial F}{\partial y} = 2x^3y + \varphi'(y)$$

$$\text{und} \quad \frac{\partial F}{\partial y} = 2x^3y = \bar{q}.$$

$$\Rightarrow \varphi'(y) = 0, \qquad \varphi(y) = C$$

Somit haben wir die gesuchte Schar von Lösungskurven ermittelt

$$x^4 + y^2x^3 = C, \quad C \in \mathbb{R}.$$

Beispiel 3.18

Jetzt lösen wir eine weitere nichtexakte Differentialgleichung:

$$xy^2 + y - xy' = 0.$$

Kontrollieren Sie diese Aussage.

Es sei bekannt, dass es einen Eulerschen Multiplikator $M = M(y)$ gibt, d. h., es gelte $\dfrac{\partial M}{\partial x} = 0$. Die Differentialgleichung für die gesuchte Funktion $M = M(y)$ folgt aus der Gleichung (3.25)

$$\Rightarrow M'\left(xy^2 + y\right) + M(2xy + 1) = M(-1)$$

$$M'y\,(xy + 1) + 2M(xy + 1) = 0 \qquad | : (xy + 1) \neq 0$$

$$M'y + 2M = 0$$

$$\Rightarrow M' = -\frac{2}{y}M.$$

Die Differentialgleichung für M hat eine spezielle Lösung

$$M(y) = \frac{1}{y^2}, \qquad (y \neq 0).$$

Probe:

$$\underbrace{\left(xy^2 + y\right)\frac{1}{y^2}}_{=:\bar{p}(x,y)}\,dx - \underbrace{x\frac{1}{y^2}}_{=:\bar{q}(x,y)}\,dy = 0$$

$$\frac{\partial \bar{p}}{\partial y} = \frac{\partial}{\partial y}\left(x + \frac{1}{y}\right) = -\frac{1}{y^2} = \frac{\partial}{\partial x}\left(-\frac{x}{y^2}\right) = \frac{\partial \bar{q}}{\partial x}$$

$\Rightarrow$ Die Differentialgleichung ist exakt.

Die Bestimmung von $F(x, y)$ überlassen wir dem Leser.

Wir teilen hier das Ergebnis mit und wollen es in der Abbildung 3.6 veranschaulichen.

$$F(x, y) = \frac{x}{y} + \frac{x^2}{2}, \quad (y \neq 0)$$

ist eine Stammfunktion der Differentialgleichung, folglich sind

$$\frac{x}{y} + \frac{x^2}{2} = C, \quad (y \neq 0)$$

die gesuchten Lösungskurven in impliziter Darstellung und

$$y(x) = \frac{2x}{K - x^2}, \qquad K := 2C \quad \left(x^2 \neq K\right)$$

die expliziten Lösungen.

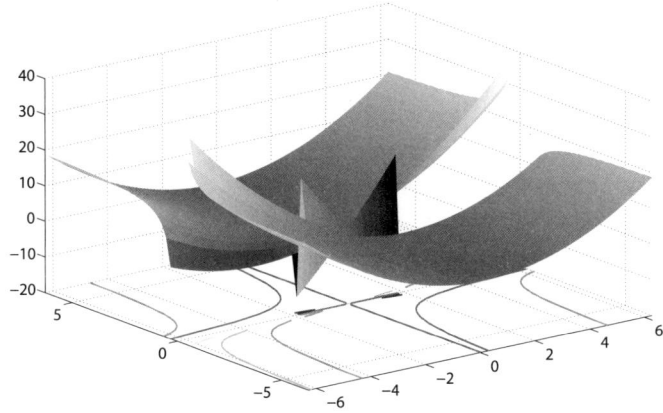

Abb. 3.6: *Die Fläche $z = \dfrac{x}{y} + \dfrac{x^2}{y}$ und einige Höhenlinien*

Aufgabe 3.5.1

Welche der folgenden Differentialgleichungen ist exakt? Ermitteln Sie von der letzten exakten Differentialgleichung die Lösung.

a) $\left(x^2 + y\right) dx - x \cdot dy = 0$

b) $(\cos y + 2xy)dx + \left(x^2 - y - x \sin y\right) dy = 0$

c) $3x^2 + 2xy + 1 + 2x^2 y \dfrac{dy}{dx} = 0$

d) $\left(e^y + y \cos xy\right) dx + \left(xe^y + x \cos xy\right) dy = 0$

Aufgabe 3.5.2

Bei den folgenden beiden nicht exakten Differentialgleichungen ist ein integrierender Faktor der Form $M = M(y)$ zu berechnen, außerdem von der ersten Differentialgleichung eine Stammfunktion $F(x, y)$.

a) $(-2xy)dx + \left(3x^2 - y^2\right) dy = 0$

b) $(\cos x)dx + \left(4ye^{-y} + \sin x\right) dy = 0$

4 Lineare Differentialgleichungen zweiter und höherer Ordnung

4.1 Grundlagen

In diesem Kapitel werden wir lineare Differentialgleichungen zweiter Ordnung der Form

$$y'' + a_1(x)y' + a_0(x)y = r(x) \tag{4.1}$$

diskutieren.

Die Funktionen $a_0(x)$, $a_1(x)$ und $r(x)$ haben einen gemeinsamen Definitionsbereich $J \subseteq \mathbb{R}$ und seien auf diesem Intervall J stetig.

Wiederholung:

Die allgemeine Lösung einer Differentialgleichung zweiter Ordnung ist eine Kurvenschar mit zwei beliebigen Parametern $C_1, C_2 \in \mathbb{R}$

$$y = y(x, C_1, C_2).$$

Bezeichnungen:

Für $a_0(x) =$ konstant und $a_1(x) =$ konstant, d. h. a_0, $a_1 \in \mathbb{R}$, wird die Differentialgleichung

$$y'' + a_1 y' + a_0 y = r(x) \tag{4.2}$$

lineare Differentialgleichung mit *konstanten Koeffizienten* genannt. Für $r(x) = 0$ heißt sie *homogen*, andernfalls *inhomogen*.

Bemerkung:

Die homogene Differentialgleichung

$$y'' + a_1(x)y' + a_0(x)y = 0 \tag{4.3}$$

hat immer die triviale Lösung $y(x) = 0$.

Satz 4.1

Jede Linearkombination

$$y = C_1 y_1 + C_2 y_2 + \ldots + C_m y_m$$

von Lösungen y_k, $(k = 1, 2, \ldots, m)$ der homogenen Differentialgleichung (4.3) ist wieder eine Lösung derselben.

Den einfachen Beweis dieses Satzes überlassen wir dem Leser. Er folgt aus der Linearität und der Homogenität der Differentialgleichung.

Beispiel 4.1

Vorgegeben seien zwei (beliebig oft differenzierbare) Funktionen $y_1(x) = \cos(2x)$ und $y_2(x) = \sin(2x)$. Wir zeigen, dass y_1 und y_2 jeweils Lösung einer homogenen Differentialgleichung sind, indem wir diese Differentialgleichung ermitteln. Nach Satz 4.1 ist dann ihre Linearkombination auch eine Lösung dieser Differentialgleichung.

$$y_1(x) = \cos(2x)$$
$$\Rightarrow y_1''(x) = -4\cos(2x)$$
$$\Rightarrow 4y_1(x) + y_1''(x) = 0$$

$$y_2(x) = \sin(2x)$$
$$\Rightarrow y_2'(x) = 2\cos(2x)$$
$$\Rightarrow y_2''(x) = -4\sin(2x)$$
$$\Rightarrow 4y_2(x) + y_2''(x) = 0$$

d. h. y_1 und y_2 sind Lösungen der Differentialgleichung

$$4y + y'' = 0.$$

Laut Satz 4.1 ist dann

$$y(x) = C_1 y_1(x) + C_2 y_2(x) = C_1 \cos(2x) + C_2 \sin(2x), \quad C_1, C_2 \in \mathbb{R}$$

ebenfalls eine Lösung.

Die Struktur der allgemeinen Lösung von Differentialgleichungen der Form (4.1) ist wie bei linearen Differentialgleichungen erster Ordnung die im folgenden Satz benannte Summe.

Satz 4.2

Man erhält alle Lösungen der inhomogenen Differentialgleichung, indem man zu irgendeiner festen speziellen Lösung $y_S(x)$ der Differentialgleichung

$$y'' + a_1(x)y' + a_0(x)y = r(x)$$

alle Lösungen $y_H(x)$ der zugehörigen homogenen Differentialgleichung addiert

$$y(x) = y_H(x) + y_S(x).$$

Es stellen sich zwei Fragen:

1. Wie ermittelt man alle Lösungen der linearen homogenen Differentialgleichung zweiter Ordnung (als eine bestimmte Summe zweier Lösungen (siehe Satz 4.1))?

2. Wie findet man irgendeine spezielle Lösung y_S der inhomogenen Differentialgleichung?

Die Antworten geben wir in den Kapiteln 4.2 und 4.3.

Zunächst wollen wir grundlegende Aussagen über die zugehörige Anfangswertaufgabe formulieren.

Wir betrachten das Anfangswertproblem

$$y'' + a_1(x)y' + a_0(x)y = r(x) \quad \text{mit} \quad y(x_0) = y_0, \quad y'(x_0) = \dot{y}_0 \qquad (4.4)$$

Dabei sind y_0 und $\dot{y}_0$ gegebene Werte (der Funktionswert und der Anstieg) der gesuchten Kurve in ihrem Anfangspunkt x_0, mit denen man die zwei freien Parameter C_1 und C_2 in der allgemeinen Lösung von (4.4) bestimmen kann.

Beispiel 4.2

Gegeben:

$$y'' - 4y = 0$$
$$\text{mit} \quad y(0) = 0$$
$$y'(0) = 1$$

und die allgemeine Lösung der Differentialgleichung mit

$$y_H(x) = C_1 e^{2x} + C_2 e^{-2x}, \quad C_1, C_2 \in \mathbb{R}.$$

Gesucht ist die eindeutige Lösung des Anfangswertproblems, also genau eine Kurve aus der oben gegebenen zweiparametrigen Kurvenschar.

Lösung:

$$y(0) = C_1 + C_2 = 0$$
$$\Rightarrow C_1 = -C_2$$
$$y'(x) = 2C_1 e^{2x} - 2C_2 e^{-2x}$$
$$\Rightarrow y'(0) = 2C_1 - 2C_2 = 1$$
$$\Rightarrow C_2 = -\frac{1}{4} \quad \text{und} \quad C_1 = \frac{1}{4}$$
$$\Rightarrow y(x) = \frac{1}{4} e^{2x} - \frac{1}{4} e^{-2x}.$$

Satz 4.3 *Existenz und Eindeutigkeit*

Sind die Funktionen $a_0(x)$, $a_1(x)$ und $r(x)$ stetig auf J, so besitzt das Anfangswertproblem

$$y'' + a_1(x)y' + a_0(x)y = r(x) \quad \text{mit} \quad y(x_0) = y_0, \quad y'(x_0) = \dot{y}_0 \quad \text{und} \quad x_0 \in J$$

genau eine auf ganz J existierende Lösung, unabhängig von den vorgegebenen Zahlen y_0 und $\dot{y}_0 \in \mathbb{R}$.

Folgerung:

Für den Fall $y_0 = \dot{y}_0 = 0$ und $r(x) = 0$, d. h. es liegen eine homogene Differentialgleichung und homogene Anfangsbedingungen vor, gibt es nur die triviale Lösung $y = 0$.

Warum? Da die homogene Differentialgleichung immer die triviale Lösung hat. Die Lösung des Anfangswertproblems ist eindeutig, also gibt es keine weitere.

Bemerkung:

Die Lösung von gewöhnlichen Differentialgleichungen mit vorgegebenen Randwerten wird auf ähnliche Weise konstruiert. Bei Differentialgleichungen zweiter Ordnung integriert man hierzu das Produkt aus der sogenannten Greenschen Funktion und der Störfunktion in den Grenzen der vorgegebenen Randwerte (siehe Kapitel 4.7.5).

4.2 Die allgemeine Lösung der linearen homogenen Differentialgleichung

Gesucht ist die allgemeine Lösung $y_H(x) = y_H(x, C_1, C_2)$ $(C_1, C_2 \in \mathbb{R})$ der Differentialgleichung

$$y'' + a_1(x)y' + a_0(x)y = 0 \tag{4.5}$$

Ziel ist es, mit der Aussage von Satz 4.1 durch Ermittlung zweier geeigneter Funktionen $y_1(x)$ und $y_2(x)$ die allgemeine Lösung $y_H(x)$ in der Form

$$y_H(x) = C_1 y_1(x) + C_2 y_2(x). \tag{4.6}$$

zu ermitteln.

Bemerkung:

Satz 4.1 bezieht sich auf beliebige Lösungen der homogenen Differentialgleichung und auf irgendeine Linearkombination mit Parametern $C_1, \ldots, C_m$.

4.2.1 Lineare Unabhängigkeit von Funktionen

Lineare Unabhängigkeit von Vektoren

Im Vektorraum $\mathbb{R}^2$ der Koordinatenvektoren sind zwei Vektoren

$$\vec{x} = \begin{bmatrix} x_1 \\ x_2 \end{bmatrix}, \qquad \vec{y} = \begin{bmatrix} y_1 \\ y_2 \end{bmatrix} .$$

linear unabhängig, wenn folgende Schlussfolgerung richtig ist:

$$C_1 \vec{x} + C_2 \vec{y} = \vec{0} \quad \Rightarrow \quad C_1 = C_2 = 0. \tag{4.7}$$

Sie sind linear abhängig, wenn mindestens eine der beiden Konstanten C_1 und C_2 von Null verschieden ist.

Beispiel 4.3

Dieses Beispiel ist besonders einfach

$$\vec{x} = \begin{bmatrix} 1 \\ -1 \end{bmatrix}, \quad \vec{y} = \begin{bmatrix} 2 \\ -2 \end{bmatrix} \Rightarrow \quad -2\vec{x} + 1\vec{y} = \vec{0} \Rightarrow \quad C_1 = -2, \ C_2 = 1.$$

(Zur Berechnung von C_1 und C_2 würde man das folgende lineare Gleichungssystem verwenden

$$C_1 \cdot 1 + C_2 \cdot 2 = 0$$
$$C_1 \cdot (-1) + C_2 \cdot (-2) = 0 \ .)$$

Frage: Wann besitzt dieses lineare homogene Gleichungssystem eine nichttriviale Lösung?

Antwort: Wenn die Determinante der Koeffizientenmatrix gleich Null ist

$$\det \begin{bmatrix} 1 & 2 \\ -1 & -2 \end{bmatrix} = \begin{vmatrix} 1 & 2 \\ -1 & -2 \end{vmatrix} = -2 - (-2) = 0.$$

Im Fall $\det[\ ] \neq 0$ wäre nur die triviale Lösung $C_1 = C_2 = 0$ möglich.

Lineare Unabhängigkeit von Funktionen

Bezeichnung:

Zwei Funktionen φ_1 und φ_2 nennt man linear abhängig auf dem Intervall J, wenn zwei reelle Konstanten C_1 und C_2 existieren, die nicht beide gleich Null sind und für alle $x \in J$ die Gleichung $C_1 \varphi_1(x) + C_2 \varphi(x) = 0$ erfüllt ist.
Lässt sich diese Gleichung nur mit $C_1 = C_2 = 0$ erfüllen, dann heißen die beiden Funktionen φ_1 und φ_2 linear unabhängig ($x \in J$).

Beispiel 4.4

Wir betrachten im Vektorraum der Polynome ersten Grades die zwei gegebenen Funktionen

$$\varphi_1(x) = 1, \qquad \varphi_2(x) = x.$$

Das Intervall J, auf dem die beiden Funktionen definiert sind, kann hier beliebig gewählt werden; es sei $J = \mathbb{R}$. Mit der Gültigkeit der Folgerung

$$C_1 \cdot 1 + C_2 \cdot x = 0 \Rightarrow \quad C_1 = -C_2 \cdot x \Rightarrow \quad C_1 = C_2 = 0 \ (x \neq 0) \ \text{ für alle } x \in \mathbb{R}$$

ist gezeigt, dass φ_1 und φ_2 linear unabhängig und damit eine Basis des (zweidimensionalen) Vektorraums aller Polynome ersten Grades sind.

Bezeichnung:

Die folgende Determinante für (hier zwei) differenzierbare Funktionen $y_1(x)$ und $y_2(x)$

$$W(x) := \det \begin{bmatrix} y_1(x) & y_2(x) \\ y_1'(x) & y_2'(x) \end{bmatrix} \tag{4.8}$$

heißt *Wronskische Determinante.*

Satz 4.4

Es seien $y_1(x)$ und $y_2(x)$ zwei stetig differenzierbare Funktionen ($x \in J$). Wenn es einen Wert $x_0 \in J$ gibt, so dass ihre Wronskische Determinante

$$W(x) = \det \begin{bmatrix} y_1(x) & y_2(x) \\ y_1'(x) & y_2'(x) \end{bmatrix}$$

für $x = x_0$ ungleich Null ist, so sind die Funktionen $y_1(x)$ und $y_2(x)$ auf ganz J linear unabhängig.

Beispiel 4.5

Wir zeigen die lineare Unabhängigkeit von zwei Funktionen, die wir bereits „kennen"

$$y_1(x) = \cos(2x), \quad y_2(x) = \sin(2x).$$
$$W(x) = \det \begin{bmatrix} \cos(2x) & \sin(2x) \\ -2\sin(2x) & 2\cos(2x) \end{bmatrix}$$
$$= 2\cos^2(2x) + 2\sin^2(2x) = 2 \cdot 1 \neq 0, \quad (x \in \mathbb{R})$$

$\Rightarrow$ y_1 und y_2 sind linear unabhängig auf ganz $\mathbb{R}$.

Beispiel 4.6

Die Wronskische Determinante der beiden in diesem Beispiel betrachteten Funktionen ist nicht überall ungleich Null.

$$y_1(x) = e^x, \quad y_2(x) = \cos x$$
$$y_1'(x) = e^x, \quad y_2'(x) = -\sin x$$
$$\Rightarrow \quad W(x) = \det \begin{bmatrix} e^x & \cos x \\ e^x & -\sin x \end{bmatrix} = -e^x \sin x - e^x \cos x = -e^x (\sin x + \cos x).$$

Die Funktion e^x ist immer ungleich Null, und die Funktion $h(x) = \sin x + \cos x$ (siehe auch Abbildung 4.1) ist, außer an ihren periodischen Nullstellen x_1, x_2, ... ebenfalls von Null verschieden

$$\sin x + \cos x = 0 \quad \Leftrightarrow \quad \sin x = -\cos x$$

$$\Rightarrow x_1 = -\frac{\pi}{4}, \quad x_2 = \pi - \frac{\pi}{4}, \quad x_3 = 2\pi - \frac{\pi}{4}, \quad \ldots$$

Hinreichend für die lineare Unabhängigkeit ist laut Aussage von Satz 4.4 die Existenz von nur einem Punkt $x_0 \in J$ mit $W(x_0) \neq 0$. Diese Bedingung ist hier (mehr als nötig) erfüllt. Deshalb sind die Funktionen y_1 und y_2 überall linear unabhängig.

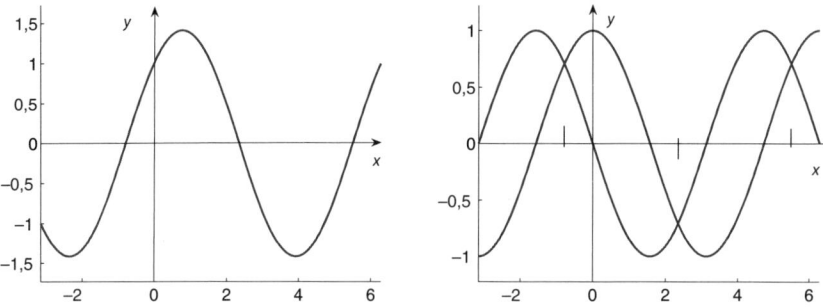

Abb. 4.1: *Drei Nullstellen der Funktion $h(x) = \sin x + \cos x$ bzw. Schnittpunkte von $\sin x$ und $-\cos x$*

Bemerkungen:

1. $W(x) \neq 0$ ist hinreichend, aber nicht notwendig für die lineare Unabhängigkeit. Falls y_1 und y_2 beliebige stetige Funktionen sind, können diese auf J linear unabhängig sein trotz $W(x) = 0$ für alle $x \in J$ (siehe Beispiel 4.7).

2. Zwei auf J differenzierbare Funktionen, die dort nirgends gleich Null sind, sind genau dann linear abhängig auf J, wenn $W(x) = 0$ für alle $x \in J$ gilt.

Beispiel 4.7

Die Funktionen

$$\varphi_1(x) = \begin{cases} x^2 & x \le 0 \\ 0 & x > 0 \end{cases}, \qquad \varphi_2(x) = \begin{cases} 0 & x \le 0 \\ x^2 & x > 0 \end{cases}$$

sind auf [0, 1] linear abhängig, aber auf [−1, 1] linear unabhängig

$$x \in [\,0, 1\,]: \qquad 1 \cdot \varphi_1 + 0 \cdot \varphi_2 = 0.$$
$$x \in [-1, 1]: \qquad C_1\varphi_1 + C_2\varphi_2 = 0$$
$$x = -1: \qquad C_1 \cdot 1 + C_2 \cdot 0 = 0$$
$$x = 1: \qquad C_1 \cdot 0 + C_2 \cdot 1 = 0$$
$$\Rightarrow \ C_1, \ C_2 = 0.$$

$$W(x) = \begin{cases} 0 & x \le 0 \\ 0 & x > 0 \end{cases}$$

4.2.2   Struktur der Lösungen

Kehren wir nun zurück zu der Frage nach der besonderen Eigenschaft von zwei Lösungen y_1 und y_2 der homogenen Differentialgleichung

$$y'' + a_1(x)y' + a_0(x)y = 0, \tag{4.9}$$

um durch ihre Linearkombination alle Lösungen von (4.9) zu erzeugen.

Satz 4.5

Es seien $a_0(x)$ und $a_1(x)$ stetige Funktionen auf $J \subseteq \mathbb{R}$. Dann gilt für die Wronskische Determinante

$$W(x) = \det \begin{bmatrix} y_1(x) & y_2(x) \\ y_1'(x) & y_2'(x) \end{bmatrix}$$

von je zwei Lösungen y_1 und y_2 der linearen homogenen Differentialgleichung

$$y'' + a_1(x)y' + a_0(x)y = 0$$

die folgende Alternative:

Entweder ist $W(x) = 0$ für alle $x \in J$
oder
es gibt kein $x_0 \in J$ mit $W(x_0) = 0$, d. h. $W(x) \ne 0 \quad \forall x \in J$.

Bemerkung:

Wenn $y_1(x)$ und $y_2(x)$ $(x \in J)$ Lösungen der linearen homogenen Differentialgleichung (4.9) sind, dann folgt aus $W(x_0) = 0$ $(x_0 \in J)$ die lineare Abhängigkeit von $y_1(x)$ und $y_2(x)$ auf J.

Zu Beispiel 4.6

Da die Wronskische Determinante der Funktionen $y_1(x) = e^x$ und $y_2(x) = \cos x$ an mindestens einer Stelle von Null verschieden ist, sind diese beiden Funktionen auf ganz $\mathbb{R}$ linear unabhängig.

Aber: Auf Intervallen J, die die Nullstellen von $W(x)$ enthalten, können die Funktionen y_1 und y_2 nicht beide Lösungen genau einer Differentialgleichung der Form (4.9) sein, da dies im Widerspruch zu ihrer linearen Unabhängigkeit auf ganz $\mathbb{R}$ stehen würde.

Im weiteren werden wir Aussagen über Lösungen linearer Differentialgleichungen zweiter Ordnung, die ebenfalls für lineare Differentialgleichungen n-ter Ordnung gelten, möglichst für den allgemeineren Fall formulieren (um dies nicht noch einmal separat tun zu müssen).

Definition 4.1

Ein System von n beliebigen Lösungen $y_1(x)$, $y_2(x)$, ... $y_n(x)$ $(x \in J)$ der homogenen linearen Differentialgleichung n-ter Ordnung

$$y^{(n)} + a_{n-1}(x)y^{(n-1)} + \ldots + a_1(x)y' + a_0(x)y = 0 \qquad (4.10)$$

heißt *Fundamentalsystem* oder *Integralbasis* oder *Lösungsbasis,* wenn ihre Wronskische Determinante

$$W(y_1, y_2, \ldots, y_n) := \det \begin{bmatrix} y_1 & y_2 & \cdots & y_n \\ y_1' & y_2' & \cdots & y_n' \\ \vdots & \vdots & & \vdots \\ y_1^{(n-1)} & y_2^{(n-1)} & \cdots & y_n^{(n-1)} \end{bmatrix}$$

an irgend einer Stelle $x_0 \in J$ von Null verschieden ist.

Bemerkung:

Analog der Aussage von Satz 4.5 ist für stetige Funktionen $a_k : J \to \mathbb{R}$, $(k = 0, 1, \ldots, n-1)$ die Wronskische Determinante eines Fundamentalsystems der Differentialgleichung (4.10) für alle $x \in J$ ungleich Null.

Beachte:

Alle bisherigen Aussagen in diesem Kapitel beziehen sich auf die *Standardform* oder *Normalform der* entsprechenden *Differentialgleichung,* in der die n-te Ableitung nach y die Koeffizientenfunktion $a_n = 1$ hat! Falls dies nicht der Fall wäre, könnte in der umgeformten Differentialgleichung infolge der Division durch diese Koeffizientenfunktion die Voraussetzung der Stetigkeit der anderen, in der Differentialgleichung auftretenden nichtkonstanten Koeffizientenfunktionen $(k = 0, 1, \ldots, n-1)$, nicht mehr gewährleistet sein.

Satz 4.6

Die homogene lineare Differentialgleichung n-ter Ordnung mit stetigen Koeffizienten $a_k : J \to \mathbb{R}$

$$y^{(n)} + a_{n-1}(x)y^{(n-1)} + \ldots + a_1(x)y' + a_0(x)y = 0$$

besitzt stets ein Fundamentalsystem $y_1, y_2, \ldots, y_n$.

Jede ihrer Lösungen $y : J \to \mathbb{R}$ lässt sich mittels irgendeiner derartigen Lösungsbasis $y_1, y_2, \ldots, y_n$ in der Form

$$y = C_1 \cdot y_1 + \ldots + C_n \cdot y_n$$

mit eindeutig bestimmten Parametern $C_k \in \mathbb{R}$ darstellen $(k = 1, 2, \ldots, n)$.

Bezeichnung:

Mit n beliebigen Werten $C_1, \ldots, C_n$ beinhaltet der Ausdruck $y = C_1 y_1 + \ldots + C_n y_n$ alle Lösungen

$$y_H(x) = C_1 y_1(x) + \ldots + C_n y_n(x)$$

und wird die *allgemeine Lösung* der homogenen Differentialgleichung (4.10) genannt.

Beispiel 4.8

Bilden die Lösungen $y_1(x) = x$ und $y_2(x) = \dfrac{1 - x}{x}$ $(x \neq 0)$ ein Fundamentalsystem der Differentialgleichung

$$\left(x^3 - 2x^2\right) y'' - 2xy' + 2y = 0 \quad ?$$

Die in die Standardform umgeformte Differentialgleichung lautet

$$y'' - \frac{2}{x^2 - 2x}\, y' + \frac{2}{x^3 - 2x^2}\, y = 0 \quad (x \neq 0,\ x \neq 2)$$

$$\text{mit} \quad a_1(x) = -\frac{2}{x^2 - 2x}, \quad a_2(x) = \frac{2}{x^3 - 2x^2}.$$

Der Definitionsbereich der Koeffizientenfunktionen kann jedes Intervall J mit $0 \notin J$ und $2 \notin J$ sein. Für alle geeigneten Intervalle J ist dann die Stetigkeitsvoraussetzung erfüllt. Folglich wäre mit dem geforderten Nachweis auch klar, dass

$$y_H(x) = C_1 x + C_2 \frac{1 - x}{x} \quad \text{mit} \quad C_1, C_2 \in \mathbb{R} \quad (x \in J)$$

die allgemeine Lösung der gegebenen homogenen Differentialgleichung ist.

1. Im vorliegenden Beispiel ist nicht zu prüfen, ob die Funktionen y_1, y_2 Lösungen der Differentialgleichungen sind, da diese Aussage als gegeben vorausgesetzt wird.

2. Wir berechnen die Wronskische Determinante der Funktionen y_1, y_2 für $x \in J$:

$$y_1' = 1, \qquad y_2' = \left(\frac{1}{x} - 1\right)' = -\frac{1}{x^2}$$

$$W(x) = \begin{vmatrix} x & \left(\frac{1}{x} - 1\right) \\ 1 & -\frac{1}{x^2} \end{vmatrix} = -\frac{1}{x} - \frac{1}{x} + 1 = -\frac{2}{x} + 1 = \frac{-2 + x}{x}$$

Es gibt offensichtlich einen Wert x_0 mit $W(x_0) \neq 0$. D.h., y_1 und y_2 bilden ein Fundamentalsystem in allen geeigneten Intervallen J.

Bemerkung: Im gesamten Definitionsbereich der stetigen Koeffizientenfunktionen $a_0(x)$ und $a_1(x)$ gilt $W(x) \neq 0$.

4.2.3   Reduktion der Ordnung

Es wäre nun naheliegend, ein Verfahren anzugeben, um zwei Basislösungen y_1 und y_2 zur Beschreibung der allgemeinen Lösung $y_H(x)$ der linearen homogenen Differentialgleichung

$$y'' + a_1(x)y' + a_0(x)y = 0 \qquad (4.11)$$

zu ermitteln. Leider existiert keine allgemeingültige Strategie, um eine erste Lösung von (4.11) zu berechnen. Wenn man aber eine solche hat, dann lässt sich hiermit eine zweite Basislösung erzeugen. Im Fall von linearen Differentialgleichungen n-ter Ordnung mit konstanten Koeffizienten (siehe Abschnitte 4.2.4 und 4.3.1) gibt es eine allgemeingültige Vorgehensweise, um ein Fundamentalsystem aus n linear unabhängigen Lösungen zu ermitteln.

Empfehlungen für die Suche nach einer ersten Lösung der Differentialgleichung (4.11):

- Summe der Koeffizientenfunktionen testen

  Wir nehmen an, was für die Rechnung am einfachsten ist, die Differentialgleichung liegt in der Form

  $$b_2(x)\, y'' + b_1(x)\, y' + b_0(x)\, y = 0$$

  vor, also **nicht** in der Normalform.

  Falls für alle $x \in J$ die Gleichung

  $$b_0(x) + b_1(x) + b_2(x) = 0$$

  erfüllt ist, dann ist die Funktion

  $$y(x) = e^x$$

  eine Lösung der Differentialgleichung. Führen Sie den elementaren Beweis dieser Behauptung durch!

- spezielle Ansätze

  $$y = c$$
  $$y = ax + b$$
  $$y = ax^2 + bx + c$$
  $$y = \frac{a}{x}$$

  Potenzreihenansätze siehe Kapitel 4.6

Beispiel 4.9

Gegeben sei die Differentialgleichung

$$\left(x - x^2\right) y'' + x^2 y' - x y = 0.$$

Wegen

$$x - x^2 + x^2 - x = 0 \quad (x \in \mathbb{R})$$

ist die Funktion

$$y_1(x) = e^x$$

eine Lösung der Differentialgleichung.

Achtung:
Wenn man eine erste Lösung gefunden hat (hier $y_1(x) = e^x$) erhält man eine zweite Lösung durch den Produktansatz aus der ersten Lösung und einer unbekannten Funktion $u(x)$. Diese Vorgehensweise (Reduktionsverfahren) erläutern wir im Anschluss an dieses Beispiel.

Zur Ermittlung einer ersten Lösung funktioniert für unsere gegebene Differentialgleichung zufälligerweise auch einer der oben genannten Ansätze:

$$y = ax + b.$$
$$\Rightarrow y' = a, \quad y'' = 0$$
$$\Rightarrow 0 + ax^2 - x(ax + b) = 0$$
$$\Rightarrow b = 0$$

$\Rightarrow$ Die Wahl von a ist beliebig, wir wählen $a = 1$. Somit ist $y_2(x) = x$ ebenfalls eine Lösung, in diesem speziellen Fall eine zweite.

Nun formen wir die gegebene Differentialgleichung in ihre Normalform um

$$y'' + \frac{x^2}{x - x^2} y' - \frac{x}{x - x^2} y = 0 \quad (x \neq 0, \ x \neq 1)$$
$$y'' + \frac{x}{1 - x} y' - \frac{1}{1 - x} y = 0$$
$$a_1(x) = \frac{x}{1 - x}, \quad a_0(x) = \frac{x}{1 - x} \quad (x \neq 1).$$

Da wir schon zwei Lösungen y_1 und y_2 gefunden haben, testen wir jetzt, ob sie Basislösungen sind.

Wir berechnen die Wronskische Determinate

$$W(x) = \det \begin{bmatrix} e^x & x \\ e^x & 1 \end{bmatrix} = e^x - x \cdot e^x = e^x(1 - x) \neq 0 \qquad \forall x \neq 1.$$

$\Rightarrow$ $y_1(x) = e^x$ und $y_2(x) = x$ bilden ein Fundamentalsystem. Somit ist

$$y_H(x) = C_1\, e^x + C_2\, x, \quad (C_1, C_2 \in \mathbb{R})$$

die allgemeine Lösung der homogenen Differentialgleichung für $x \in J = (1, \infty)$.

Ist $y_H(x)$ auch eine Lösung der nicht in Normalform gegebenen Differentialgleichung auf ganz $\mathbb{R}$?

$$y_H(1) = C_1 \cdot e + C_2 \quad \text{mit}$$
$$y_H'(1) = C_1 \cdot e + C_2 \quad \text{und} \quad y_H''(1) = C_1 \cdot e$$

erfüllt die Differentialgleichung

$$0 \cdot y''(1) + y'(1) - y(1) = 0.$$

Folglich ist $y_H(x)$ tatsächlich die allgemeine Lösung auf ganz $\mathbb{R}$. Außerdem sind y_1 und y_2 linear unabhängig auf $\mathbb{R}$, da die Wronskische Determinate für (mindestens) ein $x_0 \in \mathbb{R}$ von Null verschieden ist.

Das d'Alembert'sche Reduktionsverfahren

Unter der Voraussetzung der Existenz bzw. Kenntnis einer ersten Basislösung wollen wir nun eine Vorschrift zur Berechnung einer zweiten Basislösung $y_2(x)$ angeben. Dieses Verfahren wird das *d'Alembert'sche Reduktionsverfahren* oder *Reduktion der Ordnung* genannt.

Wir betrachten zunächst den Fall $n = 2$, d. h. die Differentialgleichung

$$y'' + a_1(x)y' + a_0(x)y = 0 \quad (x \in J).$$

Es sei eine beliebige erste Lösung $y_1(x)$ gegeben mit $y_1(x) \neq 0$ für alle $x \in J$. Man setzt den *Produktansatz*

$$y_2(x) = y_1(x) \cdot u(x)$$

in die Differentialgleichung (4.11) ein und erhält eine Differentialgleichung für $u(x)$. Dann substituiert man $z = u'$, was auf eine Differentialgleichung erster Ordnung für z führt, die mit Trennung der Variablen gelöst wird. Anschließend integriert man diejenige Lösung $z(x)$, die zur Integrationskonstanten $C = 0$ gehört und erhält $u(x)$, wobei wieder $C = 0$ gewählt wird. Dies führt schließlich auf eine (so bestimmte) zweite Lösung $y_2(x)$.

Diese Vorgehensweise lässt sich durch eine Formel für die gesuchte Funktion $y_2(x)$ zusammenfassen:

$$y_2(x) = y_1(x) \cdot \int \frac{e^{-\int a_1(x)dx}}{(y_1(x))^2} dx. \tag{4.12}$$

Durch die Kenntnis der Gleichung (4.12) wird deutlich, dass die Voraussetzung $y_1(x) \neq 0$ notwendig ist. Wir empfehlen allerdings ausdrücklich, den beschriebenen Lösungsweg nachzuvollziehen und nicht einfach nur die Formel (4.12) zu verwenden.

Das Reduktionsverfahren verwendet man auch, um bei linearen homogenen Differentialgleichungen n-ter Ordnung schrittweise die Ordnung zu reduzieren.

Satz 4.7 *Reduktionssatz von d'Alembert*

Es sei y_1 eine Lösung der Differentialgleichung

$$y^{(n)} + a_{n-1}(x) \cdot y^{(n-1)} + \ldots + a_1(x) \cdot y' + a_0(x)y = 0 \tag{4.13}$$

mit auf J stetigen Koeffizientenfunktionen a_k, $(k = 0, 1, \ldots, n-1)$.

Voraussetzung: $y_1(x) \neq 0 \; \forall x \in J$.

Mit dem Produktansatz $y = y_1 \cdot u$ erhält man die Differentialgleichung

$$u^{(n)} + b_{n-1}(x) \cdot u^{(n-1)} + \ldots + b_1(x) \cdot u' = 0$$

mit $b_k : J \to \mathbb{R}$ stetig $(k = 1, \ldots, n-1)$.

Durch die Substitution $z = u'$ erhält man eine Differentialgleichung mit reduzierter Ordnung $n-1$:

$$z^{(n-1)} + b_{n-1}(x)z^{n-2} + \ldots + b_1(x)z = 0. \tag{4.14}$$

Hat man eine Basis $z_2, z_3, \ldots, z_n$ (also $n-1$ linear unabhängige Lösungen von (4.14)), so bilden die Funktionen

$$y_1 = u_1, \quad y_2 = u_1 \int z_2(x)dx, \quad y_3 = u_1 \int z_3(x)dx, \ldots, y_n = u_1 \int z_n(x)dx$$

eine Fundamentalbasis der Differentialgleichung (4.13).

Damit ist

$$y_H(x) = \sum_{i=1}^{n} C_i \cdot y_i(x) \quad \text{mit n Konstanten } C_i \in \mathbb{R}$$

die allgemeine Lösung der Differentialgleichung (4.13).

Bemerkung:

Unter den geforderten Voraussetzungen berechnet man mit dem Reduktionsverfahren (Produktansatz) immer Fundamentalsysteme.

Beispiel 4.10

Gesucht ist die allgemeine Lösung $y_H(x)$ der Differentialgleichung

$$\left(1 - x^2\right) y'' + 2xy' - 2y = 0.$$

1. Angabe geeigneter Definitionsbereiche der Koeffizientenfunktionen, auf denen diese stetig sind. Dies garantiert mit Satz 4.6 die Existenz eines Fundamentalsystems und somit die Durchführbarkeit des Reduktionsverfahrens.

Die Normalform der gegebenen Differentialgleichung ist

$$y'' + \frac{2x}{1 - x^2} \, y' - \frac{2}{1 - x^2} \, y = 0, \quad x \neq 1 \quad \text{und} \quad x \neq -1. \quad (4.15)$$

Als Definitionsbereiche der stetigen Koeffizientenfunktionen lassen sich $J_1 = (-\infty, -1)$, $J_2 = (-1, 1)$ oder $J_3 = (1, \infty)$ auswählen.

2. Bestimmung einer ersten Lösung $y_1(x)$, hier mit dem Ansatz $y(x) = ax + b$:

$$0 + 2xa - 2xa - 2b = 0$$
$$\Rightarrow b = 0.$$

a ist beliebig, also wählen wir $a = 1$. $\Rightarrow y_1(x) = x$.

3. Prüfen der Voraussetzung $y_1(x) \neq 0$:

Das Intervall $J_2 = (-1, 1)$ enthält die Nullstelle von y_1 und entfällt somit als Definitionsbereich. Deshalb legen wir jetzt die neuen möglichen Definitionsbereiche

$$J_1 = (0, 1), \quad J_2 = (-1, 0), \quad J_3 = (1, \infty), \quad J_4 = (-\infty, -1)$$

fest.

4. Durchführung des Reduktionsverfahrens für $J_3 = (1, \infty)$:

Ansatz:

$$y_2(x) = x \cdot u(x)$$
$$y_2' = u + xu'$$
$$y_2'' = 2u' + xu''$$

Einsetzen in die Differentialgleichung liefert

$$\left(1 - x^2\right)(2u' + xu'') + 2x(u + xu') - 2xu = 0,$$
$$\left(1 - x^2\right)xu'' + 2u' = 0.$$

Der Ausdruck mit der Funktion u muss wegfallen, hier hat man immer eine Rechenkontrolle!

Mit der Substitution $z = u'$ erhalten wir die Differentialgleichung erster Ordnung

$$\left(1 - x^2\right)xz' + 2z = 0$$
$$z' = \frac{-2z}{x\left(1 - x^2\right)}.$$

Berechnung ihrer Lösung durch Trennung der Variablen

$$\int \frac{dz}{z} = 2\int \frac{1}{x\left(x^2 - 1\right)} dx \quad (z \neq 0). \quad (4.16)$$

Mit Hilfe der Partialbruchzerlegung wird das rechte Integral umgeformt zu

$$2 \int \left(-\frac{1}{x} + \frac{1}{2} \frac{1}{x-1} + \frac{1}{2} \frac{1}{x+1} \right) dx.$$

Die Ausführung der Integrationen der beiden Seiten der Gleichung (4.16) mit der Wahl der Integrationskonstanten $C = 0$ und der Zusammenfassung der Summe auf der rechten Seite führt (unter der Voraussetzung $x > 1$) zu dem Zwischenergebnis

$$\ln z = \ln \left(1 - \frac{1}{x^2} \right).$$

Der Leser möge die Zwischenschritte aufschreiben!

Schließlich erhalten wir die spezielle Lösung der homogenen Differentialgleichung für die gesuchte Funktion z:

$$z(x) = 1 - \frac{1}{x^2} > 0 \quad (x > 1).$$

Nach der Rücksubstitution und der erneuten Wahl von $C = 0$

$$u(x) = \int z(x) dx = \int \left(1 - \frac{1}{x^2} \right) dx = x + \frac{1}{x}$$

folgt

$$y_2(x) = x \cdot \left(x + \frac{1}{x} \right) = x^2 + 1.$$

Für $J_3 = (1, \infty)$ bilden die ermittelten Funktionen y_1 und y_2 ein Fundamentalsystem (siehe Reduktionssatz) und

$$y_H(x) = C_1 x + C_2 \left(x^2 + 1 \right), \quad x \in J_3 \quad (C_1, C_2 \in \mathbb{R})$$

ist dort die allgemeine Lösung der Differentialgleichung.

Bemerkungen Teil 1:

y_1 und y_2 sind linear unabhängig für alle $x \in (1, \infty)$ und damit auch auf ganz $\mathbb{R}$. Allerdings ist

$$W(x) = \det \begin{bmatrix} x & x^2 + 1 \\ 1 & 2x \end{bmatrix} = 2x^2 - x^2 - 1 = x^2 - 1,$$

also für $x_{0_1} = 1$ und $x_{0_2} = -1$ gleich Null. Dies ist kein Widerspruch zu Satz 4.5, dessen Aussage nur (wegen der Stetigkeit der Koeffizientenfunktionen der Differentialgleichung (4.15)) in den Intervallen $J_1 = (0, 1)$, $J_2 = (-1, 0)$, $J_3 = (1, \infty)$ Gültigkeit hat.

Bemerkungen Teil 2:

Im nächsten Abschnitt beschäftigen wir uns mit der übersichtlichen Situation, die sich durch die Einschränkung auf konstante Koeffizienten ergibt.

Ein (im Prinzip schon bekanntes) Verfahren zur Ermittlung einer speziellen Lösung der linearen inhomogenen Differentialgleichung im Falle stetiger Koeffizientenfunktionen („Variation der Konstanten") wollen wir erst im Anschluss an die inhomogene Differentialgleichung mit konstanten Koeffizienten erläutern.

An dieser Stelle im Zusammenhang mit dem Reduktionsverfahren **zwei Hinweise**:

Man kann den Produktansatz auch in die inhomogene Differentialgleichung einsetzen, um damit möglicherweise schneller die allgemeine Lösung der inhomogenen Differentialgleichung berechnen zu können.

Einen Formelausdruck für die Berechnung einer speziellen Lösung der inhomogenen Differentialgleichung aus zwei speziellen Lösungen der zugehörigen homogenen Differentialgleichung findet man z. B. in [1].

4.2.4 Lineare homogene Differentialgleichungen mit konstanten Koeffizienten

Jetzt betrachten wir die Differentialgleichung

$$y'' + a_1 y' + a_0 y = 0 \quad \text{mit} \quad a_1, a_0 \in \mathbb{R}. \tag{4.17}$$

Über die Lösungen von (4.17) ist bisher folgendes bekannt

- Es gilt für je zwei Lösungen $y_1(x)$ und $y_2(x)$

  Entweder $W(x) = 0 \; \forall x \in \mathbb{R}$ oder $W(x) \neq 0 \; \forall x \in \mathbb{R}$.

  Die Begründung dieser Behauptung folgt mit Satz 4.5, der für die konstanten Koeffizientenfunktionen (als nun auf ganz $\mathbb{R}$ stetige Funktionen) angewendet wird.

- Die homogene Differentialgleichung (4.17) hat immer ein Fundamentalsystem y_1 und y_2 für alle $x \in \mathbb{R}$ (siehe Satz 4.6). Die allgemeine Lösung hat die Form

  $$y_H(x) = C_1 y_1(x) + C_2 y_2(x) \quad (C_1, \; C_2 \in \mathbb{R}) \quad (x \in \mathbb{R}).$$

- Bei Kenntnis einer Lösung lässt sich eine zweite Basislösung mit dem Produktansatz ermitteln.

Bezeichnung:

Das Polynom

$$p(\lambda) = \lambda^2 + a_1 \lambda + a_0 \tag{4.18}$$

heißt das zur Differentialgleichung (4.17) zugehörige *charakteristische Polynom*.

---

[1] Bronstein, Semendjajew, Musiol, Mühlig: *Taschenbuch der Mathematik*, Verlag Harri Deutsch (2001), S. 525

Man erhält das charakteristische Polynom durch Differenzieren und Einsetzen des *Eulerschen Ansatzes* in die Differentialgleichung.

$$\text{Eulerscher Ansatz:} \quad y(x) = e^{\lambda x}, \qquad y'(x) = \lambda e^{\lambda x}, \quad y''(x) = \lambda^2 e^{\lambda x}$$

$$\Rightarrow \lambda^2 e^{\lambda x} + a_1 \lambda e^{\lambda x} + a_0 e^{\lambda x} = 0$$

$$\Rightarrow e^{\lambda x} \left(\lambda^2 + a_1 \lambda + a_0 \right) = 0$$

Die homogene Differentialgleichung (4.17) wird offensichtlich von jeder Funktion $y(x)$ erfüllt, die durch das Einsetzen einer Nullstelle λ des charakteristischen Polynoms in den Eulerschen Ansatz gebildet wird.

$$\lambda^2 + a_1 \lambda + a_0 = 0$$

$$\Rightarrow \lambda_{1,2} = \alpha \pm i \cdot \beta, \quad \alpha, \beta \in \mathbb{R}$$

Für den **Fall** $\beta \neq 0$ sind

$$y_1(x) = e^{\lambda_1 x} \quad \text{und} \quad y_2(x) = e^{\lambda_2 x} \tag{4.19}$$

jeweils komplexe Lösungen der Differentialgleichung (4.17).

Wegen der *Eulerschen Formel*

$$e^{(\alpha \pm i \cdot \beta)} = e^{\alpha} \left(\cos \beta \pm i \cdot \sin \beta \right) \tag{4.20}$$

gilt:

$$y_1(x) = e^{\lambda_1 x} = e^{(\alpha + i \cdot \beta)x}$$

$$= e^{\alpha \cdot x} \left(\cos \beta x + i \cdot \sin \beta x \right)$$

und

$$y_2(x) = e^{\alpha x} \left(\cos \beta x - i \sin \beta x \right).$$

Für den Fall, dass wir die allgemeine Lösung der homogenen Differentialgleichung (4.17) in der komplexen Form angeben wollen (d. h. auch mit komplexen Konstanten K_1 und K_2), haben wir mit (4.19) ein Fundamentalsystem gefunden. Diese Behauptung lässt sich durch die Berechnung der Wronskischen Determinante für die komplexen Funktionen y_1 und y_2 nachprüfen.

Führen Sie diese Rechnung aus! Das Ergebnis lautet

$$W(x) = -2e^{2\alpha x} \cdot i \cdot \beta \neq 0 \quad (x \in \mathbb{R}, \ \beta \neq 0).$$

Die allgemeine komplexe Lösung von (4.17) ist somit

$$y_H(x) = K_1 e^{(\alpha + i \cdot \beta)x} + K_2 e^{(\alpha - i \cdot \beta)x} \quad (K_1, K_2 \in \mathbb{C}). \tag{4.21}$$

Um nun auf einfache Weise die allgemeine reelle Lösung der Differentialgleichung (4.17) zu ermitteln, verwendet man die Tatsache, dass auch schon der Realteil und der Imaginärteil beispielsweise von y_1 Lösungen der betrachteten Differentialgleichung sind. Die Linearkombination dieser beiden linear unabhängigen reellen Funktionen $e^{\alpha x} \cos \beta x$ und $e^{\alpha x} \sin \beta x$ bildet die allgemeine reelle Lösung

$$y_H(x) = e^{\alpha x} (C_1 \cos \beta x + C_2 \sin \beta x) \quad (C_1, C_2 \in \mathbb{R}). \tag{4.22}$$

Die Wronskische Determinante für das reelle Fundamentalsystem hat den Wert $W(x) = \beta e^{2\alpha}$. Rechnen Sie dies zur Übung ebenfalls nach!

Wenn das charakteristische Polynom tatsächlich zwei konjugiert komplexe Nullstellen $\lambda_{1,2} = \alpha \pm i \cdot \beta$ mit $\beta \neq 0$ hat, dann haben wir mit (4.22) die allgemeine reelle Lösung gefunden.

Jetzt betrachten wir die zwei möglichen **reellen Fälle** für Nullstellen des charakteristischen Polynoms (d. h. $\beta = 0$)
Wie wird die allgemeine Lösung $y_H(x)$ gebildet, wenn das charakteristische Polynom zwei reelle Nullstellen oder eine doppelte reelle Nullstelle hat?

Der erste der beiden Fälle ist sofort klar:

1. Das charakteristische Polynom hat zwei verschiedene reelle Nullstellen, d. h. $\lambda_1, \lambda_2 \in \mathbb{R}$ und $\lambda_1 \neq \lambda_2$.

   Die beiden reellen Lösungen $y_1(x) = e^{\lambda_1 x}$ und $y_2(x) = e^{\lambda_2 x}$ bilden ein Fundamentalsystem und die allgemeine Lösung der Differentialgleichung (4.17) ist

$$y_H(x) = C_1 e^{\lambda_1 x} + C_1 e^{\lambda_2 x} \quad (C_1, C_2 \in \mathbb{R}).$$

   Die Berechnung der Wronskischen Determinate führt formal auf das gleiche (Zwischen-) Ergebnis

$$W(x) = e^{(\lambda_1 + \lambda_2)x}(\lambda_2 - \lambda_1)$$

   wie im Fall zweier konjugiert komplexer Nullstellen, allerdings sind jetzt λ_1 und λ_2 reell (und voneinander verschieden).

2. Die doppelte Nullstelle des charakteristischen Polynoms ist $\lambda_1 = \lambda_2 \in \mathbb{R}$.

   Dann sind $y_1(x) = e^{\lambda_1 x}$ und $y_2(x) = e^{\lambda_1 x}$ gleich und damit linear abhängig.

   Welches Hilfsmittel steht zur Verfügung, um eine zweite Basislösung zu berechnen?

   Mit dem Produktansatz des Reduktionsverfahrens $y(x) = e^{\lambda x} u(x)$ ermittelt man $y(x) = x e^{\lambda x}$. Auch diese Rechnung ist als vertiefende Übung geeignet!

   Somit wird auch ohne Überprüfung mittels Wronskischer Determinante klar, dass $y_1(x) = e^{\lambda x}$ und $y_2(x) = x e^{\lambda x}$ ein Fundamentalsystem der Differentialgleichung (4.17) ist und

$$y_H(x) = C_1 e^{\lambda x} + C_2 x e^{\lambda x} \quad (C_1, C_2 \in \mathbb{R})$$

   die allgemeine Lösung darstellt.

Beispiel 4.11

Es sei eine Kurvenschar $\quad\lambda_1 = \lambda_2 = -1$

$$y_H(x) = C_1 e^{-x} + C_2 x e^{-x} \quad (C_1, C_2 \in \mathbb{R})$$

gegeben und darüber hinaus bekannt, dass $y_H(x)$ die allgemeine Lösung einer linearen homogenen Differentialgleichung mit konstanten Koeffizienten bildet.

Wie lautet diese Differentialgleichung?

Lösung: In der Darstellung von $y_H(x)$ kommen zwei Parameter vor, das bedeutet, wir suchen eine Differentialgleichung zweiter Ordnung (linear und mit konstanten Koeffizienten):

$$y'' + a_1 y' + a_0 y = 0.$$

Aus den beiden in $y_H(x)$ enthaltenen linear unabhängigen Basislösungen der gesuchten Differentialgleichung entnehmen wir weiterhin, dass das zugehörige charakteristische Polynom die doppelte Nullstelle $\lambda_{1,2} = 1 \;(= -1)$ und somit folgendes Aussehen hat:

$$\Rightarrow \; (\lambda + 1)(\lambda + 1) = (\lambda + 1)^2 = \lambda^2 + 2\lambda + 1.$$

Die entsprechende zugehörige homogene Differentialgleichung in der Standardform lautet deshalb

$$y'' + 2y' + y = 0.$$

Beispiel 4.12

Zu jedem der drei Nullstellenfälle des charakteristischen Polynoms betrachten wir jetzt ein Beispiel.

- Fall 1

$$y'' - 4y = 0$$
$$\Rightarrow \lambda^2 - 4 = 0$$
$$\Rightarrow \lambda_1 = 2, \quad \lambda_2 = -2$$
$$\Rightarrow y_H(x) = C_1 e^{2x} + C_2 e^{-2x}, \quad C_1, C_2 \in \mathbb{R}$$

- Fall 2

$$y'' - 6y' + 9y = 0$$
$$\Rightarrow \lambda^2 - 6\lambda + 9 = 0$$
$$\Rightarrow \lambda_{1,2} = 3 \pm \sqrt{9 - 9}$$
$$\Rightarrow y_H(x) = C_1 \cdot e^{3x} + C_2 \cdot x \cdot e^{3x}, \quad C_1, C_2 \in \mathbb{R}$$

- Fall 3

$$y'' - 6y' + 25y = 0$$
$$\Rightarrow \lambda^2 - 6\lambda + 25 = 0$$
$$\Rightarrow \lambda_{1,2} = 3 \pm \sqrt{9 - 25}$$
$$\Rightarrow \lambda_1 = 3 + 4 \cdot i, \qquad \lambda_2 = 3 - 4 \cdot i$$
$$\Rightarrow y_H(x) = e^{3x}(C_1 \cos 4x + C_2 \sin 4x), \quad C_1, C_2 \in \mathbb{R}$$

- Zu gegebenen Anfangsbedingungen $y(0) = 3$ und $y'(0) = 1$ soll für Fall 3 nun noch die eindeutige Lösung ermittelt werden

$$y_H(0) = 1 \cdot (C_1 + 0) = 3 \Rightarrow C_1 = 3$$
$$y_H'(x) = 3 \cdot e^{3x}(C_1 \cos 4x + C_2 \sin 4x)$$
$$\qquad\qquad + e^{3x}(-4C_1 \sin 4x + 4C_2 \cos 4x)$$
$$\qquad = e^{3x}((3C_2 - 4C_1) \sin 4x + (3C_1 + 4C_2) \cos 4x)$$
$$y_H'(0) = 1(0 + 3C_1 + 4C_2) = 1$$
$$\qquad\qquad \Rightarrow 9 + 4C_2 = 1 \Rightarrow C_2 = -2$$

Die Lösung des Anfangswertproblems ist folglich

$$y_H(x) = e^{3x}(3 \cos 4x - 2 \sin 4x).$$

Ausschnitte der Lösungskurve dieses Anfangswertproblems sehen Sie in der Abbildung 4.2. Wir wollen mit dieser Veranschaulichung deutlich machen, welchen gewaltigen Einfluss die Exponentialfunktion, hier mit dem Wert $\alpha = 3$, auf die Amplitude der Schwingungen hat.

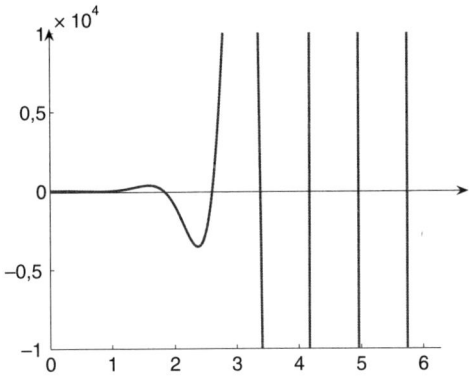 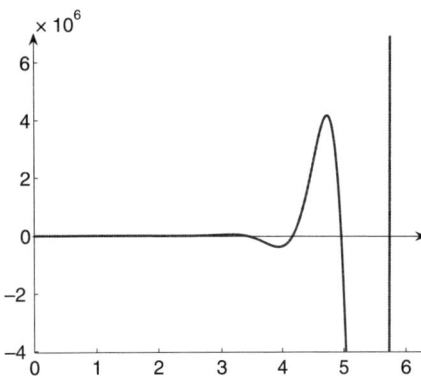

Abb. 4.2: $y_H(x) = e^{3x}(3 \cos 4x - 2 \sin 4x)$

Zum Vergleich sehen Sie die entsprechende Kurve für den Wert $\alpha = \frac{1}{4}$ in der Abbildung 4.3.

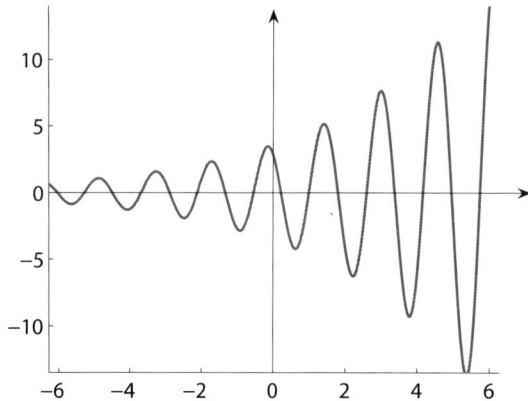

Abb. 4.3: $y_H(x) = e^{\frac{1}{4}x}(3\cos 4x - 2\sin 4x)$

Die Funktion der überlagerten Kosinus- und Sinusschwingungen ohne den Faktor der Exponentialfunktion haben wir in der Abbildung 4.4 dargestellt.

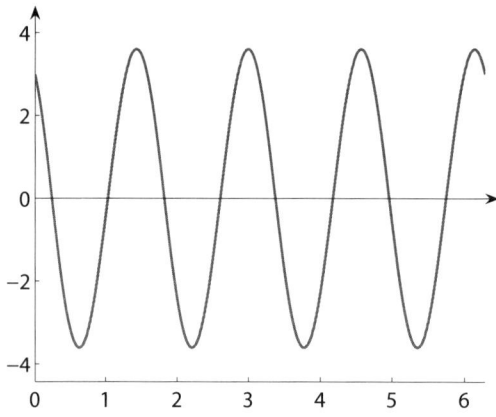

Abb. 4.4: $y_H(x) = 3\cos 4x - 2\sin 4x$

Welche Nullstellen des entsprechenden charakteristischen Polynoms gehören zu der Lösungsfunktion $y(x) = 3\cos 4x - 2\sin 4x$? Schreiben Sie die zugehörige Differentialgleichung ebenfalls auf!

Wenn nichts anderes gesagt wird, gehen wir wie gerade im Beispiel — Fall 3 angenommen, immer davon aus, dass die reelle Lösung berechnet werden soll.

Das Verfahren, mit Hilfe der Nullstellen des charakteristischen Polynoms die homogene Lösung einer Differentialgleichung zweiter Ordnung mit konstanten Koeffizienten zu ermitteln, funktioniert auch bei den entsprechenden Differentialgleichungen n-ter Ordnung.

Um eine Differentialgleichung n-ter Ordnung zu lösen, muss man die Nullstellen des zugehörigen charakteristischen Polynoms n-ten Grades bestimmen. Es gibt infolge der Art der Nullstellen drei Fälle (ebenso wie bei $n = 2$), die beschreiben, wie die einzelnen Basisfunktionen für die allgemeine Lösung y_H gebildet werden.

Das charakteristische Polynom einer Differentialgleichung n-ter Ordnung hat die Form

$$p(\lambda) = \lambda^n + a_{n-1}\lambda^{n-1} + \ldots + a_1\lambda^1 + a_0.$$

- Fall 1

    Hat das Polynom ausschließlich n verschiedene reelle Nullstellen $\lambda_1, \lambda_2, \ldots, \lambda_n$, d. h. jedes λ_i ($i = 1, 2, \ldots, n$) hat die Vielfachheit $k = 1$, dann ist

$$y_H(x) = C_1 e^{\lambda_1 x} + C_2 e^{\lambda_2 x} + \ldots + C_n e^{\lambda_n x} \quad (C_1, C_2, \ldots C_n \in \mathbb{R})$$

    die allgemeine Lösung der Differentialgleichung

$$y^{(n)} + a_{n-1} \cdot y^{(n-1)} + \ldots + a_1 \cdot y' + a_0 y = 0. \tag{4.23}$$

- Fall 2

    Ist λ_1 eine reelle Nullstelle der Vielfachheit k, so bilden die k Funktionen

$$y_1(x) = e^{\lambda_1 x}, \quad y_2(x) = x^1 \cdot e^{\lambda_1 x}, \quad \ldots, \quad y_k(x) = x^{k-1} \cdot e^{\lambda_1 x}$$

    die zu λ_1 zugehörigen Basislösungen.

- Fall 3

    Ein Nullstellenpaar $\lambda_{1,2} = \alpha \pm i \cdot \beta$ der Vielfachheit $2k$ erzeugt jeweils k reelle Basislösungen

$$y_{11} = e^{\alpha x} \cos \beta x, \quad y_{12} = x e^{\alpha x} \cos \beta x, \quad \ldots, \quad y_{1k} = x^{k-1} \cdot e^{\alpha x} \cos \beta x$$

    und k reelle Basislösungen

$$y_{21} = e^{\alpha x} \sin \beta x, \quad y_{22} = x \cdot e^{\alpha x} \sin \beta x, \quad \ldots, y_{2k} = x^{k-1} \cdot e^{\alpha x} \sin \beta x.$$

Das heißt zum Beispiel: Sobald ein komplexes Nullstellenpaar in der Menge der Nullstellen doppelt enthalten ist, kommen zu den zwei Basislösungen des einfach auftretenden Nullstellenpaares $e^{\alpha x} \cos \beta x$ und $e^{\alpha x} \sin \beta x$ noch die zwei Basislösungen $x \cdot e^{\alpha x} \cos \beta x$ und $x \cdot e^{\alpha x} \sin \beta x$ hinzu.

Bemerkungen:

Da die Summe der Vielfachheiten aller Nullstellen des charakteristischen Polynoms einer linearen homogenen Differentialgleichung mit konstanten Koeffizienten n-ter Ordnung gleich n ist, kann man die allgemeine reelle Lösung $y_H(x)$ der Differentialgleichung immer aus einem reellen Fundamentalsystem von n reellen Basislösungen y_1 bis y_n darstellen. Leider lassen sich die Nullstellen von Polynomen höherer Ordnung im Allgemeinen nur numerisch berechnen.

Bevor wir uns wieder den reellen Lösungen zuwenden, wollen wir ein Beispiel mit komplexer Lösungsdarstellung betrachten.

Beispiel 4.13

Gesucht ist die allgemeine komplexe Lösung der Differentialgleichung

$$y^{(4)} + 4y'' + 4y = 0.$$

Die Nullstellen des zugehörigen charakteristischen Polynoms berechnet man aus der Gleichung

$$\left(\lambda^2 + 2\right)^2 = 0: \quad \Rightarrow \text{ Paar 1: } \lambda = \pm i\sqrt{2}, \quad \text{Paar 2: } \lambda = \pm i\sqrt{2},$$

d. h.

$$\text{doppelte Nullstelle: } \lambda_1 = i\sqrt{2}, \quad \text{doppelte Nullstelle: } \lambda_2 = -i\sqrt{2}.$$

Die komplexe Lösung ist

$$y_{\text{II}}(x) = (K_{10} + K_{11}x)e^{i\sqrt{2}x} + (K_{20} + K_{21}x)e^{-i\sqrt{2}x}$$
$$(K_{10}, \ K_{11}, \ K_{20}, \ K_{21} \in \mathbb{C}).$$

Beispiel 4.14

Wir berechnen die allgemeine Lösung der Differentialgleichung dritter Ordnung

$$y''' - 2y'' + y' - 2y = 0$$
$$\Rightarrow \lambda^3 - 2\lambda^2 + \lambda - 2 = 0$$

Eine erste ganzzahlige Nullstelle des charakteristischen Polynoms, hier $\lambda = 2$, erhalten wir als Teiler des Absolutgliedes 2.

Die zweite und dritte Nullstelle ist ein konjugiert komplexes Paar ohne Realteil:

$$\left(\lambda^3 - 3\lambda^2 + \lambda - 2\right) : (\lambda - 2) = \lambda^2 + 1$$
$$\text{und} \quad \lambda^2 + 1 = 0$$
$$\Rightarrow \lambda_{1,2} = \pm i.$$

Jede der Nullstellen hat die Vielfachheit $k = 1$, folglich haben wir insgesamt drei Basislösungen. Insbesondere hat das konjugiert komplexe Nullstellenpaar die Vielfachheit $2k$ mit $k = 1$, das heißt es erzeugt zwei von den drei Basislösungen

$$y_{\text{H}}(x) = C_1 e^{2x} + C_2 e^{0 \cdot x} \cos x + C_3 e^{0 \cdot x} \sin x$$
$$y_{\text{H}}(x) = C_1 e^{2x} + C_2 \cos x + C_3 \sin x, \quad (C_1, \ C_2, \ C_3 \in \mathbb{R}).$$

Beispiel 4.15

Spezielle Differentialgleichungen höherer Ordnung wie die folgende lassen sich sehr schnell lösen

$$y^{(7)} + 4y^{(5)} + 4y''' = 0$$
$$\Rightarrow \lambda^7 + 4\lambda^5 + 4\lambda^3 = 0$$
$$\lambda^3 \left(\lambda^4 + 4\lambda^2 + 4\right) = 0$$
$$\lambda^3 \left(\lambda^2 + 2\right)^2 = 0$$

$$\Rightarrow \lambda_{1,2,3} = 0 \quad \text{ist dreifache Nullstelle,}$$
$$\lambda_{4,5,6,7} = \pm i\sqrt{2} \quad \text{ist doppeltes Nullstellenpaar.}$$

Wir haben zu der ersten Nullstelle drei Basislösungen und zu dem doppelten Nullstellenpaar mit der Vielfachheit $2k$ mit $k = 2$ ergeben sich vier Basislösungen

$$y_H(x) = C_1 e^0 + C_2 x e^0 + C_3 x^2 e^0$$
$$+ C_4 \cos\sqrt{2}x + C_5 x \cos\sqrt{2}x + C_6 \sin\sqrt{2}x + C_7 x \sin\sqrt{2}x$$
$$y_H(x) = C_1 + C_2 x + C_3 x^2 + (C_4 + C_5 x)\cos\sqrt{2}x + (C_6 + C_7 x)\sin\sqrt{2}x$$

mit $C_1, C_2, \ldots, C_7 \in \mathbb{R}$.

Aufgabe 4.2.1

Gegeben ist die Differentialgleichung $\quad x^2 y'' + xy' - y = 0$.

a)   Schreiben Sie die Differentialgleichung in der Standardform auf und bestimmen Sie den Definitionsbereich der Koeffizientenfunktionen $a_0(x)$ und $a_1(x)$.

b)   Weisen Sie nach, dass die Funktionen $y_1(x) = x$ und $y_2(x) = \dfrac{1}{x}$ $(x \neq 0)$ Lösungen der Differentialgleichung sind.

c)   Sind diese beiden Funktionen linear unabhängig? Begründen Sie Ihre Antwort durch eine entsprechende Berechnung!

d)   Ermitteln Sie mit den Anfangsbedingungen $y(1) = 1$ und $y'(1) = 2$ die Werte der Konstanten C_1 und C_2 in der allgemeinen Lösung der gegebenen homogenen Differentialgleichung

$$y_H(x) = C_1 x + C_2 \frac{1}{x} \quad (x \neq 0).$$

Aufgabe 4.2.2

Testen Sie die folgenden Paare von Funktionen jeweils auf ihre lineare Unabhängigkeit:

a) $y_1(x) = e^x$, $y_2(x) = e^{-x}$

b) $y_1(x) = e^{2x}$, $y_2(x) = e^{2x-5}$

c) $y_1(x) = \sin x$, $y_2(x) = \cos x$

d) $y_1(x) = e^{x^2}$, $y_2(x) = xe^{x^2}$.

Welches der Funktionenpaare kann kein Fundamentalsystem einer linearen Differentialgleichung zweiter Ordnung sein (Begründung)?

Aufgabe 4.2.3

Berechnen Sie mit dem Reduktionsverfahren jeweils die allgemeine Lösung der folgenden linearen homogenen Differentialgleichungen

$$\left(2x - x^2\right) y'' + \left(x^2 - 2\right) y' + 2(1 - x)y = 0$$

$$\left(x^3 - 2x^2\right) y'' - 2xy' + 2y = 0.$$

Hinweise:

Zur Ermittlung einer ersten Lösung $y_1(x)$ testet man zuerst die Summe der Koeffizientenfunktionen. Ergibt sich hieraus keine Lösung der Differentialgleichung, probiert man spezielle Ansätze (hier $y = ax + b$).

Zwischenergebnis für die erste Differentialgleichung

$$\int e^{-x} \left(x^2 - 2x\right) dx = -x^2 e^{-x} + C.$$

Zwischenergebnis für die zweite Differentialgleichung (Partialbruchzerlegung)

$$\frac{2x - 6}{x^2 - 2x} = \frac{3}{x} + \frac{-1}{x - 2}.$$

Aufgabe 4.2.4

Ermitteln Sie die allgemeinen Lösungen der folgenden linearen homogenen Differentialgleichungen mit konstanten Koeffizienten

a) $y'' + 6y' + 5y = 0$

b) $y'' - 4y' + 4y = 0$

c) $y'' + y' - 2y = 0$

d) $y'' - 2y' + 2y = 0$

e) $y'' + y = 0$

f) $y'' - 2y' + y = 0$.

Aufgabe 4.2.5

Berechnen Sie jeweils die allgemeinen Lösungen und die eindeutigen Lösungen zu den gegebenen Anfangsbedingungen

a) $y'' + 2ky' + 2y = 0$ mit $y(0) = 1$, $y'(0) = -k + \omega_1$,

$$k := \frac{2}{\pi}, \qquad \omega_1 := \sqrt{-k^2 + 2}$$

b) $y'' + 2ky' + 2y = 0$ mit $k := \dfrac{3}{2}$,

$y(0) = -1$ und $y'(0) = 6$.

Aufgabe 4.2.6

Die folgenden Kurvenscharen seien jeweils die allgemeine Lösung einer linearen homogenen Differentialgleichung mit konstanten Koeffizienten. Welche Ordnungen haben diese Differentialgleichungen? Geben Sie die zugehörigen Differentialgleichungen (in der Standardform) an!

a) $y(x) = C_1 e^{3x} + C_2 x e^{3x}$

b) $y(x) = C_1 e^{x} + C_2 e^{-2x} + C_3 e^{3x}$

c) $y(x) = C_1 e^{x} + C_2 e^{2x} \cos x + C_3 e^{2x} \sin x$ $(C_1, \ C_2, \ C_3 \in \mathbb{R})$.

4.3   Lineare inhomogene Differentialgleichung ($n \geq 2$)

Ziel in diesem Kapitel ist es, eine spezielle Lösung y_S der linearen inhomogenen Differentialgleichung

$$y^{(n)} + a_{n-1}(x)y^{(n-1)} + \cdots + a_1(x)y' + a_0(x)y = r(x) \quad (x \in J) \tag{4.24}$$

zu ermitteln. Wir wissen, dass wir dann mit

$$y(x) = y_H(x) + y_S(x)$$

alle Lösungen der Differentialgleichung (4.24) bestimmt haben.

4.3.1   Lineare inhomogene Differentialgleichungen n-ter Ordnung mit konstanten Koeffizienten

Die Koeffizienten in der Differentialgleichung (4.24) seien alle konstant

$$a_{n-1}(x) = a_{n-1}, \quad \ldots, a_1(x) = a_1, \quad a_0(x) = a_0 \in \mathbb{R} \quad (x \in \mathbb{R}).$$

Eine spezielle Lösung $y_S(x)$ wird ähnlich wie bei den inhomogenen Differentialgleichungen erster Ordnung bestimmt durch

1. Variation der Konstanten

   oder

2. **Spezielle Ansätze bei bestimmten Störfunktionen** $r(x)$ mit

$$r(x) = p(x)e^{\alpha x} \cdot \begin{cases} \cos \beta x \\ \sin \beta x \end{cases}$$

wobei $p(x)$ ein Polynom in x ist und α, β reelle Zahlen sind.

Wir wenden uns jetzt der Methode *„Ansatz vom Typ der rechten Seite mit unbestimmten Koeffizienten"* zu und beschreiben die Vorgehensweise.

Man notiert die Zahlenwerte der beiden Konstanten α und β in der Störfunktion $r(x)$ und berechnet die Nullstellen λ_i des charakteristischen Polynoms

$$p(\lambda) = \lambda^n + a_{n-1}\lambda^{n-1} + \ldots + a_1\lambda^1 + a_0.$$

Der Vergleich der Real- und Imaginärteile der Nullstellen mit den Werten von α und β entscheidet darüber, welche Form der zu wählende Ansatz haben muss, damit er tatsächlich zu einer speziellen Lösung führt.

Es gibt zwei Fälle

1. **Normalansatz**

   Die Zahlen α und β aus der Störfunktion $r(x)$ kommen in keiner Nullstelle des charakteristischen Polynoms vor. Dann liefert der Ansatz

$$y_S(x) = e^{\alpha x} \left(q_1(x) \cos \beta x + q_2(x) \sin \beta x \right) \qquad (4.25)$$

   eine spezielle Lösung $y_S(x)$ der inhomogenen Differentialgleichung.
   $q_1(x)$ und $q_2(x)$ sind dabei Polynome, deren Koeffizienten bestimmt werden müssen.
   $q_1(x)$ und $q_2(x)$ haben den gleichen Grad m wie das in der Störfunktion $r(x)$ enthaltene Polynom $p(x)$:

$$p(x) = b_0 + b_1 x + b_2 x^2 + \ldots + b_m x^m$$
$$q_1(x) = A_0 + A_1 x + A_2 x^2 + \ldots + A_m x^m$$
$$q_2(x) = B_0 + B_1 x + B_2 x^2 + \ldots + B_m x^m$$

2. **Resonanzansatz**

   Ist $\lambda_1 = \alpha + i \cdot \beta$ oder $\lambda_2 = \alpha - i \cdot \beta$ eine Nullstelle des charakteristischen Polynoms mit der Vielfachheit $k \geq 1$, dann liegt *Resonanz* vor. In diesem Fall wird der gesamte Ansatz (4.25) mit dem Faktor x^k multipliziert.

   Das Wort *Resonanzfall* kommt aus der Schwingungslehre. Resonanzen können bei erzwungenen Schwingungen auftreten (siehe Modell „Ungedämpfter Oszillator" Kapitel 4.5). Theoretisch „endet" der Resonanzfall bei unendlich großen Amplituden des schwingenden Systems.

Beispiel 4.16

Gesucht ist die allgemeine Lösung der Differentialgleichung

$$y''' + y'' - y' - y = e^{-x}.$$
$$\Rightarrow \lambda^3 + \lambda^2 - \lambda - 1 = 0$$
$$\Rightarrow \left(\lambda^2 + 2\lambda + 1\right)(\lambda - 1) = 0$$
$$\Rightarrow \lambda_1 = 1, \quad \lambda_{2,3} = -1$$

Hiermit haben wir die Lösung der zugehörigen homogenen Differentialgleichung

$$y_H(x) = C_1 e^x + C_2 e^{-x} + C_3 x e^{-x} \quad (C_1, C_2, C_3 \in \mathbb{R})$$

bestimmt.

In Abhängigkeit der Zahlenwerte der Konstanten α und β in der Störfunktion wählen wir den Ansatz für $y_S(x)$

$$r(x) = 1 \cdot e^{-x} \cos 0$$
$$\Rightarrow \alpha = -1, \quad \beta = 0.$$

Weil $\alpha = -1 + 0 \cdot i$ eine Nullstelle des charakteristischen Polynoms ist, liegt Resonanz vor! Weil die Nullstelle eine doppelte ist (d. h. $k = 2$) muss vor dem Ansatz der Faktor x^2 erscheinen:

$$y_S(x) = x^2 e^{-x} \left(A_0 \cos 0 + B_0 \sin 0\right)$$
$$\Rightarrow y_S(x) = A_0 x^2 e^{-x}.$$

Wir differenzieren den Ansatz

$$y'(x) = 2x A_0 e^{-x} - A_0 x^2 e^{-x}$$
$$= e^{-x}\left(2x A_0 - x^2 A_0\right)$$
$$y''(x) = -e^{-x}\left(2x A_0 - x^2 A_0\right) + e^{-x}(2A_0 - 2x A_0)$$
$$= e^{-x}\left(-4x A_0 + x^2 A_0 + 2A_0\right)$$
$$y'''(x) = -e^{-x}\left(-4x A_0 + x^2 A_0 + 2A_0\right) + e^{-x}\left(4A_0 + 2x A_0\right)$$
$$= e^{-x}\left(6x A_0 - 6A_0 - x^2 A_0\right)$$

und setzen ihn in die Differentialgleichung ein

$$e^{-x}\left(6x A_0 - 6A_0 - x^2 A_0 - 4x A_0 + x^2 A_0 + 2A_0 - 2x A_0 + x^2 A_0 - x^2 A_0\right)$$
$$= e^{-x}$$

$$\Rightarrow -6A_0 + 2A_0 = 1$$

$$\Rightarrow A_0 = -\frac{1}{4}$$

$$\Rightarrow y_S(x) = -\frac{1}{4}x^2 e^{-x}.$$

Somit lautet die allgemeine Lösung

$$y(x) = C_1 e^x + C_2 e^{-x} + C_3 x e^{-x} - \frac{1}{4}x^2 e^{-x} \quad (C_1,\ C_2,\ C_3 \in \mathbb{R})$$

Beispiel 4.17

Gegeben sei die inhomogene Differentialgleichung dritter Ordnung

$$y''' - y = 1 + x^2$$

und die Lösung der zugehörigen homogenen Differentialgleichung

$$y_H(x) = C_1 e^x + C_2 e^{-\frac{1}{2}x} \cos\sqrt{\frac{3}{4}}x + C_3 e^{-\frac{1}{2}x} \sin\sqrt{\frac{3}{4}}x.$$

Das zugehörige charakteristische Polynom hat folglich die Nullstellen

$$\lambda_1 = 1 \quad \text{und}$$

$$\lambda_{2,3} = -\frac{1}{2} \pm \sqrt{\frac{3}{4}}i.$$

Jede dieser Nullstellen hat die Vielfachheit $k = 1$.

Gesucht ist eine spezielle Lösung $y_S(x)$.

Für die Störfunktion

$$r(x) = \left(1 + x^2\right) e^0 \cos 0$$

liegt keine Resonanz vor, $\lambda = 0 + 0i$ ist keine Nullstelle des charakteristischen Polynoms. In diesem Fall verwenden wir den Normalansatz

$$y_S(x) = e^0 \left(\left(A_0 + A_1 x + A_2 x^2\right)\cos 0 + \left(B_0 + B_1 x + B_2 x^2\right)\sin 0\right)$$

$$y_S(x) = \left(A_0 + A_1 x + A_2 x^2\right)$$

$$y_S'(x) = (A_1 + 2A_2 x)$$

$$y_S''(x) = 2A_2$$

$$y_S'''(x) = 0$$

und setzen ihn in die Differentialgleichung ein

$$- A_0 - A_1 x - A_2 x^2 = 1 + x^2.$$

Aus dem Koeffizientenvergleich ergibt sich sofort

$$A_0 = -1, \; A_1 = 0, \; A_2 = -1$$
$$\Rightarrow \; y_S(x) = -1 - x^2 \quad \text{ist die ermittelte spezielle Lösung.}$$

Beispiel 4.18

Gesucht sei eine spezielle Lösung $y_S(x)$ der inhomogenen Differentialgleichung

$$y'' - 2y' + 2y = e^x \cos x.$$

Die Nullstellen des charakteristischen Polynoms sind

$$\lambda_{1,2} = 1 \pm i \quad \text{und}$$
$$y_H = e^x (C_1 \cos x + C_2 \sin x) \quad (C_1, \; C_2 \in \mathbb{R})$$

ist die allgemeine Lösung der zugehörigen homogenen Differentialgleichung.

In der Störfunktion $r(x) = e^x \cos x$ haben wir die Werte $\alpha = 1$, $\beta = 1$. Sie kommen in genau einer der beiden komplexen Nullstellen vor, d. h. $k = 1$. Das bedeutet, es liegt einfache Resonanz vor. Wir verwenden folglich den Resonanzansatz

$$y_S(x) = x e^x (A_0 \cos x + B_0 \sin x).$$

Einsetzen in die Differentialgleichung und Koeffizientenvergleich liefern $A_0 = 0$, $B_0 = \dfrac{1}{2}$.

Führen Sie diese Rechnung aus!

Die ermittelte spezielle Lösung ist somit

$$y_S(x) = \frac{1}{2} x e^x \sin x.$$

Oftmals ist der Lösungsweg kürzer, wenn man die Rechnung mit einer komplexwertigen Störfunktion durchführt. Wegen der Eulerschen Formel

$$e^{(\alpha \pm i \cdot \beta)} = e^{\alpha} (\cos \beta \pm i \cdot \sin \beta) \tag{4.26}$$

gilt

$$r(x) = e^x \cos x = Re \left(e^{(1+i)x} \right).$$

Wir betrachten nun die entsprechende komplexe Differentialgleichung und suchen eine spezielle komplexe Lösung $y_S(x)$

$$y'' - 2y' + 2y = e^{(1+i)x}$$

$$y_S(x) = Axe^{(1+i)x} \quad \text{mit } A \in \mathbb{C}$$

$$y'_S = A\left(e^{(1+i)x} + x(1+i)e^{(1+i)x}\right) = Ae^{(1+i)x}(1 + x(1+i))$$

$$y''_S = A\left(e^{(1+i)x}(1+i)(1 + x(1+i)) + e^{(1+i)x}(1+i)\right)$$

$$= 2A\left(e^{(1+i)x}(1 + i + xi)\right)$$

$$2A\left(e^{(1+i)x}(1 + i + xi)\right) - 2Ae^{(1+i)x}(1 + x(1+i)) + 2Axe^{(1+i)x} = e^{(1+i)x}$$

$$A = \frac{1}{2i} = \frac{1i}{2i \cdot i}$$

$$A = -\frac{1}{2}i$$

$$y_S(x) = -\frac{1}{2}ixe^{(1+i)x}.$$

Der Realteil der speziellen komplexen Lösung liefert schließlich die gesuchte spezielle reelle Lösung für die Inhomogenität $r(x) = e^x \cos x$

$$Re\left(-\frac{1}{2}ixe^{(1+i)x}\right) = Re\left(-\frac{1}{2}ix\left(e^x \cos x + ie^x \sin x\right)\right)$$

$$= Re\left(-\frac{1}{2}ixe^x \cos x + \frac{1}{2}xe^x \sin x\right) = \frac{1}{2}xe^x \sin x.$$

Dass man mit den Ansätzen je nach Typ der Störfunktion $r(x)$ auch lineare Differentialgleichungen mit konstanten Koeffizienten lösen kann, bei denen die Störfunktion eine Summe aus solchen „geeigneten Typen" ist, wird durch das *Superpositionsprinzip* deutlich.

Superpositionsprinzip

Aussage:

Ist die Störfunktion $r(x)$ eine Summe von Funktionen

$$r(x) = \sum_{k=1}^{m} r_k(x)$$

dann ist auch die Summe der speziellen Lösungen

$$y_S(x) = \sum_{k=1}^{m} y_{S_k}(x)$$

der Differentialgleichungen

$$y^{(n)} + a_{n-1}y^{(n-1)} + \cdots + a_1 y' + a_0 y = r_k(x) \quad (k = 1, 2, \ldots, m)$$

eine spezielle Lösung der Differentialgleichung

$$y^{(n)} + a_{n-1} y^{(n-1)} + \cdots + a_1 y' + a_0 y = r(x) \quad (a_{n-1}, \ldots, a_1, a_0 \in \mathbb{R}). \quad (4.27)$$

Jetzt betrachten wir die in diesem Abschnitt zuerst genannte Möglichkeit, eine spezielle Lösung mit der Methode „**Variation der Konstanten**" zu berechnen. Wir haben diese Methode bereits für Differentialgleichungen erster Ordnung in Abschnitt 3.3.3 kennengelernt sowie darauf hingewiesen, dass die speziellen Ansätze vom Typ der rechten Seite ein Ergebnis dieser Methode sind. In der Regel wendet man die „Variation der Konstanten" bei Differentialgleichungen mit konstanten Koeffizienten nur noch direkt an, wenn die Störfunktion nicht von einem dieser speziellen Typen ist oder sich nicht als Summe aus solchen schreiben lässt. Diese Behauptung schließt nicht aus, dass der allgemeinere Lösungsweg unter Umständen schneller zum Ziel führen kann.

Gegeben sei eine Differentialgleichung der Form (4.27) und eine zugehörige Fundamentalbasis $y_1, y_2, \ldots, y_n$. Die allgemeine Lösung $y_H(x)$ der zugehörigen homogenen Differentialgleichung wird durch die Linearkombination der Basisfunktionen gebildet

$$y_H(x) = C_1 y_1(x) + C_2 y_2(x) + \ldots + C_n y_n(x) \quad (C_1, C_2, \ldots, C_n \in \mathbb{R}).$$

Gesucht ist eine spezielle Lösung $y_S(x)$.

$y_S(x)$ lässt sich durch die Variation der Konstanten $C_1, C_2, \ldots, C_n$ berechnen

$$y_S(x) = C_1(x) y_1(x) + C_2(x) y_2(x) + \ldots + C_n(x) y_n(x). \quad (4.28)$$

Wenn man den Ansatz (4.28) in die Differentialgleichung (4.27) einsetzen will, müssen eine ganze Reihe von Ableitungen gebildet werden. Da man für die Ermittlung einer speziellen Lösung $y_S(x)$ auch nur spezielle Funktionen $C_i(x)$, $(i = 1, \ldots, n)$ benötigt, wählt man deren erste Ableitungen $C_i'(x)$, $(i = 1, \ldots, n)$ immer wieder so, dass bestimmte Summen gleich Null werden und sich dann die weiteren Ausdrücke der Ableitungen erheblich vereinfachen. Letztendlich entstehen so die homogenen Gleichungen für die $C_i'(x)$, $(i = 1, \ldots, n)$ im System (4.29). Außerdem bezieht man in die letzte Bedingung an die $C_i'(x)$ die Forderung der Gültigkeit der inhomogenen Differentialgleichung (4.27) ein.

Die Anwendung des Verfahrens *Variation der Konstanten* oder der *Methode von Lagrange* besteht darin, das lineare Gleichungssystem

$$C_1'(x) y_1(x) + C_2'(x) y_2(x) + \ldots + C_n'(x) y_n(x) = 0$$
$$C_1'(x) y_1'(x) + C_2'(x) y_2'(x) + \ldots + C_n'(x) y_n'(x) = 0$$
$$\vdots \quad\quad\quad\quad\quad\quad\quad\quad\quad\quad\quad\quad\quad\quad\quad\quad\quad (4.29)$$
$$C_1'(x) y_1^{(n-2)}(x) + C_2'(x) y_2^{(n-2)}(x) + \ldots + C_n'(x) y_n^{(n-2)}(x) = 0$$
$$C_1'(x) y_1^{(n-1)}(x) + C_2'(x) y_2^{(n-1)}(x) + \ldots + C_n'(x) y_n^{(n-1)}(x) = r(x).$$

aufzustellen, die Lösungsfunktionen $C_1'(x)$, $C_2'(x)$, $\ldots$, $C_n'(x)$ zu berechnen und anschließend spezielle Stammfunktionen (mit der Wahl der Integrationskonstanten C=0) $C_1(x)$, $C_2(x)$, $\ldots$, $C_n(x)$ zu ermitteln.

Bemerkung:

Das lineare Gleichungssystem (4.29) ist eindeutig lösbar, da die Determinante der Koeffizientenfunktionen (das sind die $y_i(x)$ und ihre Ableitungen) nach Voraussetzung ungleich Null ist. Wie heißt diese Determinante und weshalb ist sie von Null verschieden?

Beispiel 4.19

Die Art der Störfunktion im folgenden Beispiel erfordert die direkte Anwendung der Variation der Konstanten

$$y'' - 6y' + 9y = e^{3x} x^{-2} \quad (x \neq 0, \; x \in \mathbb{R}).$$

Aus der allgemeinen Lösung

$$y_H(x) = C_1 e^{3x} + C_2 x e^{3x} \quad (C_1, \; C_2 \in \mathbb{R})$$

der zugehörigen homogenen Differentialgleichung entsteht der Ansatz für die Variation der Konstanten

$$y_S(x) = C_1(x) e^{3x} + C_2(x) x e^{3x}$$

und das lineare Gleichungssystem für die Ableitungen der zu variierenden Funktionen

$$C_1'(x) e^{3x} + C_2'(x) x e^{3x} = 0$$
$$3C_1'(x) e^{3x} + C_2'(x)(e^{3x} + 3x e^{3x}) = e^{3x} x^{-2}.$$

Den Term e^{3x} können wir eliminieren und erhalten

$$C_1'(x) + C_2'(x) x = 0$$
$$3C_1'(x) + C_2'(x)(1 + 3x) = x^{-2}.$$

Wir lösen dieses lineare Gleichungssystem mit dem Gaußschen Eliminationsverfahren

$$3C_1' + 3C_2' x = 0$$
$$3C_1' + C_2'(1 + 3x) = x^{-2}$$
$$\Rightarrow \; 0 + C_2' = x^{-2}.$$

Die Integration von $C_2'(x)$ mit der Wahl der Integrationskonstanten $C = 0$ liefert

$$C_2(x) = -x^{-1}.$$

Weiter erhalten wir

$$C_1'(x) = -x C_2'(x) = -x^{-1}$$
$$\Rightarrow \; C_1(x) = -\ln|x| \quad (C = 0)$$
$$\Rightarrow \; y_S(x) = -\ln|x| e^{3x} - x \cdot x^{-1} e^{3x}$$
$$\Rightarrow \; y_S(x) = e^{3x}(-\ln|x| - 1).$$

4.3.2   Lineare inhomogene Differentialgleichungen n-ter Ordnung mit nichtkonstanten Koeffizienten

Für den Fall, dass in den betrachteten Differentialgleichungen von x abhängige Koeffizientenfunktionen auftreten, ermittelt man spezielle Lösungen mit der im vorigen Abschnitt beschriebenen Methode der Variation der Konstanten. Jetzt ist besonders darauf zu achten, gegebenenfalls die Differentialgleichung vor Beginn der Berechnung einer speziellen Lösung in die folgende Standardform umzuformen

$$y^{(n)} + a_{n-1}(x)y^{(n-1)} + \ldots + a_1(x)y' + a_0(x)y = r(x) \quad (x \in J). \tag{4.30}$$

Die Koeffizientenfunktionen $a_{n-1}(x), \ldots, a_0(x)$ und die Störfunktion $r(x)$ seien stetige Funktionen auf einem gemeinsamen Definitionsbereich J. Damit gibt es immer ein Fundamentalsystem von Lösungen $y_1, y_2, \ldots, y_n$, das die Grundlage für die zu berechnende spezielle Lösung darstellt, allerdings eventuell nicht analytisch bestimmt werden kann.

Wir wollen das Verfahren für ein einfaches Beispiel durchführen.

Beispiel 4.20

Gesucht ist eine spezielle Lösung $y_S(x)$ der Differentialgleichung

$$x^2 y'' + x y' - y = x^3.$$

Achtung: Diese Differentialgleichung liegt nicht in der Standardform vor. Diese lautet

$$y'' + \frac{1}{x}y' - \frac{y}{x^2} = x \quad (x \neq 0).$$

Damit haben wir die Störfunktion $r(x) = x$ in der Form ermittelt, wie sie dann in der letzten Gleichung des linearen Gleichungssystems zur Bestimmung von $C_1'(x), \ C_2'(x), \ldots, C_n'(x)$ enthalten sein muss.

Die allgemeine Lösung der homogenen Differentialgleichung sei ebenfalls gegeben

$$y_H(x) = C_1 x + C_2 \frac{1}{x} \quad (C_1, \ C_2 \in \mathbb{R}).$$

Gesucht ist die allgemeine Lösung der inhomogenen Differentialgleichung $y(x) = y_H(x) + y_S(x)$. Wir berechnen $y_S(x)$ mit der Methode der Variation der Konstanten. Mit dem Ansatz

$$y_S(x) = C_1(x)x + C_2(x)x^{-1}$$

erhalten wir das lineare Gleichungssystem

$$C_1'(x)x + C_2'(x)x^{-1} = 0$$
$$C_1'(x) \cdot 1 - C_2'(x)x^{-2} = x.$$

Wir multiplizieren die zweite Gleichung mit x und addieren die beiden Gleichungen

$$\Rightarrow 2C_1'(x)x = x^2$$

$$\Rightarrow C_1'(x) = \frac{1}{2}x$$

$$\Rightarrow C_1(x) = \frac{1}{4}x^2 \quad (\text{mit} \quad C = 0)$$

und erhalten dann mit der zweiten Gleichung

$$\Rightarrow C_2'(x) = C_1'x^2 - x^3 = \frac{1}{2}x \cdot x^2 - x^3 = -\frac{1}{2}x^3$$

$$\Rightarrow C_2(x) = -\frac{1}{8}x^4 \quad \text{mit} \quad C = 0$$

$$\Rightarrow y_S(x) = \frac{1}{4}x^3 - \frac{1}{8}x^3 = \frac{1}{8}x^3$$

$$\Rightarrow y(x) = C_1 x + C_2 \frac{1}{x} + \frac{1}{8}x^3 \quad (C_1, \, C_2 \in \mathbb{R}).$$

Aufgabe 4.3.1

Berechnen Sie die allgemeinen Lösungen der folgenden inhomogenen Differentialgleichungen. Verwenden Sie die in der Aufgabe 4.2.3 ermittelten Lösungen der zugehörigen homogenen Differentialgleichungen.

$$\left(2x - x^2\right) y'' + \left(x^2 - 2\right) y' + 2(1 - x)y = x^2(2 - x)^2 e^x$$

$$\left(x^3 - 2x^2\right) y'' - 2xy' + 2y = x^2 - 2x$$

Aufgabe 4.3.2

Ermitteln Sie die allgemeinen Lösungen der folgenden inhomogenen Differentialgleichungen. Die Lösungen der zugehörigen homogenen Differentialgleichungen haben Sie in der Aufgabe 4.2.4 bestimmt.

a) $y'' + 6y' + 5y = 8e^{-x}$

b) $y'' - 4y' + 4y = x^2$

c) $y'' + y' - 2y = 8 \sin 2x$

d) $y'' - 2y' + 2y = 2e^2 \cos x + 1.$

Aufgabe 4.3.3

Gesucht ist die allgemeine Lösung der folgenden linearen Differentialgleichung mit konstanten Koeffizienten

$$y''' - 2y'' - y' + 2y = 2x^3 + x^2 - 4x - 6.$$

Zwei Zusatzaufgaben

Aufgabe 4.3.4

Bestimmen Sie die allgemeine Lösung der Differentialgleichung

$$y''' - y' = \frac{1}{e^x + 1}.$$

Hinweis: Von den drei auftretenden Integralen lässt sich eines mit einfacher Substitution berechnen. Man schreibe die vollständige Lösung auf, ohne die beiden anderen Integrale aufzulösen.

Zusatz: Verwenden Sie MATLAB®, um die Integrale algebraisch zu berechnen und geben Sie mit diesen Ergebnissen die allgemeine Lösung der Differentialgleichung an. Ermitteln Sie anschließend in MATLAB® direkt die allgemeine Lösung der Differentialgleichung und vergleichen Sie die Ergebnisse.

Aufgabe 4.3.5

Berechnen Sie durch zweimalige Anwendung der Reduktion der Ordnung (Produktansatz) die allgemeine Lösung der folgenden linearen homogenen Differentialgleichung

$$(2x - 3)y''' - (6x - 7)y'' + 4xy' - 4y = 0.$$

Hinweis: Zur Ermittlung einer ersten Lösung $y_1(x)$ ist die Summe der Koeffizientenfunktionen zu testen.

4.4 Die Eulersche Differentialgleichung und spezielle Differentialgleichungen ($n = 2$)

Eine spezielle lineare Differentialgleichung zweiter Ordnung ist die (homogene) *Eulersche Differentialgleichung*

$$a_2 x^2 y'' + a_1 x y' + a_0 y = 0 \quad \text{mit} \quad a_2, \, a_1, \, a_0 \in \mathbb{R}. \tag{4.31}$$

Wenn wir diese Differentialgleichung in unsere Standardform bringen, dann wird klar, dass sie nur in allen Intervallen J lösbar ist, die $x = 0$ nicht enthalten.

Durch die Anwendung der Substitution $x = e^t$ lässt sich die allgemeine Lösung der Differentialgleichung (4.31) berechnen, und zwar mittels Lösung einer zugehörigen linearen Differentialgleichung mit konstanten Koeffizienten.

Warum benutzt man hier nicht die allgemeingültige Vorgehensweise für lineare Differentialgleichungen zweiter Ordnung? Wir erinnern uns an das Hauptproblem dabei: Es fehlt an einem Rezept zur Berechnung einer ersten Lösung!

Die Eulersche Differentialgleichung lässt sich zunächst für $x \in (0, \infty)$ in eine lineare Differentialgleichung mit konstanten Koeffizienten für die gesuchte Funktion $u(t)$ umwandeln

$$y(x) = y(e^t) =: u(t)$$

Rücksubstitution: $t = \ln x$

$\Rightarrow$ alle Lösungen $y(x)$ $(x \in (0, \infty))$.

Für $x \in (-\infty, 0)$ kommt man mittels $z(x) := y(-x)$ auf analoge Weise zur allgemeinen Lösung der Differentialgleichung (4.31).

Das Ergebnis der Umwandlung von (4.31) in eine Differentialgleichung für $u(t)$ hat die folgende Form

$$a_2 u'' + (a_1 - a_2) u' + a_0 u = 0. \tag{4.32}$$

Wir wollen dieses Resultat in unserem ersten Beispiel verwenden, bevor wir in einem zweiten Beispiel den ausführlichen Lösungsweg beschreiben.

Die inhomogene Eulersche Differentialgleichung

$$a_2 x^2 y'' + a_1 x y' + a_0 y = r(x) \quad \text{mit} \quad a_2, a_1, a_0 \in \mathbb{R} \tag{4.33}$$

löst man ebenfalls über die Substitution $x = e^t$. Die Störfunktion $r(x)$ wird mit $r(e^t)$ zu einer Funktion $r = \tilde{r}(t)$.

Beispiel 4.21

Da wir die allgemeine Lösung von linearen homogenen Differentialgleichungen zweiter Ordnung mit konstanten Koeffizienten sehr schnell zur Verfügung haben, sind auch die Lösungen der Eulerschen Differentialgleichung unkompliziert zu ermitteln

$$x^2 y'' - 7xy' + 15y = x \quad \text{d. h.} \quad a_2 = 1, \ a_1 = -7$$

$$\Rightarrow u'' - 8u' + 15u = e^t$$

$$\Rightarrow u(t) = \frac{1}{8} e^t + C_1 e^{3t} + C_2 e^{5t} \quad (C_1, \ C_2 \in \mathbb{R})$$

$$\Rightarrow y(x) = \frac{1}{8} x + C_1 x^3 + C_2 x^5 \quad x \in (0, \infty)$$

$$y(-x) = z(x) = -\frac{1}{8} x + C_1 (-x)^3 + C_2 (-x)^5$$

$$z(x) = -\frac{1}{8} x + K_1 x^3 + K_2 x^5 \quad \text{für } x \in (-\infty, 0) \quad (K_1, \ K_2 \in \mathbb{R}).$$

Beispiel 4.22 *Anwendungsbeispiel*

Partielle Differentialgleichungen, d. h. Differentialgleichungen für Funktionen mehrerer unabhängiger Veränderlicher, in denen partielle Ableitungen auftreten, können in einigen

Fällen über einen Separationsansatz auf Lösungen von gewöhnlichen Differentialgleichungen zurückgeführt werden.

Bei der zweidimensionalen stationären homogenen Wärmeleitungsgleichung (in Polarkoordinaten für eine kreisförmige Platte) führt der Ansatz

$$u(r, \varphi) = v(r) \cdot w(\varphi)$$

auf die beiden Differentialgleichungen mit einer positiven Konstanten λ

$$r^2 v'' + r v' - \lambda v = 0 \quad \text{für die gesuchte Funktion } v(r) \tag{4.34}$$

und

$$w'' + \lambda w = 0 \quad \text{für die gesuchte Funktion } w(\varphi). \tag{4.35}$$

Beispiel 4.23

Gegeben ist der Differentialgleichungstyp (4.34) mit dem Wert $\lambda = 2$

$$x^2 y'' + x y' - 2y = 0$$

Gesucht ist die allgemeine Lösung $y(x)$ für $x \in (0, \infty)$.

Wir verwenden den Ansatz

$$x = e^t \quad \text{d. h.} \quad t = \ln x \quad \text{und} \quad x^{-1} = e^{-t}$$
$$\Rightarrow \quad y(x) = y(e^t) = u(t)$$

und bilden die Ableitungen

$$y'(x) = \frac{d}{dx} y(x) = \frac{du}{dt} \frac{dt}{dx} = u' \frac{1}{x} = u' e^{-t}$$
$$y''(x) = \frac{d}{dt} \left(u' e^{-t} \right) \frac{dt}{dx}$$
$$= \left(u'' e^{-t} - u' e^{-t} \right) \frac{dt}{dx}$$
$$= \left(u'' e^{-t} - u' e^{-t} \right) \frac{1}{x}$$
$$= \left(u'' e^{-t} - u' e^{-t} \right) e^{-t}$$
$$y''(x) = u'' e^{-2t} - u' e^{-2t} = e^{-2t} (u'' - u').$$

Dann setzen wir die Ableitungen und die Substitution $x = e^t$ $\left(\text{also } x^2 = e^{2t} \right)$ in die Differentialgleichung ein

$$\Rightarrow \quad e^{2t} e^{-2t} (u'' - u') + e^t e^{-t} u' - 2u = 0$$
$$\Rightarrow \quad u'' - u' + u' - 2u = 0$$
$$\Rightarrow \quad u'' - 2u = 0.$$

Mit den Nullstellen des zugehörigen charakteristischen Polynoms

$$\lambda^2 - 2 = 0 \;\Rightarrow\; \lambda_{1,2} = \pm\sqrt{2}$$

folgt

$$u(t) = C_1 e^{\sqrt{2}t} + C_2 e^{-\sqrt{2}t} \quad (C_1, \; C_2 \in \mathbb{R}).$$

Durch die Rücksubstitution $t = \ln x$ erhalten wir die gesuchte Lösung

$$u(\ln x) = y\left(e^{\ln x}\right) = y(x) = C_1 e^{\sqrt{2}\ln x} + C_2 e^{-\sqrt{2}\ln x} = C_1 x^{\sqrt{2}} + C_2 x^{-\sqrt{2}}.$$

Abschließend wollen wir kurz auf Lösungsmöglichkeiten für einige spezielle Differentialgleichungstypen zweiter Ordnung hinweisen

(a) $y'' = f(x) \Rightarrow$ Zweimaliges Integrieren

(b) $y'' = f(y) \Rightarrow$ Multiplikation mit $2y'$ und Integration

(c) $y'' = f(x, y')$

(d) $y'' = f(y')$

In den Fällen (c) und (d) kann man $z := y'$ substituieren, um eine Differentialgleichung erster Ordnung für z zu erhalten.

(e) $y'' = f(y, y')$

$\qquad y' =: t, \quad x = \varphi(t), \quad y = \psi(t).$

Die Lösung der Differentialgleichung (e) liegt dann in Parameterdarstellung vor

$$\begin{bmatrix} x \\ y \end{bmatrix} = \begin{bmatrix} \varphi(t) \\ \psi(t) \end{bmatrix}.$$

Für eine weitere Beschreibung dieser Fälle verweisen wir auf die Literatur, siehe z. B. [2].

Beispiel 4.24

Typ (c):

$$x y'' - 2y' = x^3 \cos x$$
$$z = y', \; z' = y''$$
$$\Rightarrow z' - \frac{2}{z} = x^2 \cos x \quad \text{ist eine lineare Differentialgleichung für } z.$$

---

[2] Merziger, G., Wirth, Th.: *Repetitorium der Höheren Mathematik*, Binomi Verlag Springe (2002), S. 437 bis 438

4.5 Die Schwingungsdifferentialgleichung

4.5.1 Der harmonische Oszillator und zwei elektrische Schwingkreise

Im Abschnitt 4.2.4 haben wir die mathematische Lösung der homogenen Differentialgleichung mit konstanten Koeffizienten

$$a \cdot y'' + b \cdot y' + c \cdot y = 0 \quad (a, b, c \in \mathbb{R}) \quad \text{für} \quad y = y(x) \quad (x \in \mathbb{R}) \qquad (4.36)$$

besprochen. Mit ihrer Kenntnis steht uns eine in der Technik universell einsetzbare Modellgleichung zur Verfügung. Man kann durch diese Differentialgleichung (4.36) mit einem Schlag sowohl freie mechanische Schwingungen als auch elektrische Schwingkreise beschreiben.

Zunächst ist (4.36) als die Differentialgleichung der freien mechanischen Schwingung bzw. des *ungestörten harmonischen Oszillators* (siehe nächster Abschnitt) bekannt

$$m \cdot s'' + d \cdot s' + k \cdot s = 0 \quad \text{für} \quad s = s(t) \quad (t > 0).$$

Keine geringere Bedeutung hat (4.36) als *Differentialgleichung des Reihenschwingkreises*

$$L \cdot i\,'' + R \cdot i\,' + \frac{1}{C} \cdot i = 0 \quad \text{für} \quad i = i(t) \quad (t > 0) \qquad (4.37)$$

oder als *Differentialgleichung des Parallelschwingkreises*

$$C \cdot u'' + \frac{1}{R} \cdot u' + \frac{1}{L} \cdot u = 0 \quad \text{für} \quad u = u(t) \quad (t > 0) \qquad (4.38)$$

(siehe auch[3]).

Die physikalischen Bedeutungen der Konstanten und der Funktionen in den drei genannten Differentialgleichungen sind die folgenden:

m :	Masse
d :	Dämpfungskonstante
k :	Federkonstante
t :	Zeit
$s = s(t)$:	zurückgelegter Weg, Auslenkung der Feder, Ortskoordinate zur Zeit t
L :	Induktivität einer Spule
R :	ohmscher Widerstand
C :	Kapazität eines Kondensators
$i = i(t)$:	zeitabhängige Stromstärke
$u = u(t)$:	zeitabhängige Spannung

---

[3] Brauch/Dreyer/Haacke: *Mathematik für Ingenieure*, Teubner Verlag (2006), Abschnitt 12.2.2. Schwingungen

Die Differentialgleichung (4.36) und ihre drei angewandten Ausführungen werden überwiegend in der Normalform

$$y'' + \frac{b}{a}y' + \frac{c}{a}y = 0 \quad (a,\, b,\, c \text{ positive reelle Konstanten}) \tag{4.39}$$

gelöst. Man schreibt (4.39) auch als

$$y'' + 2\delta y' + \omega_0^2 y = 0, \tag{4.40}$$

wobei die Konstanten δ und ω_0 jeweils wieder eine spezielle physikalische, aber in allen drei Schwingkreisen prinzipiell gleiche Bedeutung haben

$$\delta = \frac{b}{2a} \quad \text{die } Abklingkonstante$$

$$\omega_0 = \sqrt{\frac{c}{a}} \quad \text{die } Eigenfrequenz \text{ der Schwingung bzw. die } Kennkreisfrequenz.$$

Eine umfassendere Beschreibung der Situation in den Schwingkreisen liefern sogenannte Phasenkurven, die die Ableitung y' jeweils als Funktion der Lösung y der Differentialgleichung (4.39) darstellen. Diese werden in den Kapiteln 5 und 6 diskutiert und dargestellt.

4.5.2   Freie mechanische Schwingungen

In der Maschinendynamik spielen die Schwingungslehre, vor allem lineare Schwingungssysteme, eine wichtige Rolle (siehe [4]). Die Ausführungen des vorliegenden Buches können insgesamt für das mathematische Verständnis dieser angewandten Theorie nützlich sein, insbesondere die in diesem Abschnitt beabsichtigte ausführliche Beschreibung des Schwingungsverhaltens eines Feder-Masse-Systems.

An einer vertikal aufgehängten Feder befinde sich idealisiert ein Massenpunkt der konstanten Masse m. Seine Ruhelage sei der Nullpunkt des gewählten Koordinatensystems. Nach dem *Newtonschen Grundgesetz der Mechanik* ist die Kraft aus dem Produkt von Masse und Beschleunigung gleich der Summe der einwirkenden Kräfte, d. h. hier gleich der Summe aus der *Dämpfungskraft* und der *Rückstellkraft der Feder*.

Mit den physikalischen Beschreibungen der Kräfte

$$F = m \cdot a, \quad F_D = d \cdot v, \quad F_R = k \cdot s$$

erhält man eine Modellgleichung, die das Feder-Masse-System beschreibt

$$m \cdot a = -d \cdot v - k \cdot s. \tag{4.41}$$

Die Funktionen $a = a(t)$, $v = v(t)$, $s = s(t)$ sind die von der Zeit t abhängige Beschleunigung, Geschwindigkeit und Ortskoordinate des Massenpunktes.

Mit $v(t) = s'(t)$ und $a(t) = v'(t) = s''(t)$ erhalten wir aus der Gleichung (4.41) die

Differentialgleichung der freien mechanischen Schwingung

$$m \cdot s'' + d \cdot s' + k \cdot s = 0. \tag{4.42}$$

---

[4] Hollburg, U: *Maschinendynamik*, Oldenbourg Verlag (2007)

In den Beispielen zur Modellbildung in Kapitel 1.1 haben wir die Bewegung in diesem Feder-Masse-System (siehe auch Abbildung 1.3) bereits beschrieben, außerdem schon zwei von den hier zu behandelnden vier Fällen erwähnt. Der Vollständigkeit halber werden wir uns hier wiederholen.

Die Masse befindet sich im Nullpunkt $s = 0$ des Koordinatensystems in ihrer Ruhelage (zweite Feder in der Abbildung 1.3). Durch Zug an der Masse entlang der s- Achse in Richtung der negativen Werte wird die Feder um $s = s_0$ gedehnt und zum Zeitpunkt $t = 0$ mit einer Anfangsgeschwindigkeit $v_0 = 0$ losgelassen. Damit beginnt das Masse-Feder-System zu schwingen. Gesucht ist die Funktion $s = s(t)$, die die Bewegung der Masse um den Ruhepunkt in Abhängigkeit von der Zeit t beschreibt und damit auch die Auslenkung der Feder.

Der Anfangszustand dieser Bewegung wird folglich durch die Anfangsbedingungen

$$s(0) = s_0 < 0 \quad \text{und} \quad s'(0) = 0 \tag{4.43}$$

festgelegt.

Bemerkung:

Warum kann man bei dieser Betrachtungsweise auf eine Berücksichtigung der Schwerkraft $F = m \cdot g$ (g: Erdbeschleunigung) verzichten?
Dies ist richtig, weil das Koordinatensystem so gewählt wurde, dass die Ruhelage des Systems der Nullpunkt ist.

Beweis:
Unter Berücksichtigung der Schwerkraft lautet die Gleichung des Kräftegleichgewichts

$$m \cdot y'' + d \cdot y' + k \cdot y = m \cdot g. \tag{4.44}$$

Die Ruhelage $\overline{y}\,' = 0$ ist folglich $\overline{y} = \dfrac{m \cdot g}{k}$. Die Differentialgleichung (4.42) und ihre Ruhelage $s = 0$ ergeben sich nach der Ausführung der Koordinatentransformation $y = s + \dfrac{m \cdot g}{k}$ in Gleichung (4.44).

Im Weiteren verwenden wir die Schreibweise der Differentialgleichung (4.42) in der Form

$$s'' + 2\delta \cdot s' + \omega_0^2 \cdot s = 0 \quad \text{mit} \quad \delta = \frac{d}{2m} \quad \text{und} \quad \omega_0^2 = \frac{k}{m} \quad (m > 0) \tag{4.45}$$

mit der Abklingkonstanten δ und der Eigenfrequenz ω_0.

Wir berechnen die freien Schwingungen des beschriebenen Feder-Masse-Systems als Lösung des Anfangswertproblems zur Differentialgleichung (4.45) mit den Anfangsbedingungen (4.43). Dabei unterscheiden wir zwei Hauptfälle, den der ungedämpften ($d = 0$) und den der gedämpften ($d > 0$) Schwingungen.

Ungedämpfte Schwingungen

Bevor wir die rechnerische Lösung ermitteln, können wir uns für diesen Fall die Art der Schwingung vorstellen, wenn wir in die Abbildung 1.3 noch weitere „Feder-Masse-Zustände" hinzufügen. Ohne Dämpfung würde die Amplitude der Feder immer konstant bleiben.

Lösung 9/(1.10) mit s_0 und v_0

Lösung der Differentialgleichung $s'' + \omega_0^2 \cdot s = 0$ (siehe Abschnitt 4.2.4):

Das charakteristische Polynom $\lambda^2 + \omega_0^2 = 0$ hat die rein imaginären Nullstellen $\lambda_{1,2} = \pm i \cdot \omega_0$.
Hiermit erhalten wir die allgemeine Lösung der Differentialgleichung (4.45)

$$s(t) = C_1 \cos(\omega_0 t) + C_2 \sin(\omega_0 t), \quad C_1, C_2 \in \mathbb{R}. \tag{4.46}$$

Durch das Einsetzen der gegebenen Anfangsbedingungen (4.43)

$$s(0) = s_0 < 0 \quad \text{und} \quad s'(0) = 0$$

ergeben sich die Werte $C_1 = s_0$ und $C_2 = 0$ und damit die eindeutige Lösung der Anfangswertaufgabe

$$s(t) = s_0 \cos(\omega_0 t). \tag{4.47}$$

In der Abbildung 4.5 haben wir die Lösung für die Werte $s_0 = -1$, $\omega_0 = \sqrt{2}$ dargestellt.
Die zweite Lösungskurve in dieser Abbildung bezieht sich auf ein System mit einer kleineren
Eigenfrequenz $\omega_0 = \frac{1}{2}\sqrt{2}$, was eine längere *Schwingungsdauer* $T = \frac{2\pi}{\omega_0}$ zur Folge hat.

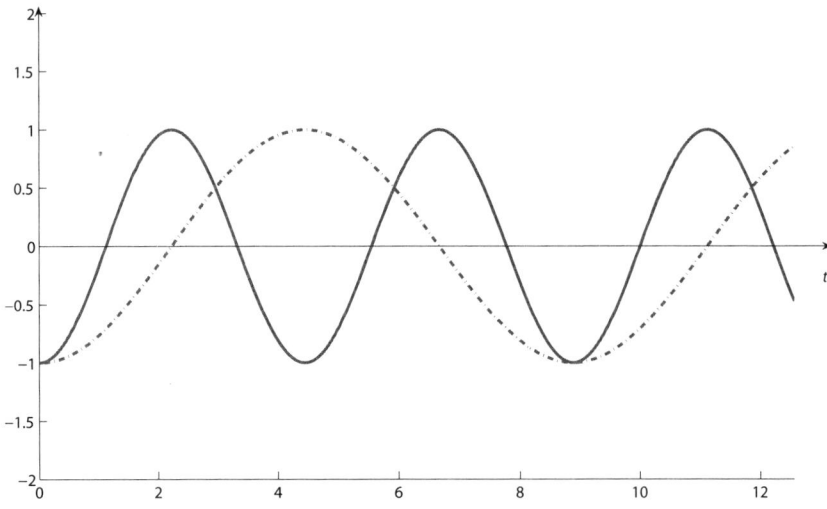

Abb. 4.5: *Schwingungen ohne Berücksichtigung von Reibung/Dämpfung*

Gedämpfte Schwingungen

Lösung der Differentialgleichung $s'' + 2\delta s' + \omega_0^2 \cdot s = 0$:

Hier lautet das charakteristische Polynom $\lambda^2 + 2\delta\lambda + \omega_0^2 = 0$. Für die Nullstellen

$$\lambda_{1,2} = -\delta \pm \sqrt{\delta^2 - \omega_0^2}$$

entstehen drei Fälle, die sich aus dem Größenverhältnis der Konstanten δ^2 und ω_0^2 ergeben

$$\delta^2 - \omega_0^2 > 0$$
$$\delta^2 - \omega_0^2 = 0$$
$$\delta^2 - \omega_0^2 < 0.$$

1. Starke Dämpfung $\delta^2 - \omega_0^2 > 0$:

Eine Zielvorstellung praktischer Anwendungen ist eine möglichst hohe Dämpfung der Auslenkung der Feder, deshalb wählt man zu diesem Zweck die Dämpfungskonstante d entsprechend groß.

Mit $\delta = \dfrac{d}{2m}$ und $\omega_0^2 = \dfrac{k}{m}$ erhalten wir $d > 2\sqrt{m\,k}$.

Wir berechnen die gesuchte Auslenkung der Feder in einem Beispiel für drei verschiedene Anfangsbedingungen.

Beispiel 4.25

a) Gegeben sei die Anfangswertaufgabe

$$s'' + 3s' + 2s = 0 \quad \text{und} \quad s(0) = -2,\ s'(0) = 0.$$

Mit den reellen Nullstellen des charakteristischen Polynoms $\lambda_1 = -1$ und $\lambda_2 = -2$ ergibt sich die allgemeine Lösung der Differentialgleichung

$$s(t) = C_1 e^{-t} + C_2 e^{-2t} \quad (C_1,\ C_2 \in \mathbb{R}).$$

Aus den Anfangsbedingungen erhalten wir das lineare Gleichungssystem zur Bestimmung der Konstanten C_1, C_2

$$-2 = C_1 + C_2 \quad \text{und} \quad 0 = -C_1 - 2C_2.$$

Mit den ermittelten Werten $C_1 = -4$, $C_2 = 2$ lautet die Lösung der Anfangswertaufgabe

$$s(t) = -4e^{-t} + 2e^{-2t}.$$

In der Abbildung 4.6 sehen Sie die Auslenkung der Feder. Es wird überhaupt keine Schwingung ausgeführt! Man bezeichnet diese Art der „Schwingung" als *aperiodische Schwingung* bzw. *Kriechfall*.

b) Nun lösen wir die gegebene Differentialgleichung mit veränderten Anfangsbedingungen

$$s'' + 3s' + 2s = 0 \quad \text{und} \quad s(0) = 0,\ s'(0) = 4.$$

Für das Feder-Masse-System bedeuten diese Startwerte, dass sich die Feder in Ruhelage befindet und mit einer Anfangsgeschwindigkeit zusammengedrückt wird. Die Vermutung über die Art der Bewegung der Masse ist naheliegend und wird durch

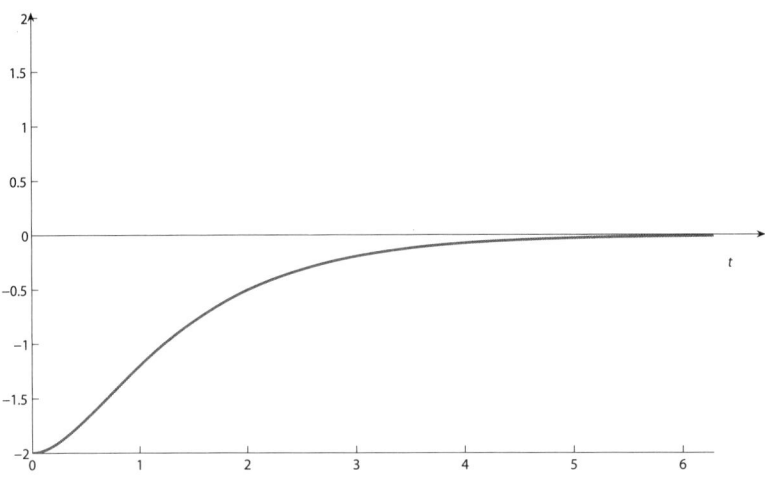

Abb. 4.6: *Aperiodische Schwingung bei starker Dämpfung*

die Lösungskurve bestätigt. Die Feder wird zunächst weiter zusammengedrückt, bis der Umkehrpunkt erreicht ist. Die Feder dehnt sich wieder aus. Wegen der starken Dämpfung führt die Bewegung aber nicht über die Ruhelage hinaus.

Die Schwingungsdifferentialgleichung mit den obigen Anfangswerten hat die Lösung

$$s(t) = 4e^{-t} - 4e^{-2t}.$$

c) Abschließend betrachten wir die Anfangswertaufgabe

$$s'' + 3s' + 2s = 0 \quad \text{und} \quad s(0) = 1, \ s'(0) = -10.$$

Die Feder ist zu Beginn zusammengedrückt und wird dann mit einer Anfangsgeschwindigkeit in Richtung Ruhelage auseinandergezogen. Bei hinreichender Anfangsgeschwindigkeit muss die Feder zunächst ihre Ruhelage durchqueren und bewegt sich so weiter, bis der Umkehrpunkt erreicht ist und die Feder infolge starker Dämpfung schließlich wieder fast ihre Ruhelage erreicht.

Die Lösung dieser Anfangswertaufgabe lautet

$$s(t) = -8e^{-t} + 9e^{-2t}.$$

Die Abbildung 4.7 veranschaulicht die in den Fällen b) und c) berechneten Auslenkungen der Feder.

2. Grenzfall $\delta^2 - \omega_0^2 = 0$:

Das Feder-Masse-System bewegt sich in diesem Fall ähnlich dem starker Dämpfung. Die Lösungen der zugehörigen Differentialgleichung haben aber eine andere Form, da nur eine Nullstelle des charakteristischen Polynoms existiert.

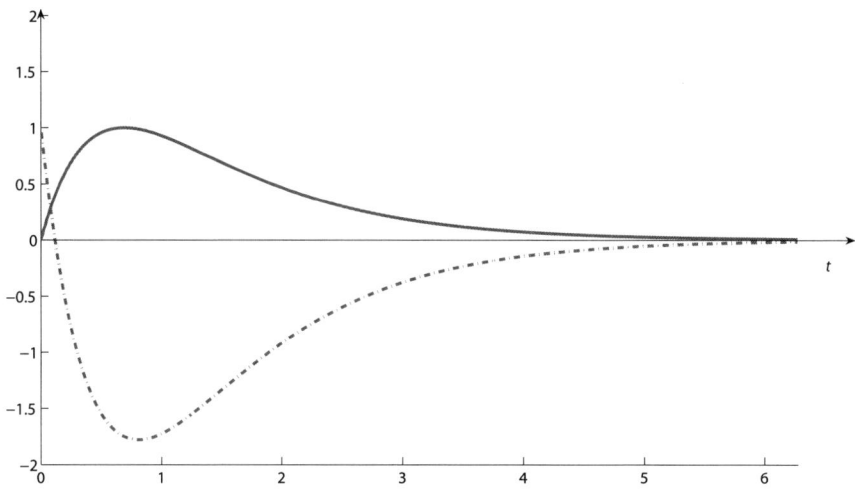

Abb. 4.7: Aperiodische Schwingungen mit unterschiedlichen Anfangsbedingungen

Die allgemeine Lösung der Differentialgleichung

$$s'' + 2\delta s' + \delta^2 \cdot s = 0$$

lautet

$$s(t) = c_1 e^{-\delta t} + c_2\, t\, e^{-\delta t} \quad (c_1, c_2 \in \mathbb{R}).$$

3. **Schwache Dämpfung** $\delta^2 - \omega_0^2 < 0$:

Die Abklingkonstante δ ist hier kleiner als $\sqrt{\dfrac{k}{m}}$, für die Dämpfungskonstante d gilt

$$d < 2\sqrt{m\,k}.$$

In diesem Fall hat das charakteristische Polynom der Differentialgleichung

$$s'' + 2\delta s' + \omega_0^2 \cdot s = 0$$

das konjugiert komplexe Nullstellenpaar

$$\lambda_{1,2} = -\delta \pm i\sqrt{\omega_0^2 - \delta^2}.$$

Mit der Abkürzung $\omega_1 := \sqrt{\omega_0^2 - \delta^2}$ lautet hier die allgemeine Lösung der Differentialgleichung

$$s(t) = e^{-\delta t}\left(C_1 \cos(\omega_1 t) + C_2 \sin(\omega_1 t)\right) \quad (C_1,\ C_2 \in \mathbb{R}).$$

Lösung 9

$$C_1 = S_0 \qquad C_2 = \frac{V_0 + \delta S_0}{\omega_1}$$

Beispiel 4.26

Wenn wir in die Differentialgleichung (4.45) der freien gedämpften Schwingung mit $\omega_0^2 = 2$ den Wert $\delta = \sqrt{2}$ einsetzen, erhalten wir den Grenzfall (siehe oben). Für den hier betrachteten Fall der schwachen Dämpfung lassen sich Beispiel-Differentialgleichungen für alle Werte $\delta < \sqrt{2}$ bilden. Wir wählen $\delta = \frac{2}{3}$ (mit Anfangsbedingungen wie im Teil a) von Beispiel 4.25) und erhalten die Anfangswertaufgabe

$$s'' + \frac{4}{3}s' + 2s = 0 \quad \text{und} \quad s(0) = -2, \ s'(0) = 0.$$

Ihre Lösung ist unter Verwendung von $\omega_1 := \sqrt{2 - \frac{4}{9}} = \frac{1}{3}\sqrt{14}$ die Funktion

$$s(t) = e^{-\frac{2}{3}t}\left(-2\cos(\omega_1 t) - \frac{4}{3\omega_1}\sin(\omega_1 t)\right).$$

In der Abbildung 4.8 haben wir diese Lösung und außerdem die Lösung für den Wert $\delta = \frac{1}{3}$ dargestellt. Die beiden Kurven verdeutlichen, dass hier eine kleinere Abklingkonstante δ eine größere Amplitude und eine höhere Frequenz der Schwingung hervorruft.

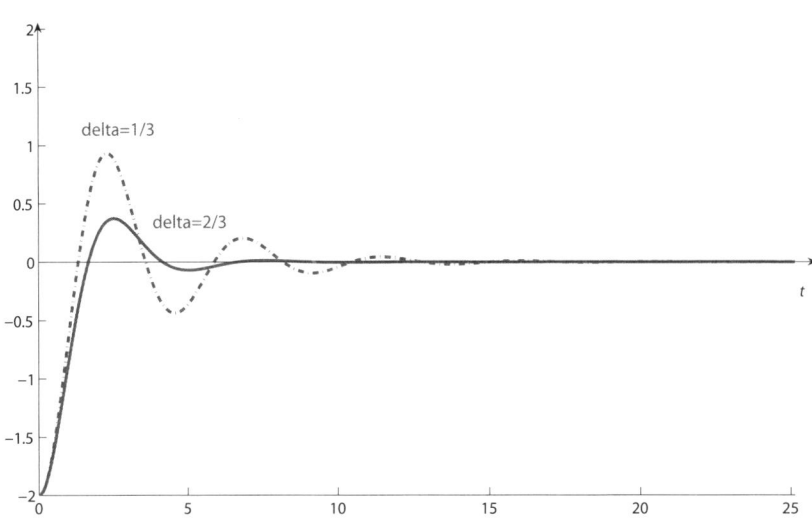

Abb. 4.8: *Schwingungen bei schwacher Dämpfung mit unterschiedlichen Abklingkonstanten*

4.5.3   Erzwungene Schwingungen: ein Resonanzfall

Die zur homogenen Differentialgleichung (4.40) gehörige inhomogene Differentialgleichung der Form

$$y'' + 2\delta y' + \omega_0^2 y = r(x) \quad \text{mit einer Störfunktion} \quad r(x) \quad (x \in \mathbb{R}) \tag{4.48}$$

wird in der Technik *Differentialgleichung der erzwungenen Schwingung* genannt. Bei mechanischen Schwingungen wirkt auf das System zusätzlich eine äußere Kraft, in die elektrischen Schwingkreise werden externe Spannungen oder Ströme gespeist.

Die Störfunktion $r(x)$ nennt man in der Physik *Zwangs- oder Erregungskraft.* Wenn $r(x)$ eine periodische Funktion ist, heißt sie auch *Erregerschwingung* mit der *Erregerfrequenz* ω, wofür wir im Anschluss eine Beispieldifferentialgleichung mit $r(x) := F \cos \omega x$ lösen werden.

Falls die Erregerschwingung eine periodische, stückweise stetige Funktion ist, behandelt man zugehörige Anfangswertaufgaben mit Hilfe von Fourierentwicklungen.

Eine in der Ingenieurmathematik verwendete Lösungsmethode, die insbesondere für unstetige Störfunktionen wie z. B. Sprungfunktionen zur Anwendung gelangt, ist die *Laplacetransformation.* Wir verweisen hierzu auf die einschlägige Literatur, z. B. [5]. Ein elementar lösbarer Fall mit einer Spungfunktion tritt auf, wenn die Differentialgleichung nur ab demjenigen Zeitpunkt t Gültigkeit hat, an dem der Sprung als „ausgeführt" betrachtet wird, man es folglich nur mit einer konstanten Störfunktion zu tun hat (siehe Abschnitt 4.3.1).

Entscheidend für das qualitative Verhalten der Lösungsfunktionen $y(x)$ ist, ob die Erregerfrequenz der Störfunktion mit der Eigenfrequenz des Systems übereinstimmt oder nicht.

Für $\omega \neq \omega_0$ bleiben die Lösungen in jedem Fall ($\delta = 0$ oder $\delta \neq 0$) beschränkt. Beim schwach gedämpften harmonischen Oszillator tritt nach einem „Einschwingvorgang" ein *stationärer Zustand* ein, siehe [6].

Der Fall $\omega = \omega_0$ heißt *Resonanzfall,* hier ist die Erregerfrequenz die gleiche wie die Eigenfrequenz des Systems. Beim ungedämpften harmonischen Oszillator entstehen unendlich große Schwingungsamplituden, man spricht von der „Resonanzkatastrophe". Resonanz kann bei allen schwingungsfähigen mechanischen Systemen auftreten, auch in elektrischen Schwingkreisen. In dem hier schon mehrmals zitierten Buch von Heuser, S. 217, finden wir einige Beispiele. Eine berühmt gewordene Resonanzkatastrophe ist der Einsturz der Hängebrücke in der Tacoma-Schlucht (USA) im Jahre 1940, der allein darauf zurückzuführen ist, dass die Frequenzen der Windböen (ohne besonders hohe Windgeschwindigkeiten) mit der Eigenfrequenz der Schwingungen der Brücke übereinstimmte.

Beispiel 4.27

Wir betrachten jetzt den Resonanzfall für den gestörten, ungedämpften harmonischen Oszillator

$$y'' + \omega^2 y = F \cos \omega x \quad \text{mit einer Konstanten} \quad F > 0. \tag{4.49}$$

Gesucht ist die allgemeine Lösung $y(x)$ der Differentialgleichung (4.49).

Die allgemeine Lösung der zugehörigen homogenen Differentialgleichung ist die Funktionenschar

$$y_H(x) = C_1 \cos \omega x + C_2 \sin \omega x, \quad (C_1, \, C_2 \in \mathbb{R}).$$

---

[5] Brauch/Dreyer/Haacke: *Mathematik für Ingenieure*, Teubner Verlag (2006), Kapitel 13
[6] Heuser, H.: *Gewöhnliche Differentialgleichungen*, Teubner Verlag (2006), S. 204 bis 211

Um eine spezielle Lösung $y_S(x)$ der inhomogenen Differentialgleichung zu ermitteln, benutzen wir einen Ansatz vom Typ der rechten Seite mit unbestimmten Koeffizienten, siehe Abschnitt 4.3.1.

In der Störfunktion $Fe^0 \cos \omega x$ haben wir die Werte $\alpha = 0$, $\beta = \omega$. Sie kommen in genau einer der beiden komplexen Nullstellen $\lambda_{1,2} = \pm \omega i$ des charakteristischen Polynoms der homogenen Differentialgleichung vor, das bedeutet einfache Resonanz. Wir verwenden folglich den Resonanzansatz

$$y_S(x) = x \ (A_0 \cos \omega x + B_0 \sin \omega x).$$

Mit den Ableitungen

$$y' = (A_0 \cos \omega x + B_0 \sin \omega x) + x \ (-\omega A_0 \sin \omega x + \omega B_0 \cos \omega x)$$
$$y'' = -\omega A_0 \sin \omega x + \omega B_0 \cos \omega x$$
$$- \omega A_0 \sin \omega x + \omega B_0 \cos \omega x$$
$$- x\omega^2 A_0 \cos \omega x - x\omega^2 B_0 \sin \omega x$$

erhalten wir nach Einsetzen in die Differentialgleichung (4.49) und Zusammenfassen der einzelnen Ausdrücke die Gleichung

$$-2\omega A_0 \sin \omega x + 2\omega B_0 \cos \omega x = F \cos \omega x.$$

Der Koeffizientenvergleich liefert die Werte $A_0 = 0$ und $B_0 = \dfrac{F}{2\omega}$.

Damit erhalten wir die spezielle Lösung

$$y_S(x) = x \frac{F}{2\omega} \sin \omega x$$

und die gesuchte allgemeine Lösung der „gestörten" Differentialgleichung (4.49)

$$y(x) = C_1 \cos \omega x + C_2 \sin \omega x + x \frac{F}{2\omega} \sin \omega x \quad (C_1, \ C_2 \in \mathbb{R}, \ x \in \mathbb{R}).$$

Für die Resonanzkatastrophe ist die spezielle Lösung $y_S(x)$ verantwortlich, weil für $x \to \infty$ Sinusschwingungen mit (theoretisch) unendlich großen Amplituden entstehen. Die Auslenkung wird so groß, dass die Modellannahme der Proportionalität zwischen der Rückstellkraft der Feder und der Auslenkung der Masse aus der Ruhelage seine Gültigkeit verliert.

4.6 Potenzreihenansätze

4.6.1 Lineare Differentialgleichungen zweiter Ordnung mit konstanten Koeffizienten

In den folgenden Abschnitten 4.6.2 und 4.6.3 werden wir sehen, dass es lineare Differentialgleichungen gibt, deren Lösungen mit den bisher behandelten Methoden nicht berechnet werden können. Dieser Differentialgleichungstyp entsteht häufig bei der Modellierung physikalischer Vorgänge, so dass eine Lösung der Differentialgleichung aus physikalischer Sicht existieren muss. Hier kann die Lösungsfunktion durch einen Potenzreihenansatz bestimmt werden.

Zunächst betrachten wir die inhomogene Differentialgleichung mit konstanten Koeffizienten, bei der man zur Ermittlung einer speziellen Lösung wegen der Art der Störfunktion einen Potenzreihenansatz verwenden wird

$$y'' + a_1 y' + a_0 y = r(x) \quad \text{mit } a_1, a_0 \in \mathbb{R}. \tag{4.50}$$

Die allgemeine Lösung der zugehörigen homogenen Differentialgleichung lässt sich immer berechnen und hat die Form

$$y_H(x) = C_1 y_1(x) + C_2 y_2(x) \quad \text{mit } C_1, C_2 \in \mathbb{R}.$$

Zur Bestimmung einer speziellen Lösung $y_S(x)$ haben wir bisher zwei Möglichkeiten behandelt: die Methode der Variation der Konstanten mit dem Ansatz

$$y_S(x) = C_1(x) y_1(x) + C_2(x) y_2(x),$$

und die Methode Ansatz vom Typ der rechten Seite $r(x)$ mit unbestimmten Koeffizienten. Durch Anwendung des Superpositionsprinzips (siehe Abschnitt 4.3.1) lässt sich mit dieser Methode auch dann eine spezielle Lösung der Differentialgleichung (4.50) ermitteln, wenn deren Störfunktion $r(x)$ eine (endliche) Summe von Störfunktionen $r_k(x)$ ist, die alle in der geforderten Form vorliegen. Den Fall einer solchen unendlichen Summe in Form einer konvergenten Funktionenreihe kann man unter entsprechenden Voraussetzungen mit einem Reihenansatz lösen.

Aussage:

Wenn man zu allen Differentialgleichungen

$$y'' + a_1 y' + a_0 y = r_k(x) \quad (k = 1, 2, \ldots) \tag{4.51}$$

je eine spezielle Lösung $y_{S_k}(x)$ $(x \in J)$ $k = 1, 2, \ldots$ bestimmen kann und die Funktionenreihen

$$\sum_{k=1}^{\infty} r_k(x) = r(x) \quad (x \in J),$$

$$\sum_{k=1}^{\infty} y_{S_k}(x), \quad \sum_{k=1}^{\infty} y'_{S_k}(x) \quad \text{und} \quad \sum_{k=1}^{\infty} y''_{S_k}(x) \quad (x \in J)$$

gleichmäßig konvergieren, dann ist

$$\sum_{k=1}^{\infty} y_{S_k}(x) \quad (x \in J)$$

eine spezielle Lösung der Differentialgleichung (4.50).

Begründung: Mit der gleichmäßigen Konvergenz ist die gliedweise Differentiation der Reihen möglich. Es gilt folglich

$$\sum_{k=1}^{\infty} \left(y''_{S_k}(x) + a_1 y'_{S_k}(x) + a_0 y_{S_k}(x) \right) = \sum_{k=1}^{\infty} r_k(x) \quad (x \in J).$$

Für einen Reihenansatz zur Lösung von linearen Differentialgleichungen eignen sich Potenzreihen besonders gut, da sie in jedem abgeschlossenen Intervall innerhalb des Konvergenzbereiches gleichmäßig konvergieren.

Aussage:

Für den Fall, dass die Störfunktion $r(x)$ in eine Potenzreihe entwickelbar ist mit

$$r(x) = \sum_{k=0}^{\infty} b_k (x - x_0)^k \quad (|x - x_0| < R)$$

konvergiert die Potenzreihe

$$\sum_{k=0}^{\infty} c_k (x - x_0)^k$$

gleichmäßig gegen eine spezielle Lösung $y_S(x)$ der inhomogenen Differentialgleichung

$$y'' + a_1 y' + a_0 y = r(x) \quad (a_1,\ a_0 \in \mathbb{R}).$$

$\Rightarrow$ *Potenzreihenansatz* :

$$y_S(x) = \sum_{k=0}^{\infty} c_k (x - x_0)^k \quad c_k \in \mathbb{R},\ k = 1, 2, \dots \tag{4.52}$$

Mit der Bestimmung der Koeffizienten c_k hat man die gesuchte spezielle Lösung der inhomogenen Differentialgleichung (4.50) ermittelt. Dies wird durch Differentiation, Einsetzen in die Differentialgleichung und Koeffizientenvergleich erreicht. Hierbei bestimmen zusätzlich formulierte Anfangsbedingungen die ersten (in diesem Fall wegen $n = 2$ zwei) Koeffizienten c_k.

Die Taylorentwicklung der gegebenen Funktion $r(x)$ an der Stelle x_0 erzeugt eine Potenzreihe:

$$r(x) = r(x_0) + \frac{r'(x_0)}{1!}(x - x_0)^1 + \dots + \frac{r^{(n)}(x_0)}{n!}(x - x_0)^n + \dots$$

Die einfachsten Entwicklungen sind die *MacLaurinsche Reihe*. Hier ist die Entwicklungsstelle $x_0 = 0$

$$b_n = \frac{r^{(n)}(0)}{n!} \qquad \Rightarrow \qquad \sum_{n=1}^{\infty} b_n x^n.$$

4.6.2 Lineare Differentialgleichungen mit nichtkonstanten Koeffizienten ($n \geq 2$)

Satz 4.8

Die Funktionen $a_{n-1}(x)$, $a_{n-2}(x)$, ..., $a_0(x)$ und $r(x)$ seien auf einem Intervall $I = (x_0 - R, x_0 + R)$ mit einer Konstanten $R > 0$ in eine Potenzreihe um x_0 entwickelbar. Dann gilt dies auch für die Lösung $y(x)$ des Anfangswertproblems

$$y^{(n)}(x) + a_{n-1}(x)y^{(n-1)}(x) + \ldots + a_1 y'(x) + a_0 y(x) = r(x) \tag{4.53}$$

$$y(x_0) = y_0, \quad y'(x_0) = y_0', \quad \ldots, \quad y^{(n-1)}(x_0) = y_0^{(n-1)}. \tag{4.54}$$

Folglich lässt sich die Lösung durch den Ansatz

$$y(x) = \sum_{k=0}^{\infty} c_k (x - x_0)^k \tag{4.55}$$

berechnen. Die Potenzreihe (4.55) konvergiert dann mindestens im Intervall I.

Bemerkungen:

Durch die gegebenen n Anfangsbedingungen werden die ersten n der unendlich vielen Koeffizienten c_k bestimmt.

Die Aussage des Satzes gilt auch für nichtlineare explizite Differentialgleichungen

$$y^{(n)} = f\left(x, y, y', \ldots, y^{(n-1)}\right),$$

falls ihre rechte Seite f an den Stellen $x_0, y_0, y_0', \ldots y_0^{(n-1)}$ in entsprechende Potenzreihen entwickelbar ist.

Beispiel 4.28

Wir wollen die Differentialgleichung

$$y'' - xy = 0, \tag{4.56}$$

die *Airysche Differentialgleichung,* lösen.

Es gilt $a_0(x) = -x$, $a_1(x) = 0$ und $r(x) = 0$.

In diesem Fall ist $a_0(x) = -x$ die benötigte Potenzreihenentwicklung um $x_0 = 0$. Diese endliche Potenzreihe konvergiert überall ($R = \infty$), also auch gleichmäßig in allen abgeschlossenen Intervallen.

Die allgemeine Lösung der Differentialgleichung (4.56) hat die Form

$$y(x) = K_1 y_1(x) + K_2 y_2(x) \quad K_1, K_2 \in \mathbb{R},$$

deshalb erwarten wir als Lösung mittels Potenzreihenansatz auch eine Linearkombination zweier Potenzreihen.

$$\text{Ansatz} \quad y(x) = \sum_{k=0}^{\infty} c_k (x - 0)^k$$

$$\Rightarrow \; y'(x) = \sum_{k=0}^{\infty} k c_k x^{k-1}$$

$$\Rightarrow \; y''(x) = \sum_{k=0}^{\infty} k(k-1) c_k x^{k-2}.$$

Im nächsten Schritt bringen wir alle drei Gleichungen auf eine Form mit x^n

$$y(x) = \sum_{n=0}^{\infty} c_n x^n$$

$$y'(x) = \sum_{n=0}^{\infty} (n+1) c_{n+1} x^n \qquad \text{mit} \quad k - 1 = n \Rightarrow k = n + 1$$

$$y''(x) = \sum_{k=0}^{\infty} (n+2)(n+1) c_{n+2} x^n \quad \text{mit} \quad k - 2 = n \Rightarrow k = n + 2.$$

Hierbei fallen bei y' der erste bzw. bei y'' der erste und der zweite Summand ($n = -1$ und $n = -2$) weg, da die zugehörigen Koeffizienten gleich Null sind.

Dann setzen wir die Potenzreihen für y und y'' in die Differentialgleichung ein:

$$\sum_{n=0}^{\infty} (n+2)(n+1) c_{n+2} x^n - x \cdot \sum_{n=0}^{\infty} c_n x^n = 0$$

$$\sum_{n=0}^{\infty} (n+2)(n+1) c_{n+2} x^n - \sum_{n=0}^{\infty} c_n x^{n+1} = 0$$

$$\sum_{n=0}^{\infty} (n+2)(n+1) c_{n+2} x^n - \sum_{k=1}^{\infty} c_{k-1} x^k = 0 \quad \text{mit} \quad k = n + 1$$

$$2 \cdot 1 \cdot c_2 x^0 + \sum_{k=1}^{\infty} (k+2)(k+1) c_{k+2} x^k - \sum_{k=1}^{\infty} c_{k-1} x^k = 0.$$

Zu einer Potenzreihe zusammengefasst erhalten wir

$$2 c_2 + \sum_{k=1}^{\infty} \left((k+2)(k+1) c_{k+2} - c_{k-1} \right) x^k = 0.$$

Nun führen wir den Koeffizientenvergleich durch

x^0 : $(k = 0)$ $\quad$ $2c_2 = 0$ $\qquad\qquad\qquad\qquad$ $\Rightarrow c_2 = 0$

x^1 : $(k = 1)$ $\quad$ $(1 + 2)(1 + 1)c_3 - c_0 = 0 \Rightarrow c_3 = \dfrac{c_0}{2 \cdot 3}$

x^2 : $(k = 2)$ $\quad$ $(2 + 2)(2 + 1)c_4 - c_1 = 0 \Rightarrow c_4 = \dfrac{c_1}{3 \cdot 4}$

x^3 : $(k = 3)$ $\quad$ $(3 + 2)(3 + 1)c_5 - c_2 = 0 \Rightarrow c_5 = 0 \quad$ wegen $c_2 = 0$

$\qquad\qquad\qquad\qquad\qquad\qquad\qquad\qquad\quad \Rightarrow c_8 = c_{11} = \ldots = c_{3k-1} = 0$

x^4 : $(k = 4)$ $\quad$ $(4 + 2)(4 + 1)c_6 - c_3 = 0 \Rightarrow c_6 = \dfrac{c_3}{5 \cdot 6}$

$\qquad\qquad\qquad\qquad\qquad\qquad\qquad\quad \Rightarrow c_6 = \dfrac{c_0}{2 \cdot 3 \cdot 5 \cdot 6}$

$\qquad\qquad\qquad\qquad\qquad\qquad\qquad\quad \Rightarrow c_6 = \dfrac{c_0}{2 \cdot 5 \cdot 3^2 \cdot 2!}$

$\vdots$

$\Rightarrow c_{3k} = \dfrac{c_0}{2 \cdot 5 \cdots (3k - 1)3^k \cdot k!}$

c_4, c_7 usw. lassen sich rekursiv aus c_1 darstellen. Allgemein erhalten wir

$$c_{3k+1} = \frac{c_1}{4 \cdot 7 \cdots (3k + 1)3^k \cdot k!}.$$

Somit lautet die allgemeine Lösung der Differentialgleichung

$$y(x) = \sum_{k=0}^{\infty} c_k x^k$$

$$= c_0 + c_1 x + 0 \cdot x^2 + \frac{c_0}{2 \cdot 3}x^3 + \frac{c_1}{3 \cdot 4}x^4 + 0 \cdot x^5 + \frac{c_0}{2 \cdot 5 \cdot 3^2 \cdot 2!}x^6 \cdots$$

$$= c_0 \left(1 + \frac{x^3}{2 \cdot 3} + \frac{x^6}{2 \cdot 5 \cdot 3^2 \cdot 2!} + \ldots\right)$$

$$+ c_1 \left(x + \frac{x^4}{3 \cdot 4} + \frac{x^7}{4 \cdot 7 \cdot 3^2 \cdot 2!} + \ldots\right).$$

Mit den allgemeinen Darstellungen für die Reihenkoeffizienten erhalten wir schließlich die folgende Linearkombination aus zwei Potenzreihen

$$y(x) = c_0 \left(1 + \sum_{n=1}^{\infty} \frac{x^{3n}}{2 \cdot 5 \cdots (3n - 1)3^n \cdot n!}\right)$$

$$+ c_1 \left(x + \sum_{n=1}^{\infty} \frac{x^{3n+1}}{4 \cdot 7 \cdots (3n + 1)3^n \cdot n!}\right)$$

Die beiden reellen Parameter c_0, c_1 lassen sich bei Vorgabe von zwei Anfangsbedingungen bestimmen.

Die zwei Basislösungen der Airyschen Differentialgleichung werden auch *Airyfunktionen* genannt.

In MATLAB® lässt sich die Darstellung der allgemeinen Lösung der Airyschen Differential-gleichung mit `dsolve('(D2y=t*y)')` ermitteln. Wir haben die beiden Airyfunktionen in den Abbildungen 4.9 und 4.10 dargestellt. Dies kann man ohne Aufwand realisieren, weil diese und andere spezielle Funktionen in MATLAB® zur Verfügung stehen. Eine ausführliche Be-schreibung finden Sie in [7].

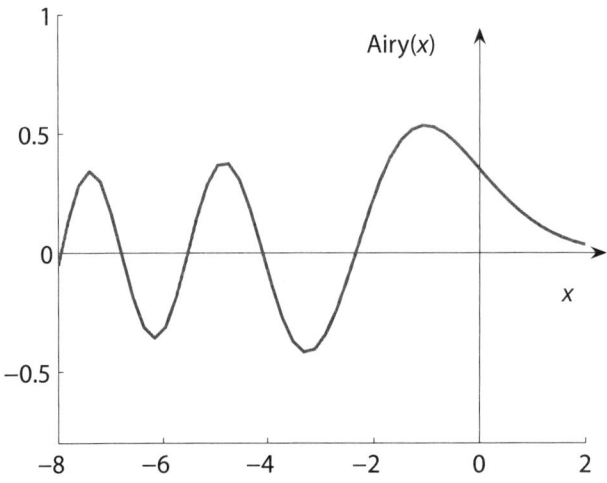

Abb. 4.9: *Airy-Funktion* $Ai(x)$

Wenn Anfangswertaufgaben mit Potenzreihenansätzen zu lösen sind, wird die Entwicklungs-stelle x_0 durch die Anfangsbedingungen vorgegeben. Man beachte besonders die Fälle $x_0 \neq 0$, siehe nachfolgendes Beispiel.

Bemerkung:

Die Aussage von Satz 4.8 ist immer noch gültig, wenn sich die Koeffizientenfunktionen der Differentialgleichung

$$a_2(x)y'' + a_1(x)y' + a_0(x)y = r(x)$$

um den Mittelpunkt x_0 in Potenzreihen entwickeln lassen und $a_2(x_0) \neq 0$ gilt.

---

[7] Schweizer, W.: MATLAB® *kompakt*, Oldenbourg Verlag (2007)

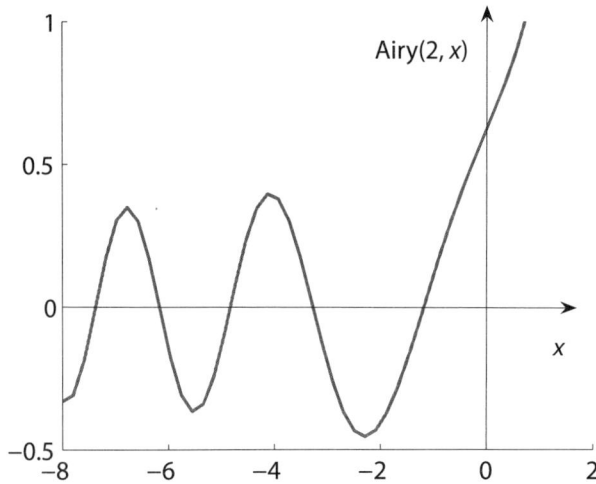

Abb. 4.10: *Airy-Funktion zweiter Ordnung Bi(x)*

Beispiel 4.29

Gegeben ist die Differentialgleichung

$$x^2 y'' + y' - 6y = -6x - 4$$

mit den Anfangsbedingungen

$$y(1) = 10, \quad y'(1) = 20 \quad \Rightarrow \quad x_0 = 1.$$

$$a_2(x) = x^2, \ a_2'(x) = 2x, \ a_2''(x) = 2, \ a_2'''(x) = 0$$

$$\Rightarrow a_2(x) = 1 + 2 \cdot (x - 1) + \frac{2}{2!}(x - 1)^2$$

$$r(x) = -6x - 4, \ r'(x) = -6, \ r''(x) = 0$$

$$\Rightarrow r(x) = -10 - 6(x - 1).$$

Folglich verwenden wir den Potenzreihenansatz

$$y(x) = \sum_{k=0}^{\infty} c_k (x - 1)^k.$$

$$\Rightarrow \ y'(x) = \sum_{k=0}^{\infty} (k + 1) \cdot c_{k+1}(x - 1)^k$$

$$\Rightarrow \ y''(x) = \sum_{k=0}^{\infty} (k + 1)(k + 2) \cdot c_{k+2}(x - 1)^k.$$

Die Werte der Konstanten $c_0 = 10$, $c_1 = 20$ sind gegeben. Für die anderen Koeffizienten ergibt sich nach dem Einsetzen der endlichen Reihen in die Differentialgleichung und anschließendem Koeffizientenvergleich $c_2 = 15$, $c_3 = 4$ und $c_4 = c_5 = \ldots = 0$.

Hinweis: Diese Aufgabe ist eine gute Übungsaufgabe!

$$\Rightarrow \ y(x) = 10 + 20(x - 1) + 15(x - 1)^2 + 4(x - 1)^3.$$

Bemerkung:

Für den Fall, dass ein Produkt von zwei Potenzreihen berechnet werden muss, benutzt man ihr *Cauchy-Produkt*

$$\left(\sum_{k=0}^{\infty} a_k (x - x_0)^k \right) \left(\sum_{k=0}^{\infty} b_k (x - x_0)^k \right) = \sum_{k=0}^{\infty} (a_0 b_k + a_1 b_{k-1} + \ldots + a_k b_0)(x - x_0)^k$$

4.6.3   Lösung bekannter Differentialgleichungen durch Potenzreihenansätze

- Die *Hermitesche Differentialgleichung*

$$y'' - 2xy' + \lambda y = 0, \quad \text{speziell mit } \lambda = 2n \quad (n \in \mathbb{N})$$

wird in der Quantentheorie bei der Diskussion von Molekülschwingungen angewandt. Um den Potenzreihenansatz

$$y(x) = \sum_{n=0}^{\infty} c_n x^n \quad (x_0 = 0) \tag{4.57}$$

verwenden zu können, sind hier, wie auch bei der Airyschen Differentialgleichung, keine weiteren Reihenentwicklungen notwendig. Die speziellen, endlichen Potenzreihen der Koeffizientenfunktionen konvergieren für alle $x \in \mathbb{R}$. Nach dem Einsetzen des Ansatzes und seiner Ableitungen in die Hermitesche Differentialgleichung erhält man

$$\sum_{n=0}^{\infty} (n + 2)(n + 1)c_{n+2} x^n - 2 \sum_{n=0}^{\infty} (n + 1)c_{n+1} x^{n+1} + \lambda \sum_{n=0}^{\infty} c_n x^n = 0$$

$$2c_2 + \sum_{n=1}^{\infty} (n + 2)(n + 1)c_{n+2} x^n - 2 \sum_{n=1}^{\infty} n c_n x^n + \lambda \left(c_0 + \sum_{n=1}^{\infty} c_n x^n \right) = 0$$

$$\Rightarrow (2c_2 + \lambda c_0) + \sum_{n=1}^{\infty} ((n + 2)(n + 1)c_{n+2} - 2n c_n + \lambda c_n) \, x^n = 0.$$

Der Koeffizientenvergleich ergibt

$$2c_2 + \lambda c_0 = 0 \quad (n = 0)$$
$$(n + 2)(n + 1)c_{n+2} - 2n c_n + \lambda c_n = 0 \quad (n = 1, 2, \ldots).$$

Die Koeffizienten c_1, c_0 sind beliebig und lassen sich durch Anfangsbedingungen bestimmen.

Die weiteren Koeffizienten c_n ab $n = 2$ lassen sich rekursiv ermitteln aus

$$c_{n+2} = \frac{2n - \lambda}{(n+2)(n+1)} c_n.$$

Hiermit erhalten wir die folgenden Ausdrücke

$$n = 0: \quad c_2 = \frac{-\lambda}{2} \cdot c_0$$

$$n = 1: \quad c_3 = \frac{2 - \lambda}{3 \cdot 2} \cdot c_1$$

$$n = 2: \quad c_4 = \frac{4 - \lambda}{4 \cdot 3} \cdot c_2 = \frac{4 - \lambda}{4 \cdot 3} \cdot \frac{-\lambda}{2} \cdot c_0$$

$$n = 3: \quad c_5 = \frac{6 - \lambda}{5 \cdot 4} \cdot c_3 = \frac{6 - \lambda}{5 \cdot 4} \cdot \frac{2 - \lambda}{3 \cdot 2} \cdot c_1$$

$$\vdots$$

Die Werte c_2, c_4, $c_6, \ldots$ lassen sich auf c_0 zurückführen, die Werte c_3, c_5, $c_7, \ldots$ auf c_1.

Folgende Beobachtungen halten wir außerdem fest: Die c_n sind Polynome in λ. Falls n eine gerade Zahl ist, haben wir die Polynomnullstellen $\lambda = 0, 4, 8, \ldots$, für ungeradzahliges n die Nullstellen $\lambda = 2, 6, 10, \ldots$.

Setzt man die Ausdrücke für die c_n, sortiert nach geradem und ungeradem Anteil, in den Ansatz (4.57) ein, ergibt sich die Lösung als Summe zweier Potenzreihen, einer geraden und einer ungeraden Lösung:

$$y_\lambda(x) = c_0 \left(1 - \frac{\lambda}{2!} x^2 - \sum_{k=2}^{\infty} (\ldots\ldots)x^{2k} \right) + c_1 \left(x^1 + \sum_{k=1}^{\infty} (\ldots\ldots)x^{2k+1} \right).$$

$$(4.58)$$

Für eine Vorgabe der Anfangsbedingung $y(0) = 0 = c_0$ mit beispielsweise $y'(0) = 1 = c_1$ erhält man eine ungerade Lösung des Anfangswertproblems. Für die Anfangsbedingung $y'(0) = 0 = c_1$ mit beispielsweise $y(0) = 1 = c_0$ entsteht eine gerade Lösung der Anfangswertaufgabe.

Betrachten wir nun den Spezialfall $\lambda = 2n$ $(n = 0, 1, 2, \ldots)$

Hierfür bricht eine der beiden Reihen am n-ten Summanden ab! Das liegt an den Nullstellen der Polynome $c_n = c_n(\lambda)$. Zum Beispiel gehört der Wert $\lambda = 20$ zu den Nullstellen der Polynome für geradzahliges n, $n = 10$. Für alle größeren geraden Werte von n ist der Linearfaktor $(20 - \lambda)$ in allen Polynomen $c_n = c_n(\lambda)$ enthalten. Deshalb ist hierfür die „gerade Reihe" bei $n = 8$ „zu Ende".

Für jeden (geradzahligen) Wert der Konstanten λ und entsprechender Vorgabe der Werte c_0 und c_1 (wie oben erläutert) erhält man jeweils ein Polynom, das letztendlich von den beiden unendlichen Reihen (4.58) übrig bleibt und folglich eine Lösung der zugehörigen Anfangswertaufgabe ist:

$$\lambda = 0 \quad (\text{d. h.} \quad n = 0) \quad \text{mit } c_0 = 1,\ c_1 = 0 \ \Rightarrow\ y(x) = 1$$
$$\lambda = 2 \quad (\text{d. h.} \quad n = 1) \quad \text{mit } c_0 = 0,\ c_1 = 1 \ \Rightarrow\ y(x) = x$$
$$\lambda = 4 \quad (\text{d. h.} \quad n = 2) \quad \text{mit } c_0 = 1,\ c_1 = 0 \ \Rightarrow\ y(x) = 1 - 2x^2$$
$$\lambda = 6 \quad \ldots$$
$$\vdots$$

Mit einer Normierung entstehen aus diesen Polynomen die *Hermiteschen Polynome* $H_n(x)$ $(n = 0, 1, 2, \ldots)$:

$$H_0(x) = 1, \quad H_1(x) = 2x, \quad H_2(x) = -2 + 4x^2, \ldots \qquad (4.59)$$

Die Polynome $H_n(x)$ sind Lösungen der Hermiteschen Differentialgleichungen $y'' - 2xy' + 2ny = 0$ mit geeignet normierten Anfangsbedingungen.

- Die *Legendresche Differentialgleichung*

$$\left(1 - x^2\right) y'' - 2xy' + \lambda(\lambda + 1)y = 0 \quad \text{„der Ordnung“ } \lambda > 0 \qquad (4.60)$$

stammt aus der Astronomie (Theorie der Massenanziehung). Man sucht rotationssymmetrische Lösungen der „Potentialgleichung“, also Gravitationspotentiale von Körpern. Die partielle Differentialgleichung, die man als Modell verwendet, wird mit dem in Kapitel 4.4 bereits erwähnten Separationsansatz gelöst. Man benutzt dabei Kugelkoordinaten. Der Separationsansatz führt auf die Eulersche und die Legrendresche Differentialgleichung.

Die Legendresche Differentialgleichung in Normalform lautet

$$y'' - \frac{2x}{1 - x^2}\, y' + \frac{\lambda(\lambda + 1)}{1 - x^2}\, y = 0 \qquad (|x| \neq 1). \qquad (4.61)$$

Zu den Koeffizientenfunktionen $a_1(x)$, $a_0(x)$ existieren Potenzreihen, die in jedem abgeschlossenen Intervall $I \subset (-1, 1)$ gleichmäßig konvergieren. Die Vorgehensweise und die Art der Lösung(en) entsprechen denen der Hermiteschen Differentialgleichung. Ein Unterschied besteht darin, dass hier der eben genannte Konvergenzradius nur endlich ($R = 1$) ist.

Hier betrachtet man den Spezialfall $\lambda = n$ $(n \in \mathbb{N})$:

Die endlichen Polynome (mit geeigneter Normierung), die Lösungen der Differentialgleichung (4.60) sind, heißen *Legendresche Polynome erster Art*

$P_n(x)$ $(x \in \mathbb{R}, \quad n = 0, 1, \ldots)$:

$$P_0(x) = 1, \quad P_1(x) = x$$
$$P_2(x) = -\frac{1}{2} + \frac{3}{2}x^2$$
$$P_3(x) = -\frac{3}{2}x + \frac{5}{2}x^3$$
$$P_4(x) = \ldots$$

$$\vdots$$

Die Legendreschen Polynome, wie auch die Hermiteschen und weitere, haben Bedeutung in der Numerischen Mathematik. Es gibt zum Beispiel viele Formeln, die ihre besonderen Eigenschaften ausnutzen.

Einige Eigenschaften der Legendreschen Polynome:

— Die Polynome $P_n(x)$ sind auf $[-1, 1]$ zueinander orthogonal, es gilt

$$\int_{-1}^{1} P_n(x) P_m(x) dx = \begin{cases} 0 & m \neq n \\ \dfrac{2}{2n+1} & m = n \end{cases} \qquad (4.62)$$

— Alle n Nullstellen von $P_n(x)$ sind reell und einfach und liegen im Intervall $(-1, 1)$. In der Abbildung 4.11 sehen Sie eine Darstellung der ersten drei Legendreschen Polynome.

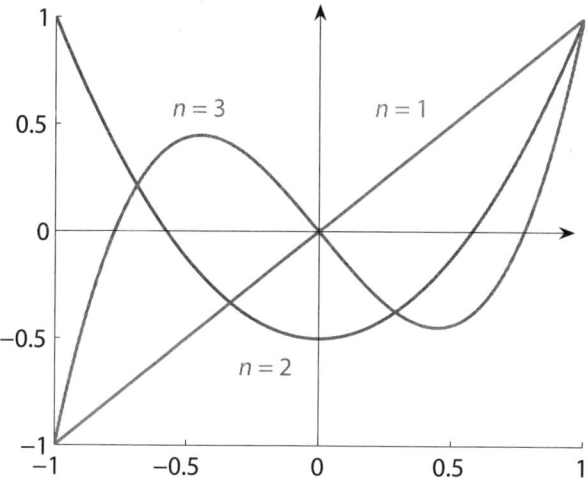

Abb. 4.11: Drei Legendresche Polynome erster Art

– Die Legendreschen Polynome lassen sich auch explizit darstellen

$$P_n(x) = \frac{1}{2^n n!} \frac{d^n}{dx^n} \left(\left(x^2 - 1 \right)^n \right) \quad n = 0, 1, 2, \dots . \tag{4.63}$$

– Die *zugeordneten Legendreschen Funktionen*

$$P_n^m(x) = (1 - x^2)^{\frac{m}{2}} \frac{d^m}{dx^m} P_n(x) \quad n = 0, 1, \dots, \quad m = 0, 1, \dots, n \tag{4.64}$$

sind ebenfalls Lösungen von Differentialgleichungen

$$\left(1 - x^2 \right) y'' - 2xy' + \left(n(n+1) - \frac{m^2}{1 - x^2} \right) y = 0. \tag{4.65}$$

Das System der zu jedem $m \geq 0$ zugeordneten Legendre-Funktionen
$P_n^m(x) \quad (n = m, \ m+1, \dots)$ ist eine Basis für die sogenannten Kugelflächenfunktionen.

• Die *Tschebyscheffsche Differentialgleichung*

$$\left(1 - x^2 \right) y'' - xy' + \lambda^2 y = 0, \quad \lambda \in \mathbb{R} \text{ beliebig} \tag{4.66}$$

ist eine Modellgleichung zur Beschreibung von Kolbenbewegungen in Dampfmaschinen.
Ihre normierten Lösungen, die *Tschebyscheff-Polynome* $T_n(x)$

$$T_0(x) = 1$$
$$T_1(x) = x$$
$$T_2(x) = -\frac{1}{2} + x^2$$
$$T_3(x) = -\frac{3}{4}x + x^3$$
$$\vdots$$
$$T_n(x) = \frac{1}{2^{n-1}} \cos \left(n \arccos (x) \right) \quad (n \in \mathbb{N})$$

werden wie die Legendreschen Polynome ermittelt.

Aufgabe 4.6.1

Mit einem geeigneten Potenzreihenansatz berechne man die Lösung des Anfangswertproblems

$$y'' - x^2 y = 0 \qquad y(0) = 1 \quad y'(0) = 0.$$

Für $y(x)$ ist eine Näherungslösung mit vier Summanden anzugeben. Warum konvergiert die ermittelte Potenzreihe für alle $x \in \mathbb{R}$ gegen die Lösung $y(x)$?

Aufgabe 4.6.2

Bestimmen Sie zunächst mit einem Potenzreihenansatz die Lösung der folgenden Differentialgleichung und stellen Sie das Ergebnis als Linearkombination zweier unendlicher Reihen dar

$$y'' + xy = 0 \qquad y(0) = 0 \quad y'(0) = 1.$$

Geben Sie anschließend die Lösung der zugehörigen Anfangswertaufgabe an.

4.7   Randwertaufgaben

4.7.1   Einführendes Beispiel

Beispiel 4.30

Wir betrachten zunächst die Differentialgleichung

$$y'' + y = 0 \qquad\qquad (4.67)$$

für verschiedene Randbedingungen und Definitionsbereiche

Fall (a): $y(0) = 0$, $y\left(\dfrac{\pi}{2}\right) = 1$,   für $x \in \left[0, \dfrac{\pi}{2}\right]$

Fall (b): $y(0) = 0$, $y(\pi) = 0$,   für $x \in [0, \pi]$

Fall (c): $y(0) = 0$, $y(\pi) = 1$,   für $x \in [0, \pi]$.

Die allgemeine Lösung von (4.67) ist bekanntlich die Funktionenschar

$$y_H(x) = C_1 \cos x + C_2 \sin x \quad (C_1, C_2 \in \mathbb{R}).$$

Nicht jede Randwertaufgabe ist eindeutig lösbar oder überhaupt lösbar

(a) $y(0) = C_1 + 0 = 0 \Rightarrow C_1 = 0$

$y\left(\dfrac{\pi}{2}\right) = 0 + C_2 = 1 \Rightarrow C_2 = 1$

$\Rightarrow y(x) = \sin x$ ist die eindeutige Lösung der Randwertaufgabe.

(b)   Auch hier ist $C_1 = 0 \Rightarrow y(\pi) = -C_1 + 0 = 0$

$\Rightarrow C_2$ beliebig

$\Rightarrow y(x) = C_2 \sin x \quad (C_2 \in \mathbb{R})$

d. h. einparametrige Lösungsschar, also unendlich viele Lösungen.

(c)   Wieder ist $C_1 = 0 \Rightarrow y(\pi) = -C_1 = 1$

$\Rightarrow$ Widerspruch $\Rightarrow$ keine Lösung.

4.7.2   Lineare Randwertprobleme zweiter Ordnung

Das Ziel in diesem Abschnitt ist es, Entscheidungskriterien über die Lösbarkeit von Randwertaufgaben anzugeben.

Wir betrachten die lineare Differentialgleichung zweiter Ordnung in ihrer allgemeinen Form

$$y'' + a_1(x)y' + a_0(x)y = r(x) \quad (x \in [a, b]) \tag{4.68}$$

mit *linearen Randbedingungen*

$$R_1 y := \alpha_1 y(a) + \alpha_2 y'(a) = \varrho_1 \quad \text{(am linken Rand des Intervalls)}$$
$$R_2 y := \beta_1 y(b) + \beta_2 y'(b) = \varrho_2 \quad \text{(am rechten Rand des Intervalls)} \tag{4.69}$$
$$\alpha_1, \ \alpha_2, \ \beta_1, \ \beta_2, \ \varrho_1, \ \varrho_2 \in \mathbb{R},$$

und der Voraussetzung, dass nicht beide α_i und nicht beide β_i gleichzeitig Null sind.

Bezeichnungen:

Für $\varrho_1 = \varrho_2 = 0$ werden die Randbedingungen *homogen* genannt.

Die Differentialgleichung (4.68) bildet zusammen mit den linearen Randbedingungen (4.69) ein *Randwertproblem*.

Voraussetzung für die Lösbarkeit der Differentialgleichung (4.68) ist die Stetigkeit der Funktionen $a_0(x), \ a_1(x), \ r(x) : [a, b] \to \mathbb{R}$. Dann hat die zugehörige homogene Differentialgleichung zwei linear unabhängige Lösungen $y_1(x)$ und $y_2(x)$.

Satz 4.9

Es seien y_1 und y_2 ein Fundamentalsystem der homogenen Differentialgleichung

$$y'' + a_1(x)y' + a_0(x)y = 0 \quad (x \in [a, b]). \tag{4.70}$$

Das aus der inhomogenen Differentialgleichung (4.68) und den Randbedingungen (4.69) gebildete Randwertproblem ist genau dann eindeutig lösbar, wenn die Determinante

$$\begin{vmatrix} R_1 y_1 & R_1 y_2 \\ R_2 y_1 & R_2 y_2 \end{vmatrix}$$

von Null verschieden ist.

Beweis:

Die allgemeine Lösung der Differentialgleichung (4.68) wird dargestellt durch

$$y(x) = y_S(x) + \underbrace{C_1 y_1(x) + C_2 y_2(x)}_{y_H(x)} \quad (C_1, C_2 \in \mathbb{R}).$$

Bei eindeutiger Lösbarkeit erhält man durch die Forderung der Randbedingungen eindeutige Werte C_1 und C_2.

Das Einsetzen der allgemeinen Lösung $y(x)$ in die Randbedingungen liefert

$$R_1 y = R_1 y_S + C_1 R_1 y_1 + C_2 R_1 y_2 = \varrho_1$$
$$R_2 y = R_2 y_S + C_1 R_2 y_1 + C_2 R_2 y_2 = \varrho_2,$$

was wiederum ein lineares Gleichungssystem zur Bestimmung von C_1, C_2 bedeutet

$$C_1 R_1 y_1 + C_2 R_1 y_2 = \varrho_1 - R_1 y_S$$
$$C_1 R_2 y_1 + C_2 R_2 y_2 = \varrho_2 - R_2 y_S.$$

Das lineare Gleichungssystem ist genau dann eindeutig lösbar, wenn die Determinante der Koeffizientenmatrix ungleich Null ist.

Bezeichnung:

Die homogene Differentialgleichung (4.70) mit homogenen Randbedingungen wird als *homogene Randwertaufgabe* bezeichnet.

Bemerkung:

Die homogene Randwertaufgabe hat immer die triviale Lösung, also wegen Satz 4.9 keine weitere.

Folgerung aus Satz 4.9:

Das zur inhomogenen Differentialgleichung (4.68) zugehörige Randwertproblem ist genau dann eindeutig lösbar, wenn das zugehörige homogene Randwertproblem nur die triviale Lösung hat.
Das heißt die Existenz einer nichttrivialen Lösung des homogenen Randwertproblems kann entweder mehrdeutige Lösungen oder Nichtlösbarkeit der inhomogenen Randwertaufgabe bedeuten.

Beispiel 4.31

Wir setzen jetzt das Kriterium von Satz 4.9 ein, um die Lösbarkeit der (schon bekannten) drei Fälle der Randwertaufgaben zur Differentialgleichung

$$y'' + y = 0$$

aus dem Abschnitt 4.7.1 zu prüfen. Die Basislösungen sind

$$y_1(x) = \cos x \quad \text{und} \quad y_2(x) = \sin x.$$

Fall (a):

$$y(0) = 0, \quad y\left(\frac{\pi}{2}\right) = 1$$

$$R_1 y = \alpha_1 y(0) + \alpha_2 y'(0) = 0 =: \varrho_1 \qquad \text{mit } \alpha_1 = 1, \ \alpha_2 = 0$$

$$R_2 y = \beta_1 y\left(\frac{\pi}{2}\right) + \beta_2 y'\left(\frac{\pi}{2}\right) = 1 =: \varrho_2 \qquad \text{mit } \beta_1 = 1, \ \beta_2 = 0$$

$$R_1 y_1 = \cos 0 = 1 \qquad R_1 y_2 = \sin 0 = 0$$

$$R_2 y_1 = \cos \frac{\pi}{2} = 0 \qquad R_2 y_2 = \sin \frac{\pi}{2} = 1$$

$$\Rightarrow \ \det = \begin{vmatrix} R_1 y_1 & R_1 y_2 \\ R_2 y_1 & R_2 y_2 \end{vmatrix} = \det \begin{vmatrix} 1 & 0 \\ 0 & 1 \end{vmatrix} = 1 \neq 0$$

$\Rightarrow$ eindeutige Lösung existiert.

Fall (b):

$$y(0) = 0, \quad y(\pi) = 0$$

$$R_1 y_1 = \cos 0 = 1 \qquad R_1 y_2 = \sin 0 = 0$$

$$R_2 y_1 = \cos \pi = -1 \qquad R_2 y_2 = \sin \pi = 0$$

$$\Rightarrow \ \det = \begin{vmatrix} R_1 y_1 & R_1 y_2 \\ R_2 y_1 & R_2 y_2 \end{vmatrix} = \det \begin{vmatrix} 1 & 0 \\ -1 & 0 \end{vmatrix} = 0$$

$\Rightarrow$ keine eindeutige Lösbarkeit.

Fall (c):

$$y(0) = 0, \quad y(\pi) = 1$$

$$R_1 y_1 = \cos 0 = 1 \qquad R_2 y_1 = \cos \pi = -1$$

$$R_1 y_2 = \sin 0 = 0 \qquad R_2 y_2 = \sin \pi = 0$$

$$\Rightarrow \ \det = \begin{vmatrix} R_1 y_1 & R_1 y_2 \\ R_2 y_1 & R_2 y_2 \end{vmatrix} = \det \begin{vmatrix} 1 & 0 \\ -1 & 0 \end{vmatrix} = 0$$

$\Rightarrow$ keine eindeutige Lösbarkeit.

Ein zusätzliches Entscheidungskriterium über die Lösbarkeit von linearen Randwertaufgaben zur homogenen (!) Differentialgleichung (4.70), analog zu dem bei linearen Gleichungssystemen, ist der Vergleich des Rangs der Koeffizientenmatrix und des Rangs der erweiterten Koeffizientenmatrix.

Bezeichnungen:

Die erweiterte Matrix aus den Randbedingungen sei

$$(R, \varrho) := \begin{bmatrix} R_1 y_1 & R_1 y_2 & \varrho_1 \\ R_2 y_1 & R_2 y_2 & \varrho_2 \end{bmatrix}.$$

rg (R, ϱ) bezeichne den Rang dieser (nichtquadratischen) Matrix.

Für $\text{rg}\,(R, \varrho) > \text{rg}\,(R)$ existiert keine Lösung der Randwertaufgabe zur homogenen Differentialgleichung (4.70).

Für $\text{rg}\,(R, \varrho) = \text{rg}\,(R) < 2$ existieren unendlich viele Lösungen.

Ergänzung zu Beispiel 4.31:

Fall (b):

$$R = \begin{bmatrix} 1 & 0 \\ -1 & 0 \end{bmatrix}, \qquad (R, \varrho) = \begin{bmatrix} 1 & 0 & 0 \\ -1 & 0 & 0 \end{bmatrix}$$

Hier ist der Rang beider Matrizen gleich, nämlich $1 < 2$. Dies bedeutet, es gibt unendlich viele Lösungen der zugehörigen Randwertaufgabe, $y(x) = C \sin x \quad (C \in \mathbb{R})$.

Fall (c):

$$R = \begin{bmatrix} 1 & 0 \\ -1 & 0 \end{bmatrix}, \qquad \text{rg}\,(R) = 1$$

$$(R, \varrho) = \begin{bmatrix} 1 & 0 & 0 \\ -1 & 0 & 1 \end{bmatrix}, \qquad \text{rg}\,(R, \varrho) = 2$$

Deshalb ist die zugehörige Randwertaufgabe nicht lösbar.

4.7.3 Lineare Randwertprobleme höherer Ordnung

Hier wollen wir nun die Entscheidungskriterien über die Lösbarkeit und die Art der Lösbarkeit linearer Randwertprobleme für die homogene Differentialgleichung ($n \geq 2$) zusammenfassen.

Satz 4.10 *Alternativsatz*

Es werde das lineare Randwertproblem mit homogener Differentialgleichung und folgenden Randbedingungen betrachtet

$$y^{(n)} + a_{n-1}(x)y^{(n-1)} + \ldots + a_1(x)y' + a_0(x) = 0, \quad x \in [a, b] \tag{4.71}$$

$$R_1 y := \alpha_{11} y(a) + \alpha_{12} y'(a) + \ldots + \alpha_{1n} y^{(n-1)}(a) = \varrho_1$$
$$R_2 y := \alpha_{21} y(a) + \alpha_{22} y'(a) + \ldots + \alpha_{2n} y^{(n-1)}(a) = \varrho_2$$
$$\vdots$$
$$R_s y := \alpha_{s1} y(a) + \alpha_{s2} y'(a) + \ldots + \alpha_{sn} y^{(n-1)}(a) = \varrho_s$$
$$R_{s+1} y := \beta_{s+1,1} y(b) + \beta_{s+1,2} y'(b) + \ldots + \beta_{s+1,n} y^{(n-1)}(b) = \varrho_{s+1}$$
$$\vdots$$
$$R_n y := \beta_{n1} y(b) + \beta_{n2} y'(b) + \ldots + \beta_{nn} y^{(n-1)}(b) = \varrho_n.$$

Dabei ist

$$\vec{\varrho} := (\varrho_1, \ldots, \varrho_s, \varrho_{s+1}, \ldots, \varrho_n)^\mathsf{T}$$

der Vektor mit den vorgegebenen Werten für die Randbedingungen.

Von den folgenden beiden Matrizen werden die Determinanten bzw. der Rang betrachtet, wobei $\{y_1(x), y_2(x), \ldots, y_n(x)\}$ ein zur Differentialgleichung gehöriges Fundamentalsystem sei

$$R := \begin{bmatrix} R_1 y_1 & R_1 y_2 & \ldots & R_1 y_n \\ R_2 y_1 & R_2 y_2 & \ldots & R_2 y_n \\ \vdots & \vdots & & \vdots \\ R_n y_1 & R_n y_2 & \ldots & R_n y_n \end{bmatrix} \qquad (R, \varrho) := \begin{bmatrix} R_1 y_1 & R_1 y_2 & \ldots & R_1 y_n & \varrho_1 \\ R_2 y_1 & R_2 y_2 & \ldots & R_2 y_n & \varrho_2 \\ \vdots & \vdots & & \vdots & \vdots \\ R_n y_1 & R_n y_2 & \ldots & R_n y_n & \varrho_n \end{bmatrix}.$$

Es gibt drei Fälle:

1. $\det R \neq 0 \Rightarrow$ Das Randwertproblem ist eindeutig lösbar.

2. $\det R = 0$ und $\operatorname{rg}(R) = \operatorname{rg}(R, \varrho) \Rightarrow$ Das Randwertproblem hat unendlich viele Lösungen.

3. $\det R = 0$ und $\operatorname{rg}(R) < \operatorname{rg}(R, \varrho) \Rightarrow$ Das Randwertproblem hat keine Lösung.

Beispiel 4.32

Die Lösbarkeit von drei Randwertproblemen zur gegebenen Differentialgleichung dritter Ordnung

$$y''' - 4y'' + 5y' - 2y = 0, \quad x \in [0, 1]$$

soll geprüft werden.

(a) $\quad R_1 y := y(0) = \varrho_1$
$\quad R_2 y := y'(0) = \varrho_2$
$\quad R_3 y := y(1) = \varrho_3, \quad (\varrho_1, \varrho_2, \varrho_3 \in \mathbb{R})$

(b) $\quad R_1 y := y(0) - y'(0) = -1$
$\quad R_2 y := y'(0) - y''(0) = -1$
$\quad R_3 y := y(1) - y'(1) = -e$

(c) $\quad R_1 y := y(0) - y'(0) = 0$
$\quad R_2 y := y'(0) - y''(0) = 0$
$\quad R_3 y := y(1) - y'(1) = 1$

Die Lösungen

$$y_1(x) = e^x, \quad y_2(x) = xe^x, \quad y_3(x) = e^{2x}$$

bilden ein Fundamentalsystem.

Wir müssen jeweils die Determinanten der Matrix

$$R := \begin{bmatrix} R_1 y_1 & R_1 y_2 & R_1 y_3 \\ R_2 y_1 & R_2 y_2 & R_2 y_3 \\ R_3 y_1 & R_3 y_2 & R_3 y_3 \end{bmatrix}$$

und möglicherweise die Ränge der jeweils erweiterten Matrix aus den Randbedingungen (R, ϱ) berechnen. Um die Randbedingungen auf die Basislösungen anwenden zu können, bilden wir ihre Ableitungen

$$\begin{aligned} y_1' &= e^x, & y_1'' &= e^x \\ y_2' &= e^x + xe^x = e^x(1+x), & y_2'' &= e^x(1+x) + e^x = e^x(2+x) \\ y_3' &= 2e^{2x}, & y_3'' &= 4e^{2x}. \end{aligned}$$

(a) $R = \begin{bmatrix} 1 & 0 & 1 \\ 1 & 1 & 2 \\ e & e & e^2 \end{bmatrix}$

       $\det R = 1 \left(e^2 - 2e \right) + 1(e - e) = e^2 - 2e = e(e - 2) \neq 0$

       $\Rightarrow$ eindeutige Lösbarkeit der Randwertaufgabe.

(b) $R = \begin{bmatrix} 0 & -1 & -1 \\ 0 & -1 & -2 \\ 0 & -e & -e^2 \end{bmatrix} \Rightarrow \det R = 0$

       $(R, \varrho) = \begin{bmatrix} 0 & -1 & -1 & -1 \\ 0 & -1 & -2 & -1 \\ 0 & -e & -e^2 & -e \end{bmatrix} \Rightarrow \mathrm{rg}\,(R, \varrho) = 2\ (= \mathrm{rg}\,(R))$

       $\Rightarrow$ Die Randwertaufgabe hat unendlich viele Lösungen.

(c) $R = \begin{bmatrix} 0 & -1 & -1 \\ 0 & -1 & -2 \\ 0 & -e & -e^2 \end{bmatrix} \Rightarrow \det R = 0$

       $(R, \varrho) = \begin{bmatrix} 0 & -1 & -1 & 0 \\ 0 & -1 & -2 & 0 \\ 0 & -e & -e^2 & 1 \end{bmatrix} \Rightarrow \mathrm{rg}\,(R, \varrho) = 3 > \mathrm{rg}\,(R) = 2$

       $\Rightarrow$ Die Randwertaufgabe hat keine Lösung.

Es stellt sich die Frage, wie man Lösungen von Randwertaufgaben für inhomogene Differentialgleichungen berechnet.

Man kann diese Randwertaufgaben in ein Randwertproblem mit homogener Differentialgleichung umformen und es wie folgt lösen:

Beispiel 4.33

$$y''' - 4y'' + 5y' - 2y = 2 \quad (x \in [0, 1])$$

Drei Randbedingungen: $\quad y(0) = 3, \quad y'(0) = 6, \quad y(1) = 3e^2 - 1.$

- Bestimmung einer speziellen Lösung $y_S(x)$ (hier mit der Ansatzmethode)

$$\Rightarrow y_S(x) = -1$$
$$\Rightarrow y(x) = y_H(x) - 1$$

löst die lineare inhomogene Differentialgleichung, wobei $y_H(x)$ hier als „Platzhalter"
für die allgemeine Lösung der zugehörigen homogenen Differentialgleichung steht.

- Die Randwerte von $y_H(x)$ müssen die folgenden sein

$$y_H(x) = y(x) + 1$$
$$\Rightarrow y_H(0) = 3 + 1 = 4, \quad y_H(0)' = y'(0) = 6$$
$$y_H(1) = y(1) + 1 = \left(3e^2 - 1\right) + 1 = 3e^2.$$

- Mit dem Fundamentalsystem

$$y_1(x) = e^x, \quad y_2(x) = xe^x, \quad y_3(x) = e^{2x}$$

bildet man die Matrix R und löst das lineare Gleichungssystem

$$R \cdot \vec{c} = \vec{\varrho} \quad \text{mit} \quad \vec{\varrho} = \begin{bmatrix} 4 \\ 6 \\ 3e^2 \end{bmatrix} \quad \text{und} \quad \vec{c} = \begin{bmatrix} C_1 \\ C_2 \\ C_3 \end{bmatrix}$$

$$\Rightarrow \vec{c} = (1, -1, 3)^T$$

$$\Rightarrow y(x) = y_S(x) + \sum_{k=1}^{3} C_k y_k(x)$$

$$\Rightarrow y(x) = -1 + e^x - xe^x + 3e^{2x}$$

$$\Rightarrow y(x) = e^x(1 - x) + 3e^{2x} - 1.$$

Bemerkung:

Für den Fall $\det R = 0$ würden bei einer Differentialgleichung dritter Ordnung je nach dem
Wert des Ranges der Matrix R ein oder zwei reelle Parameter C_k in der allgemeinen Lösung
unbestimmt bleiben.

4.7.4   Eigenwertaufgaben

Eine besondere Art von Randwertaufgaben sind die Eigenwertaufgaben. Wir wollen dieses Thema anhand einer Beispieldifferentialgleichung erläutern und im Anschluss kurz auf Anwendungen eingehen.

Bezeichnungen:

Eine Randwertaufgabe, die von einem Parameter $\lambda \in \mathbb{R}$ abhängt, wird als *Eigenwertaufgabe* bezeichnet. Man sucht diejenigen Werte dieses Parameters, für die die Randwertaufgabe nichttriviale Lösungen besitzt. Diese Werte λ heißen dann *Eigenwerte* und die zugehörigen Lösungen *Eigenfunktionen* der Eigenwertaufgabe.

Beispiel 4.34

Gegeben ist die Randwertaufgabe

$$y'' + \lambda y = 0, \quad x \in [0, 1], \quad \lambda \in \mathbb{R}$$
$$\text{mit} \quad y(0) = 0, \quad y(1) = 0.$$

Aus den Nullstellen des charakteristischen Polynoms

$$\tau^2 + \lambda = 0 \qquad \tau_{1,2} = \pm\sqrt{-\lambda}$$

ergeben sich zwei Fälle für die allgemeine Lösung, die jetzt von λ abhängig ist. Aber nur in einem der beiden Fälle kann die allgemeine Lösung nichttrivial an die Randbedingungen angepasst werden.

$\lambda > 0$:

$$\Rightarrow y(x) = C_1 \cos \sqrt{\lambda}\, x + C_2 \sin \sqrt{\lambda}\, x \quad (C_1,\ C_2 \in \mathbb{R})$$

$\lambda < 0$:

$$\Rightarrow y(x) = C_1 e^{\sqrt{-\lambda}\, x} + C_2 e^{-\sqrt{-\lambda}\, x} \quad (C_1,\ C_2 \in \mathbb{R})$$

• Für $\lambda < 0$ gilt

$$y(0) = C_1 + C_2 = 0, \qquad y(1) = C_1 e^{\sqrt{-\lambda}} + C_2 e^{-\sqrt{-\lambda}} = 0$$
$$\Rightarrow \text{Es gibt keine nichttriviale Lösung.}$$

• Für $\lambda > 0$ folgt

$$y(0) = C_1 = 0, \qquad y(1) = C_2 \sin \sqrt{\lambda} = 0.$$

Für $C_2 \neq 0$ muss $\sqrt{\lambda}$ eine Nullstelle der Sinusfunktion sein, um eine nichttriviale Lösung zu erzeugen.

$$\Rightarrow \sqrt{\lambda} = n \cdot \pi, \quad n \in \mathbb{Z}$$
$$\Rightarrow \lambda = \lambda(n) = \lambda_n = n^2 \pi^2, \qquad n = \pm 1, \pm 2, \dots \text{ sind die Eigenwerte.}$$
$$\Rightarrow y_n(x) = \sin \sqrt{\lambda_n}\, x \quad n = \pm 1, \pm 2, \dots \quad \text{sind die Eigenfunktionen.}$$

Alle Lösungen der Eigenwertaufgabe erhalten wir mit

$$C \sin \sqrt{\lambda_n}\, x = C \sin (n\pi \cdot x) \quad (C \in \mathbb{R}), \quad n = \pm 1, \pm 2, \ldots \tag{4.72}$$

Ein klassisches Anwendungsmodell von Eigenwertaufgaben ist die Berechnung der sogenannten Eulerschen Knicklasten eines Stabes, die sich aus den zugehörigen Eigenwerten ergeben. Dabei spielt das zum kleinsten Eigenwert zugehörige Ergebnis eine besondere Rolle, es ist diejenige in Richtung der Längsachse des Stabes wirkende kleinste „Belastung", die den idealisierten, an den Enden fixierten Stab zum „Ausknicken" bringt.

Beispiel 4.35

Wir möchten hier einen anderen Anwendungsfall betrachten, der sich aus dem Modell des ungestörten, ungedämpften harmonischen Oszillators (siehe Kapitel 4.5) ergibt. Das Feder-Masse-System soll in diesem Anwendungsbeispiel als Taktgeber arbeiten. Die Zeit von der Auslenkung aus der Gleichgewichtslage zum Zeitpunkt $t_0 = 0$ bis zum nächsten Erreichen der Gleichgewichtslage werde mit $t_1 = 1$ vorgeben. Gesucht sind alle Verhältnisse zwischen den Werten der Masse m und der Federkonstanten k, so dass diese Schwingung wie beschrieben ablaufen kann. Um die Schwingung eindeutig beschreiben zu können, d. h. um aus der einparametrigen Schar der zugehörigen Eigenfunktionen genau eine auswählen zu können, sei die Anfangsgeschwindigkeit vorgegeben, mit der das System zu schwingen beginnt.

$$my'' + ky = 0 \quad \Leftrightarrow \quad y'' + \frac{k}{m}y = 0 \quad (k, m > 0)$$

$$y'(0) = \dot{y}_0 > 0 \quad \text{Anfangsbedingung}$$

$$y(0) = y(1) = 0 \quad \text{Randbedingungen.}$$

Für $\lambda := \frac{k}{m}$ ist diese Aufgabe eine Eigenwertaufgabe. Mit der Ermittlung der Eigenwerte λ wird das zulässige Verhältnis zwischen den Werten der Konstanten m und k bestimmt.

Wir kennen die Eigenwerte sowie alle Lösungen (siehe Beispiel 4.34 mit den Eigenfunktionen (4.72)). Es muss nur noch die zur Anfangsbedingung passende Lösung herausgefunden werden. Diese ist die außerdem von den Eigenwerten $\lambda_n = n^2\pi^2$ und damit von n abhängige Funktionenschar

$$y_n(t) = \frac{\dot{y}_0}{n\pi} \sin (n\pi \cdot t).$$

Die n Funktionen $y_n(t)$ beschreiben das Bewegungsgesetz für die Auslenkung der Feder aus der Gleichgewichtslage zum Zeitpunkt $t \geq 0$, wenn ein Verhältnis zwischen der Federkonstanten und der Masse von $\frac{k}{m} = n^2\pi^2$ vorliegt.

4.7.5 Die Greensche Funktion

Eine Darstellungsmöglichkeit der Lösung von Randwertaufgaben liefert die Greensche Funktion, auch Grundlösung oder Einflussfunktion genannt. Unter anderem, weil die Konstruktion einer solchen Funktion vor allem bei der Lösung partieller Differentialgleichungen eine große Rolle spielt, wollen wir sie hier an den weniger komplizierten gewöhnlichen Differentialgleichungen erläutern.

Für eine Klasse von Anfangswertaufgaben inhomogener linearer Differentialgleichungen mit konstanten Koeffizienten lässt sich mit Hilfe der Greenschen Funktion eine spezielle Lösung der Anfangswertaufgabe darstellen:

$$y^{(n)} + a_{n-1} y^{(n-1)} + \ldots + a_1 y' + a_0 y = r(x)$$
$$y(x_0) = y'(x_0) = \ldots = y^{(n-2)}(x_0) = 0, \qquad y^{(n-1)} = 1. \tag{4.73}$$

Die spezielle Lösung der Anfangswertaufgabe (4.73) ist dann

$$y_S(x) = \int_{x_0}^{x} y(x - t + x_0)\, r(t)\, dt. \tag{4.74}$$

Hierbei steht der Ausdruck $y(x)$ für die Lösung der Anfangswertaufgabe mit der zugehörigen homogenen Differentialgleichung. Dies hat Sinn bei Differentialgleichungen höherer Ordnung, deren Störfunktion $r(x)$ nicht mit einer Ansatzfunktion übereinstimmt und man keine aufwendige Variation der Konstanten durchführen will. Man nennt die Funktion

$$y(x - t + x_0) =: G(x, t) \tag{4.75}$$

die *Greensche Funktion* zur Anfangswertaufgabe (4.73).

Nun kommen wir zum eigentlichen Ziel, die Greensche Funktion für Randwertaufgaben zu beschreiben.

Ausgangspunkt ist die *halbhomogene Randwertaufgabe*

$$\begin{aligned}
&y'' + a_1(x) y' + a_0(x) y = r(x) \quad (x \in [a, b]) \\
&R_1 y := \alpha_1 y(a) + \alpha_2 y'(a) = 0 \\
&R_2 y := \beta_1 y(b) + \beta_2 y'(b) = 0 \\
&\alpha_1,\, \alpha_2,\, \beta_1,\, \beta_2 \in \mathbb{R}, \quad (\alpha_1, \alpha_2) \neq (0, 0), \quad (\beta_1, \beta_2) \neq (0, 0).
\end{aligned} \tag{4.76}$$

Satz 4.11

Es seien die Koeffizientenfunktionen und die rechte Seite der Differentialgleichung in (4.76) stetig auf $[a, b]$. Die zugehörige homogene Randwertaufgabe besitze nur die triviale Lösung. Dann liefert der Ausdruck

$$y(x) := \int_{a}^{b} G(x, t)\, r(t)\, dt \tag{4.77}$$

die Lösung der Randwertaufgabe (4.76). Jede solche Funktion $G(x, t)$ heißt *Greensche Funktion* zur betrachteten Randwertaufgabe.

Bemerkungen:

Die Funktion $G(x, t)$ hat charakteristische Eigenschaften, die sie eindeutig bestimmen. Wir wollen auf ihre formelmäßige Beschreibung verzichten, einige aber dennoch aufzählen:

- Der Definitionsbereich von $G(x, t)$ ist ein Quadrat der Seitenlänge $|b - a|$, siehe auch Abbildung 4.12. Die Greensche Funktion $G(x, t)$ ist dort stetig.

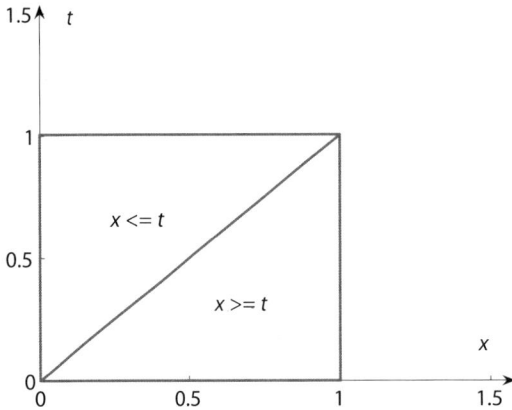

Abb. 4.12: *Definitionsbereich der Greenschen Funktion*

- Es sei $t \in [a, b]$ vorgegeben mit $t \neq x$. Dann ist $G(x, t)$ eine Lösung der zugehörigen homogenen Differentialgleichung in $[a, b] \backslash \{t\}$ und erfüllt die (gegebenen homogenen) Randbedingungen.

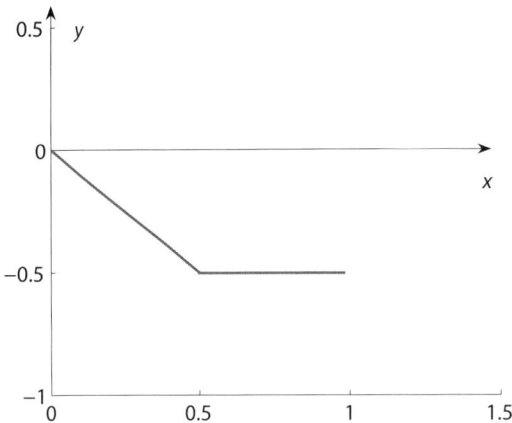

Abb. 4.13: *Sprung der Ableitung bei $x = 0{,}5$*

- Die erste und zweite partielle Ableitung nach x sind jeweils in beiden Teildreiecken des Definitionsbereiches stetige Funktionen. An der Diagonalen $x = t$ ist ein „Sprung" zwischen der linksseitigen und der rechtsseitigen ersten Ableitung vorhanden (siehe auch Abbildung 4.13 für Beispiel 4.36).

Zunächst wollen wir die Greensche Funktion einer elementaren Randwertaufgabe veranschaulichen.

Beispiel 4.36

Wir betrachten das Randwertproblem

$$y''(x) = r(x) \quad (x \in [0, l])$$
$$y(0) = y'(l) = 0$$

$$\text{mit} \quad G(x, t) = \begin{cases} -x & \text{für} \quad 0 \le x \le t \le l \\ -t & \text{für} \quad 0 \le t \le x \le l. \end{cases}$$

Es sei $t = \dfrac{1}{2}$ fest:

$$G\left(x, \frac{1}{2}\right) = \begin{cases} -x & \text{für} \quad 0 \le x \le \dfrac{1}{2} \\ -\dfrac{1}{2} & \text{für} \quad \dfrac{1}{2} \le x \le l \end{cases}$$

Für $x \ne \dfrac{1}{2} \ \Rightarrow \ \dfrac{\partial G}{\partial x}\left(x, \frac{1}{2}\right) = \begin{cases} -1 \\ 0. \end{cases}$

$\dfrac{\partial G}{\partial x}$ existiert nicht für $x = \dfrac{1}{2}$.

Jetzt nähern wir uns mit den einseitigen Ableitungen auf beiden Seiten an die Diagonale $x = \dfrac{1}{2}$ an:

$$\lim_{x \to \frac{1}{2}+0} \frac{\partial G}{\partial x} - \lim_{x \to \frac{1}{2}-0} \frac{\partial G}{\partial x} = 1 \quad (\text{wegen } 0 - (-1) = 1). \tag{4.78}$$

Man bezeichnet die Differenz (4.78) (allgemein für $x \to t \pm 0$) auch als *Sprungrelation*.

Die Lösung der gestellten Randwertaufgabe ist die Funktion

$$y(x) = \int_0^1 G(x, t)\, r(t)\, dt.$$

Dieses Integral lässt sich für gegebene Störfunktionen $r(x)$ oft einfach berechnen.

Die halbhomogene Randwertaufgabe sei nun in folgender Form gegeben:

$$a_2(x)y'' + a_1(x)y' + a_0(x)y = r(x), \quad x \in [a, b]$$
$$\text{Randbedingungen:} \quad R_1 y := y(0) = 0 \tag{4.79}$$
$$R_2 y := y(1) = 0.$$

Wir wollen die Greensche Funktion für ein Beispiel berechnen und vorab die notwendigen Formeln angeben (siehe[8]).

Man geht von der eindeutigen Lösbarkeit der Randwertaufgabe (4.79) aus (siehe Satz (4.11) und hat zwei Basislösungen y_1 und y_2 der Differentialgleichung zur Verfügung. Diese erfüllen die homogenen Randbedingungen allerdings nicht, die zugehörige homogene Randwertaufgabe hat ja nur die triviale Lösung.

Da man Basislösungen benötigt, die die homogenen Randbedingungen erfüllen, muss man sie erzeugen.

Ein neues Fundamentalsystem $v_1(x)$ und $v_2(x)$, das auch die homogenen Randbedingungen erfüllt, erhält man durch folgende Linearkombinationen:

$$v_1(x) = (R_1 y_2) y_1(x) - (R_1 y_1) y_2(x)$$
$$v_2(x) = (R_2 y_2) y_1(x) - (R_2 y_1) y_2(x).$$

Im nächsten Schritt berechnet man die Wronskische Determinante $W(x)$ der beiden Funktionen $v_1(x)$ und $v_2(x)$.

Nun kann die Greensche Funktion bestimmt werden:

$$G(x,t) = \frac{1}{a_2(t) \cdot W(t)} \begin{cases} v_1(t) \cdot v_2(x) & \text{für } a \leq t \leq x \leq b \\ v_2(t) \cdot v_1(x) & \text{für } a \leq x \leq t \leq b. \end{cases} \tag{4.80}$$

Beispiel 4.37

Zum folgenden Randwertproblem soll die Lösung mittels Greenscher Funktion berechnet werden:

$$- y'' + y = x \quad x \in [0,1]$$
$$R_1 y := y(0) = 0$$
$$R_2 y := y(1) = 0.$$

Mit den Basislösungen der homogenen Differentialgleichung

$$y_1(x) = e^x, \quad y_2(x) = e^{-x}$$

wird ein neues Fundamentalsystem erzeugt, das die homogenen Randbedingungen erfüllt:

$$R_1 y_2 = 1, \qquad R_1 y_1 = 1$$
$$R_2 y_2 = e^{-1}, \qquad R_2 y_1 = e$$

$$\Rightarrow v_1(x) = e^x - e^{-x} \quad \text{und}$$
$$v_2(x) = e^{-1} \cdot e^x - e \cdot e^{-x} = e^{x-1} - e^{1-x}.$$

---

[8] Forst, W., Hoffmann, D.: *Gewöhnliche Differentialgleichungen (vertieft und visualisiert mit MAPLE)*, Springer Verlag (2005), S. 280

Wir verwenden die Hyperbelfunktionen

$$\sinh(x) = \frac{1}{2}\left(e^x - e^{-x}\right)$$

$$\cosh(x) = \frac{1}{2}\left(e^x + e^{-x}\right)$$

und erhalten $v_1(x) = \sinh(x)$ und $v_2(x) = \sinh(x-1)$.

Für die Wronskische Determinante dieses Fundamentalsystems gilt:

$$W(x) = \begin{vmatrix} \sinh(x) & \sinh(x-1) \\ \cosh(x) & \cosh(x-1) \end{vmatrix} = \sinh(1).$$

Den angegebenen Wert erhält man durch Anwendung des Additionstheorems

$$\sinh(x \pm y) = \sinh(x)\cosh(y) \pm \cosh(x)\sinh(y).$$

Die Greensche Funktion lässt sich jetzt mittels Formel (4.80) darstellen:

$$\Rightarrow G(x,t) = -\frac{1}{\sinh(1)} \begin{cases} \sinh(t)\cdot\sinh(x-1) & \text{für } 0 \leq t \leq x \leq 1 \\ \sinh(t-1)\cdot\sinh(x) & \text{für } 0 \leq x \leq t \leq 1 \end{cases}$$

$$\Rightarrow G(x,t) = \begin{cases} \dfrac{\sinh(t)\cdot\sinh(1-x)}{\sinh(1)} & \text{für } 0 \leq t \leq x \leq 1 \\ \dfrac{\sinh(1-t)\cdot\sinh(x)}{\sinh(1)} & \text{für } 0 \leq x \leq t \leq 1 \end{cases}$$

$$\Rightarrow y(x) = \int_0^x t\left(\frac{\sinh(t)\cdot\sinh(1-x)}{\sinh(1)}\right)dt + \int_x^1 t\left(\frac{\sinh(1-t)\cdot\sinh(x)}{\sinh(1)}\right)dt$$

Nach partieller Integration erhält man schließlich die Lösung der Randwertaufgabe

$$y(x) = x - \frac{\sinh(x)}{\sinh(1)}.$$

4.7.6 Differenzenverfahren

Die numerische Lösung von Randwertaufgaben gewöhnlicher Differentialgleichungen ist aufgrund der Problemstellung grundsätzlich anders als bei Anfangswertaufgaben (siehe Kapitel 2.3), weil hier nicht nur Vorgaben für den Start der näherungsweise zu ermittelnden Lösungskurve zu beachten sind. Mit dem sogenannten Schießverfahren führt man ein Randwertproblem auf eine Folge von Anfangswertaufgaben zurück.

Wir wollen in diesem Abschnitt kurz auf das Prinzip von Differenzenverfahren eingehen. Differenzenverfahren wendet man nicht nur bei Randwertaufgaben gewöhnlicher Differentialgleichungen an, sondern ermittelt auch numerische Lösungen von Randwertaufgaben partieller Differentialgleichungen. Die Anwendung von Differenzenverfahren auf eine lineare Randwertaufgabe führt auf ein lineares Gleichungssystem, dessen Lösung Näherungswerte für die gesuchte Funktion liefert. Die Größe und die Feinheit der Diskretisierung der betrachteten Intervalle/Gebiete bestimmen die Dimension der Koeffizientenmatrix des Systems.

Gesucht ist die näherungsweise Lösung der Randwertaufgabe

$$y'' + a_1(x)y' + a_0(x)y = r(x) \quad (x \in [a, b])$$
$$y(a) = \alpha, \quad y(b) = \beta \quad (\alpha, \beta \in \mathbb{R}). \tag{4.81}$$

Die Bezeichnung *Differenzenverfahren* bringt schon selbsterklärend zum Ausdruck, dass hierbei die in der Differentialgleichung vorkommenden Ableitungen durch Differenzen ersetzt werden.

Die erste Ableitung einer Funktion $y = y(x)$ an einer Stelle x_i lässt sich durch einen rechtsseitigen oder durch einen linksseitigen Differenzenquotienten (siehe auch (1.12) im Abschnitt 1.1.2) näherungsweise ersetzen, je nachdem, ob man die zugehörige Sekante vom Punkt (x_i, y_i) aus nach rechts mit dem Punkt (x_{i+1}, y_{i+1}) oder nach links mit dem Punkt (x_{i-1}, y_{i-1}) bildet. Man nennt diese einseitigen Differenzenquotienten auch *Vorwärts-* bzw. *Rückwärtsdifferenzenquotienten*.

Bezeichnungen:

Der Wert $\Delta x = h = \frac{1}{N}(b - a)$ wird *Schrittweite* genannt. Man gibt entweder die Anzahl N der Teilintervalle von $[a, b]$ vor oder die Schrittweite h. Hierdurch erhält man im Inneren des Intervalls $[a, b]$ $N - 1$ gleichabständige *Diskretisierungspunkte* bzw. *Stützstellen* $x_i = a + ih$ $(i = 1, 2, \ldots N)$. Die Randpunkte sind $x_0 = a$ und $x_N = b$.

Mit der doppelten Schrittweite ersetzt man die erste Ableitung von $y = y(x)$ an der Stelle x_i näherungsweise durch den *zentralen Differenzenquotienten*

$$y_i' \approx \frac{y_{i+1} - y_{i-1}}{2h}. \tag{4.82}$$

Um y'' an der Stelle x_i durch einen Differenzenquotienten zu approximieren, bildet man einen zentralen Differenzenquotienten der Funktion y'

$$y_i'' \approx \frac{y_{iV}' - y_{iR}'}{h},$$

wobei y_{iV}' den Vorwärtsdifferenzenquotienten und y_{iR}' den Rückwärtsdifferenzquotienten der Funktion $y(x)$ an der Stelle x_i darstellt:

$$y_i'' \approx \frac{\dfrac{y_{i+1} - y_i}{h} - \dfrac{y_i - y_{i-1}}{h}}{h} = \frac{y_{i+1} - 2y_i + y_{i-1}}{h^2}. \tag{4.83}$$

Durch das Einsetzen der beiden Differenzenquotienten (4.82) und (4.83) in die Differentialgleichung (4.81) erhält man ein lineares Gleichungssystem mit $N - 1$ Gleichungen für $N - 1$ Unbekannte y_i $(i = 1, 2, \ldots N)$

$$\frac{y_{i+1} - 2y_i + y_{i-1}}{h^2} + a_1(x_i)\left(\frac{y_{i+1} - y_{i-1}}{2h}\right) + a_0(x_i)y_i = r(x_i),$$

das nach Multiplikation mit h^2, geordnet nach den unbekannten Funktionen y_i, die folgende Form hat:

$$y_{i-1}\left(1 - \frac{a_1(x_i)}{2}\right) + y_i\left(-2 + a_0(x_i)h^2\right) + y_{i+1}\left(1 + \frac{a_1(x_i)}{2}\right) = h^2 r(x_i).$$

$$(4.84)$$

Jede Zeile der Koeffizientenmatrix $A = (a_{i,j})$ $(i, j = 1, 2, \ldots, N-1)$ im Gleichungssystem $A \cdot \vec{y} = \vec{b}$ hat drei von Null verschiedene Einträge: auf der Hauptdiagonalen $a_{i,i}$ und jeweils links und rechts daneben $a_{i,i-1}$ und $a_{i,i+1}$.

Die Werte der gesuchten Funktion auf dem Rand sind durch die Randbedingungen der Randwertaufgabe (4.81) vorgegeben: $y_0 = \alpha$ und $y_N = \beta$. Der Vektor der Lösung des linearen Gleichungssystems (4.84) $\vec{y} = (y_1, y_2, \ldots, y_{N-1})^T$ besteht aus den Näherungswerten für die gesuchte Lösung $y(x)$ an den Diskretisierungspunkten $x_1, x_2 \ldots, x_{N-1}$.

Aufgabe 4.7.1

Berechnen Sie, ausgehend von der allgemeinen Lösung der zugehörigen Differentialgleichung, die Lösung des folgenden Randwertproblems:

$$y'' = -x^2 \qquad y(0) = 0 \qquad y(1) = 0.$$

Aufgabe 4.7.2

Gegeben ist das Randwertproblem

$$y'' - 4y' + 5y = 25x + 8\cos x, \qquad y(0) = 5, \qquad 2y(\pi) - y'(\pi) = 8\pi.$$

Ermitteln Sie die Lösung dieser Randwertaufgabe!

Hinweis zur Rechenkontrolle:

$$y_{S_1}(x) = 4 + 5x \qquad y_{S_2}(x) = -\sin x + \cos x$$

Aufgabe 4.7.3

Untersuchen Sie die zur gegebenen Differentialgleichung gehörigen Randwertprobleme der Fälle a) bis c) auf Lösbarkeit und bestimmen Sie gegebenenfalls die Lösung.

$$y'' - \frac{2}{x}y' + \frac{2}{x^2}y = 0$$

Hinweis:
Die beiden linear unabhängigen Lösungen der Differentialgleichung sind $y_1(x) = x$ und $y_2(x) = x^2$.

- a) $y(1) = 5$ und $y(2) = 16$
- b) $y'(1) = 2$ und $y(2) = 2$
- c) $2y\left(\frac{1}{2}\right) - y'\left(\frac{1}{2}\right) = 2$ und $y(2) - 2y'(2) = 16$

Aufgabe 4.7.4

Zeigen Sie, dass das folgende Randwertproblem unabhängig von der Wahl der reellen Parameter ϱ_1, ϱ_2, ϱ_3 eindeutig lösbar ist.

$$y''' - y'' + 4y' - 4y = 0 \qquad y(0) = \varrho_1 \qquad y'(0) = \varrho_2 \qquad y(1) = \varrho_3$$

Aufgabe 4.7.5

Bestimmen Sie alle reellen Eigenwerte und die zugehörigen Eigenfunktionen des Eigenwertproblems

$$y'' + \lambda y = 0, \qquad y(0) - y'(0) = 0, \qquad y(\pi) - y'(\pi) = 0.$$

Aufgabe 4.7.6

Berechnen Sie die Greensche Funktion $G(x, t)$ für die gegebene Randwertaufgabe und schreiben Sie den Integralausdruck für die Lösung der Randwertaufgabe auf.

$$y'' = f(x), \qquad y(0) = y(1) = 0$$

Skizzieren Sie $G\left(x, \dfrac{1}{2}\right)$. Wo ist diese Funktion nicht differenzierbar und wie groß ist an dieser Stelle der Sprung ihrer einseitigen Ableitungen?

Aufgabe 4.7.7

Ermitteln Sie die Greensche Funktion $G(x, t)$ für die Randwertaufgabe

$$(xy')' = f(x), \qquad y(1) = y(e) = 0.$$

Hinweis: Beachten Sie in der Differentialgleichung die Koeffizientenfunktion $a_2(x)$!

5 Differentialgleichungssysteme

5.1 Einleitung

Aussage:

Jede explizite Differentialgleichung n-ter Ordnung

$$y^{(n)}(x) = f\left(x, y(x), y'(x), \ldots, y^{(n-1)}(x)\right)$$

kann in das folgende explizite Differentialgleichungssystem erster Ordnung überführt werden

$$\begin{cases} u_1'(x) = u_2(x) \\ u_2'(x) = u_3(x) \\ \quad \vdots \\ u_n'(x) = f(x, u_1, u_2, \ldots, u_n) \end{cases}$$

Wie?

Man verwendet folgende Substitutionen:

$$u_1(x) := y(x), \quad u_2(x) := y'(x), \quad \ldots, \quad u_n(x) = y^{(n-1)}(x).$$

Entsprechendes gilt auch für die Anfangsbedingungen.

Beispiel 5.1

Wir wandeln eine Differentialgleichung zweiter Ordnung in ein Differentialgleichungssystem erster Ordnung mit zwei Gleichungen für zwei unbekannte Funktionen um

$$y'' + 2y' + y(x) = 0$$

$$\begin{aligned} u_1(x) &= y(x), &\Rightarrow u_1'(x) &= y'(x) \\ u_2(x) &= y'(x), &\Rightarrow u_2'(x) &= y''(x) \\ & & &= -2y'(x) - y(x) \end{aligned}$$

$$\Rightarrow \begin{cases} u_1'(x) = u_2(x) \\ u_2'(x) = -2u_2(x) - u_1(x) \end{cases}$$

Auch jedes explizite System höherer Ordnung kann in ein explizites System erster Ordnung umgewandelt werden.

Beispiel 5.2

Das folgende Anfangswertproblem bestehend aus dem Differentialgleichungssystem

$$y_1''(x) = 2x - y_1(x) - y_2(x) - 3[y_1'(x)]^2 \sin y_2'(x)$$
$$y_2'''(x) = y_2''(x) - y_1'(x) + e^{y_1(x)}$$

und den Anfangsbedingungen

$$y_1(1) = 2, \quad y_1'(1) = -2, \quad y_2(1) = 3, \quad y_2'(1) = 0, \quad y_2''(1) = 5$$

wird durch die Substitutionen

$$u_1(x) = y_1(x), \quad u_2(x) = y_1'(x), \quad u_3(x) = y_2(x),$$
$$u_4(x) = y_2'(x), \quad u_5(x) = y_2''(x)$$

zum Differentialgleichungssystem

$$\begin{cases} u_1'(x) = u_2(x) \\ u_2'(x) = 2x - u_1(x) - u_3(x) - 3[u_2(x)]^2 \sin[u_4(x)] \\ u_3'(x) = u_4(x) \\ u_4'(x) = u_5(x) \\ u_5'(x) = u_5(x) - u_2(x) + e^{u_1(x)} \end{cases}$$

mit den Anfangsbedingungen

$$u_1(1) = 2, \quad u_2(1) = -2, \quad u_3(1) = 3, \quad u_4(1) = 0, \quad u_5(1) = 5.$$

Explizite Differentialgleichungssysteme höherer Ordnung werden tatsächlich kaum behandelt; explizite Differentialgleichungssysteme erster Ordnung sind der (einfachere) Standardfall.

Die Existenz und Eindeutigkeit der Lösungen von Anfangswertaufgaben bei solchen Systemen wird analog zu denen gewöhnlicher Differentialgleichungen bewiesen.

Numerische Lösungsmethoden und Programmbibliotheken werden für Systeme erster Ordnung entwickelt, so auch in MATLAB®.

Definition 5.1

Ein lineares, explizites Differentialgleichungssystem erster Ordnung für n stetig differenzierbare Funktionen

$$u_1(x), \quad u_2(x), \quad \ldots, u_n(x), \quad x \in J \subseteq \mathbb{R}$$

hat die Gestalt:

$$\begin{cases} u_1'(x) = \displaystyle\sum_{k=1}^{n} a_{1k}(x)u_k(x) + r_1(x) \\[2ex] u_2'(x) = \displaystyle\sum_{k=1}^{n} a_{2k}(x)u_k(x) + r_2(x) \\[2ex] \vdots \\[1ex] u_n'(x) = \displaystyle\sum_{k=1}^{n} a_{nk}(x)u_k(x) + r_n(x) \end{cases} \tag{5.1}$$

Die Funktionen $a_{ij}(x)$ und $r_i(x)$ seien stetig auf ihrem gemeinsamen Definitionsbereich J. Jede Vektorfunktion

$$\vec{u}(x) = (u_1(x),\ u_2(x),\ \ldots,\ u_n(x))^{\mathrm{T}},$$

die das System (5.1) erfüllt, wird Lösung des Systems genannt.

Abkürzungen:

$$A(x) = \big(a_{ij}(x)\big), \qquad i = 1,\ldots,n, \qquad j = 1,\ldots,n$$

Für jeden festen Wert x ist $A(x)$ eine Matrix aus reellen Zahlen.

$$\vec{r}(x) = \begin{bmatrix} r_1(x) \\ \vdots \\ r_n(x) \end{bmatrix}$$

ist der Vektor der rechten Seite, also die Störfunktion des Differentialgleichungssystems.

Damit lässt sich das Differentialgleichungssystem (5.1) kurz schreiben als

$$\vec{u}\,'(x) = A(x)\vec{u}(x) + \vec{r}(x) \tag{5.2}$$

Ist die Störfunktion $\vec{r}(x) \neq \vec{0}$, dann heißt das System inhomogen, für $\vec{r}(x) \equiv \vec{0}$ homogen.

Bemerkungen:

Sind lineare Differentialgleichungssysteme erster Ordnung nicht explizit gegeben, sondern durch folgende Matrixgleichung

$$B \cdot \vec{u}\,'(x) + A \cdot \vec{u}(x) = \vec{r}(x), \tag{5.3}$$

so lassen sie sich für den Fall, dass B eine invertierbare Matrix ist, in die explizite Form bringen

$$\vec{u}\,'(x) + B^{-1}A \cdot \vec{u}(x) = B^{-1} \cdot \vec{r}(x).$$
$$\Rightarrow \quad \vec{u}\,'(x) = -B^{-1} \cdot A \cdot \vec{u}(x) + B^{-1} \cdot \vec{r}(x).$$

Hierbei ist $B(x) = (b_{ij}(x))$ eine reguläre, d. h. invertierbare Matrix.

Mit der in diesem Kapitel vorgestellten Eliminationsmethode lassen sich auch solche Differentialgleichungssysteme (5.3) mit nicht invertierbarer Matrix B prinzipiell lösen. Allerdings können Anfangswertaufgaben solcher linearen Systeme unlösbar sein, da ihre allgemeine Lösung nicht genügend freie Parameter für die gestellten Anfangswerte hat. Ein Beispiel dafür finden wir in [1]. Man spricht von entarteten Differentialgleichungssystemen, wenn mindestens eine Gleichung keine Ableitungen enthält.

Mit Systemen der Form (5.3) lassen sich auch *Differentialalgebraische Gleichungssysteme*, die sowohl Differentialgleichungen als auch algebraische Gleichungen enthalten, beschreiben. Diese spielen in vielen Bereichen der Naturwissenschaft und Technik eine zunehmende Rolle.

Aufgabe 5.1.1

Die folgende Anfangswertaufgabe mit einem linearen Differentialgleichungssystem zweiter Ordnung ist in eine entsprechende Anfangswertaufgabe mit einem Differentialgleichungssystem erster Ordnung umzuwandeln

$$y_1'' + y_2 + y_3 = -1$$
$$y_1 + y_2'' - y_3 = 0$$
$$-y_1' - y_2' + y_3'' = 0$$

$$y_1(0) = y_2(0) = 0, \qquad y_3(0) = -1, \qquad y_1'(0) = y_3'(0) = 1, \qquad y_2'(0) = 0.$$

Anschließend gebe man das erhaltene Differentialgleichungssystem in der Form $\vec{u}\,'(x) = A \cdot \vec{u}(x) + \vec{r}$ an.

5.2 Systeme von zwei Differentialgleichungen

5.2.1 Geometrische Veranschaulichung von Lösungen

Definition 5.2

Ist $\vec{u}(x) = \begin{bmatrix} u_1(x) \\ u_2(x) \end{bmatrix}$ eine Lösung des (i.a. nichtlinearen) Differentialgleichungssystems

$$\begin{cases} u_1'(x) = f(x, u_1(x), u_2(x)) \\ u_2'(x) = g(x, u_1(x), u_2(x)), \end{cases} \qquad (5.4)$$

so heißt die in der (u_1, u_2)-Ebene dargestellte Kurve

$$\begin{bmatrix} u_1(x) \\ u_2(x) \end{bmatrix}, \quad x \in J$$

---

[1] Preuß, W., Wenisch, G.: *Lehr- und Übungsbuch Mathematik, Band 2 Analysis*, Fachbuchverlag Leipzig (2000), S. 301

Bahn, *Trajektorie*, *Orbit* oder *Phasenkurve* der Lösung. Die (u_1, u_2)-Ebene wird als *Phasenebene* bezeichnet.

Bemerkung:

Jede Lösung des Systems (5.4) definiert eine räumliche Kurve

$$\begin{bmatrix} x \\ u_1(x) \\ u_2(x) \end{bmatrix}, \quad x \in J.$$

Beispiel 5.3

Wir wollen hier ein einfach zu integrierendes Differentialgleichungssystem

$$u_1'(x) = u_2(x)$$
$$u_2'(x) = -u_1(x)$$

mit den Anfangsbedingungen $\vec{u}(0) = \begin{bmatrix} u_1(0) \\ u_2(0) \end{bmatrix} = \begin{bmatrix} 0 \\ 1 \end{bmatrix}$

lösen und anschließend die Lösungskurve in der Phasenebene und im Raum darstellen. Wir berechnen die Lösung des Differentialgleichungssystems durch Zurückführung auf eine Differentialgleichung zweiter Ordnung.

$$\Rightarrow \ u_2'' = -u_1'$$
$$\Rightarrow \ u_2'' = -u_2$$

d. h. $u_2'' + u_2 = 0$.

$$\Rightarrow \ u_2(x) = C_1 \cos x + C_2 \sin x, \quad C_1, \ C_2 \in \mathbb{R}.$$

$$u_1 = -u_2'$$
$$\Rightarrow \ u_1 = -(-C_1 \sin x + C_2 \cos x)$$
$$u_1(x) = C_1 \sin x - C_2 \cos x.$$

$$\Rightarrow \ \vec{u}(x) = C_1 \begin{bmatrix} \sin x \\ \cos x \end{bmatrix} + C_2 \begin{bmatrix} -\cos x \\ \sin x \end{bmatrix} \quad C_1, \ C_2 \in \mathbb{R}$$

Wie üblich ermittelt man die Werte der Konstanten mit Hilfe der Anfangsbedingungen

$$1 = u_2(0) = C_1 + 0, \qquad 0 = u_1(0) = 0 - C_2 = 0$$

$$\Rightarrow \ \vec{u}(x) = \begin{bmatrix} \sin x \\ \cos x \end{bmatrix}$$

Um die Lösungsbahnen zu zeichnen, fassen wir die unabhängige Variable x als einen Parameter t auf und verwenden die Parameterdarstellung von Kurven.

Wir erhalten mit $t \in [0,\ 2\pi]$ eine Kreisbahn vom Radius 1, deren Darstellung mit MATLAB®
in Abbildung 5.1 zu sehen ist.

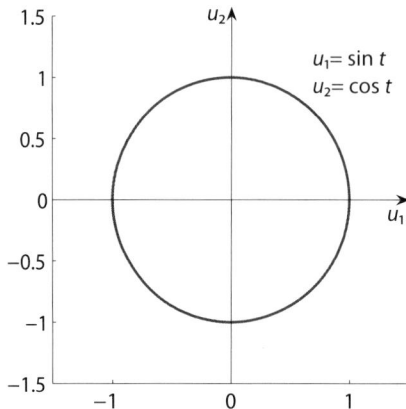

Abb. 5.1: *Kreisbahn*

Die zugehörige Raumkurve ist in Abbildung 5.2 dargestellt.

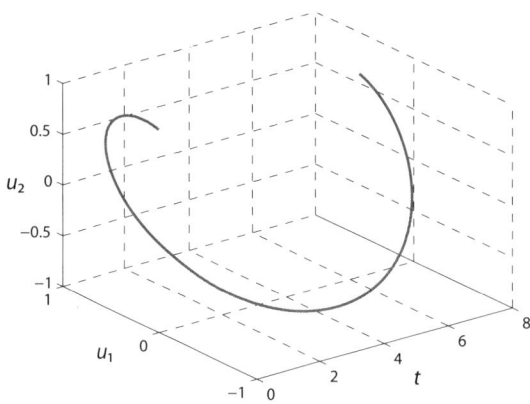

Abb. 5.2: *Raumkurve für das Standardintervall* $0 \leq t < 2\pi$

In Abbildung 5.3 wurde die Lösungskurve in Richtung der t-Achse bis $t = 4\pi$ fortgesetzt.
Schließlich sehen Sie die Raumkurve noch für $t \in [0,\ 8\pi]$, Abbildung 5.4.

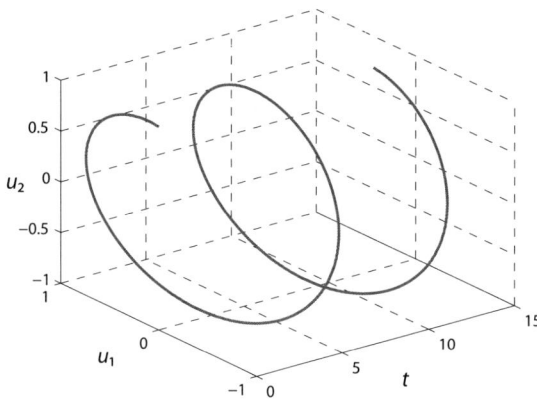

Abb. 5.3: *Raumkurve für* $0 \le t < 4\pi$

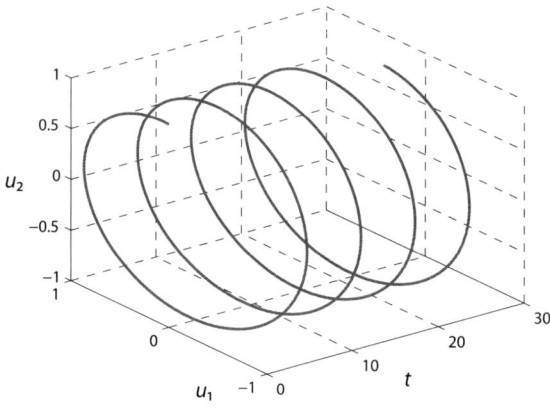

Abb. 5.4: *Raumkurve für* $0 \le t < 8\pi$

In MATLAB® lassen sich Grafiken aus jeder Perspektive betrachten, indem man in *figure* den Button *Rotate 3D* betätigt. Es lohnt sich, gerade bei diesem Beispiel. Eine kleine, wenn auch sehr bescheidene Vorstellung davon sollen die letzten zwei Abbildungen dieses Abschnitts geben.

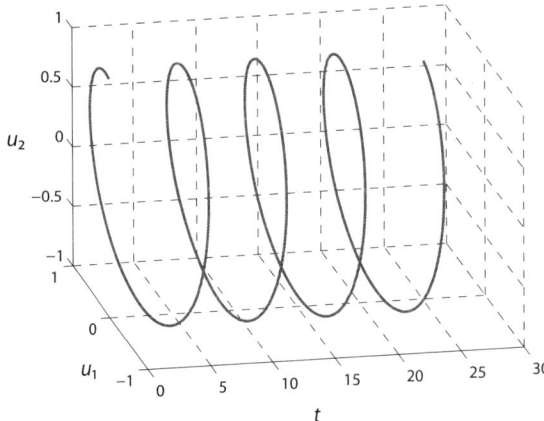

Abb. 5.5: *Perspektive 1*

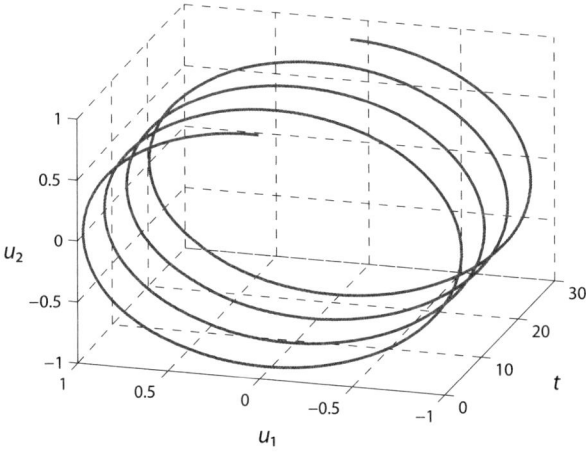

Abb. 5.6: *Perspektive 2*

5.2.2   Eliminationsverfahren

Im Differentialgleichungssystem

$$\begin{cases} u_1'(x) = \displaystyle\sum_{k=1}^{2} a_{1k}u_k(x) + r_1(x) \\[3mm] u_2'(x) = \displaystyle\sum_{k=1}^{2} a_{2k}u_k(x) + r_2(x) \end{cases} \tag{5.5}$$

seien im folgenden die Koeffizienten a_{ij} nicht von x abhängig.

Im Beispiel 5.3 haben wir ein System dieser Art elementar gelöst, indem wir es auf eine Differentialgleichung zweiter Ordnung zurückgeführt haben. Ohne besondere Kenntnisse kann dieses Verfahren bei unkomplizierten Systemen schnell zur Lösung der Aufgabe führen.

Um das Eliminationsverfahren übersichtlich beschreiben zu können, verwenden wir den Differentiationsoperator.

Differentiationsoperator D

$$D : u(x) \longmapsto u'(x)$$

$$Du := u', \quad D^2u := u'', \quad \ldots D^{n+1}u := D\left(D^n u\right) \quad \text{rekursive Definition}$$

Wir wollen an dieser Stelle auf funktionalanalytische Erläuterungen zu Operatoren verzichten (siehe [2]), da wir D nur als geeignete Abkürzung für $\dfrac{d}{dt}$ benutzen.

Gesucht ist die Lösung $\begin{bmatrix} u_1(x) \\ u_2(x) \end{bmatrix}$ eines Differentialgleichungssystems 5.3.

Wir „eliminieren" aus dem System mit zwei Gleichungen zunächst eine Differentialgleichung zweiter Ordnung, deren Lösung eine der beiden gesuchten Funktionen ist. Hierzu lässt sich formal das Gauß'sche Eliminationsverfahren anwenden, wobei das Differenzieren einer Gleichung nach x als zusätzliche elementare Umformung eingeschlossen wird (siehe [3]). Die Lösung dieser Differentialgleichung setzt man dann in eine der beiden Ausgangsgleichungen ein und erhält daraus die zweite Lösungsfunktion des Differentialgleichungssystems.

Am folgenden Beispiel wollen wir die Vorgehensweise näher erläutern.

Beispiel 5.4

Zuerst bringen wir das gegebene Differentialgleichungssystem

$$\vec{u}\,' = \begin{bmatrix} 3 & 2 \\ 2 & 3 \end{bmatrix} \vec{u} + \begin{bmatrix} 5x^2 - 6 \\ 3x \end{bmatrix}$$

in die Schreibweise mit dem Differentialoperator

$$\vec{u}\,' = \begin{bmatrix} Du_1 \\ Du_2 \end{bmatrix} = \begin{bmatrix} 3 & 2 \\ 2 & 3 \end{bmatrix} \begin{bmatrix} u_1 \\ u_2 \end{bmatrix} + \begin{bmatrix} 5x^2 - 6 \\ 3x \end{bmatrix}$$

$$\Rightarrow \begin{bmatrix} (D-3)u_1 - 2u_2 \\ -2u_1 + (D-3)u_2 \end{bmatrix} = \begin{bmatrix} 5x^2 - 6 \\ 3x \end{bmatrix}$$

Nun formen wir analog zum Gaußschen Eliminiationsverfahren um. In der linken unteren Ecke der entstandenen Koeffizientenmatrix soll eine Null erzeugt werden. Beide Zeilen

---

[2] Heuser, H.: *Gewöhnliche Differentialgleichungen*, Teubner Verlag (2006), S. 163–164
[3] Merziger, G., Wirth, Th.: *Repetitorium der Höheren Mathematik*, Binomi Verlag Springe (2002), S. 478–480

werden deshalb mit einem geeigneten Faktor multipliziert. Durch Addition dieser beiden
Zeilen entsteht die neue zweite Zeile (unterhalb der Tabelle), in der u_1 eliminiert wurde.

u_1	u_2	$\vec{b}$	
$D-3$	-2	$5x^2 - 6$	$\cdot 2$
-2	$D-3$	$3x$	$\cdot (D-3)$
$(D-3) \cdot 2$	-4	$2\left(5x^2 - 6\right)$	
$(D-3)(-2)$	$(D-3)^2$	$(D-3) \cdot 3x$	

$\Rightarrow$

u_1	u_2	$\vec{b}$	
$(D-3) \cdot 2$	-4	$2\left(5x^2 - 6\right)$	
0	$-4(D-3)^2$	$10x^2 - 12 + (D-3) \cdot 3x$	
0	$-4 + \left(D^2 - 6D + 9\right)$	$10x^2 - 12 + 3 - 9x$	

Wird der Differentialoperator auf u_2 angewendet, erhalten wir eine Differentialgleichung
für u_2:

$$\left(D^2 - 6D + 5\right) u_2 = 10x^2 - 9x - 9$$
$$\Rightarrow u_2'' - 6u_2' + 5u_2 = 10x^2 - 9x - 9.$$

Über das charakteristische Polynom lösen wir zuerst die homogene Differentialgleichung.

$$\lambda^2 - 6\lambda + 5 = 0$$
$$\lambda_1 = 1, \qquad \lambda_2 = 5$$

$$\Rightarrow u_{2H}(x) = C_1 e^x + C_2 e^{5x} \quad \text{mit } C_1, C_2 \in \mathbb{R}$$

Mit einem Ansatz nach Bauart der rechten Seite (vergleiche Kapitel 4) ermitteln wir eine
spezielle Lösung der Differentialgleichung und erhalten ihre allgemeine Lösung:

$$\Rightarrow u_{2S}(x) = 1 + 3x + 2x^2$$
$$\Rightarrow u_2(x) = C_1 e^x + C_2 e^{5x} + 1 + 3x + 2x^2.$$

Aus der zweiten Gleichung des Differentialgleichungssystems

$$-2u_1 + (D-3)u_2 = 3x$$

folgt

$$u_1 = \frac{1}{2}(D-3)u_2 - \frac{3}{2}x.$$

$$\Rightarrow\ u_1(x) = \frac{1}{2}(D-3)\left(C_1 e^x + C_2 e^{5x} + 1 + 3x + 2x^2\right) - \frac{3}{2}x$$

$$u_1(x) = \frac{1}{2}\left(C_1 e^x + 5C_2 e^{5x} + 3 + 4x - 3C_1 e^x - 3C_2 e^{5x} - 3 - 9x - 6x^2\right)$$
$$-\frac{3}{2}x$$

$$u_1(x) = \frac{1}{2}\left(-2C_1 e^x + 2C_2 e^{5x} - 5x - 6x^2\right) - \frac{3}{2}x$$

$$u_1(x) = -C_1 e^x + C_2 e^{5x} - \frac{5}{2}x - 3x^2 - \frac{3}{2}x$$

$$u_1(x) = -C_1 e^x + C_2 e^{5x} - 4x - 3x^2 \quad \text{mit } C_1, C_2 \in \mathbb{R}$$

Hiermit haben wir nun die Lösung

$$\begin{bmatrix} u_1 \\ u_2 \end{bmatrix} = C_1 \begin{bmatrix} -1 \\ 1 \end{bmatrix} e^x + C_2 \begin{bmatrix} 1 \\ 1 \end{bmatrix} e^{5x} + \begin{bmatrix} -4x - 3x^2 \\ 1 + 3x + 2x^2 \end{bmatrix}$$

Beispiel 5.5

Hier ein Beispiel für ein nicht explizit gegebenes lineares Differentialgleichungssystem mit nicht invertierbarer Matrix B (vergleiche System (5.3)):

$$2u_1' + u_1 + u_2' - u_2 = 1$$
$$6u_1' - 2u_1 + 3u_2' + u_2 = x$$

$$B\vec{u}\,' + A\vec{u} = \vec{r}$$

$$B = \begin{bmatrix} 2 & 1 \\ 6 & 3 \end{bmatrix} \qquad A = \begin{bmatrix} 1 & -1 \\ -2 & 1 \end{bmatrix} \qquad \vec{r} = \begin{bmatrix} 1 \\ x \end{bmatrix}$$

Lösung (siehe [4]):

$$\begin{bmatrix} u_1 \\ u_2 \end{bmatrix} = -\begin{bmatrix} x + 13 \\ x + 17 \end{bmatrix} e^x + B \begin{bmatrix} 4 \\ 5 \end{bmatrix} e^{\frac{x}{13}}$$

Aufgabe 5.2.1

a) Gegeben sind zwei Differentialgleichungssysteme. Schreiben Sie diese zunächst in Matrixform auf. Beachten Sie dabei, dass eines der beiden Systeme die Form $B \cdot \vec{u}\,'(x) + A \cdot \vec{u}(x) = \vec{r}(x)$ hat. Lässt sich dieses System auch in die Standardform überführen, wenn ja, warum und wie?

$$u_1' = -3u_1 + u_2$$
$$u_2' = -4u_1 + u_2$$

---

[4] Merziger, G., Wirth, Th.: *Repetitorium der Höheren Mathematik*, Binomi Verlag Springe (2002), S. 480

$$u'_1 + 3u'_2 + u_2 = 4e^x$$
$$-u_1 + u'_2 - u_2 = 0$$

b) Lösen Sie beide Differentialgleichungssysteme durch Elimination mit der Operatorenmethode.

Aufgabe 5.2.2

Berechnen Sie die Lösung des Anfangswertproblems

$$u'_1 = u_1 + 4u_2 \qquad u_1(0) = 0$$
$$u'_2 = 2u_1 + 3u_2 \qquad u_2(0) = 3.$$

5.3   Lineare Differentialgleichungssysteme mit stetigen Koeffizientenfunktionen ($n \geq 2$)

Wir betrachten das Anfangswertproblem

$$\vec{u}\,' = A(x)\vec{u} + \vec{r}, \qquad \vec{u}(x_0) = \vec{u}_0 \tag{5.6}$$

mit einer Koeffizientenmatrix

$$A(x) = (a_{ij}(x)),$$

den Vektor der Anfangsbedingungen

$$\vec{u}_0 = (u_{01}, u_{02}, \ldots, u_{0n})^{\mathrm{T}}$$

und den Vektor der Störfunktionen

$$\vec{r}(x) = (r_1(x), r_2(x), \ldots, r_n(x))^{\mathrm{T}}.$$

Gesucht ist die Lösung

$$\vec{u}(x) = (u_1(x), u_2(x), \ldots, u_n(x))^{\mathrm{T}}.$$

Aussage (siehe [5]):
Die Anfangswertaufgabe (5.6) besitzt bei stetigen $a_{ij}(x)$ und $r_i(x)$, $(i = 1, \ldots, n)$ $(x \in J)$ und beliebigen Anfangswerten $x_0 \in \mathbb{R}$, $\vec{u}_0 \in \mathbb{R}^n$ genau eine Lösung.

Bemerkung:

Existenz und Eindeutigkeit (die Sätze von Peano und Picard-Lindelöf) gelten für die Lösung der Anfangswertaufgabe

$$\vec{u}\,' = \vec{f}(x, u_1, u_2, \ldots, u_n)$$

mit Anfangsbedingungen wie in (5.6) und der rechten Seite

$$\vec{f} = (f_1, \ldots, f_n)^{\mathrm{T}},$$

wobei die vorauszusetzende Stetigkeit auf einem Gebiet bzw. die Lipschitzstetigkeit von $\vec{f}$ durch Abstände mit der Maximum-Norm definiert werden.

---

[5] Heuser, H.: *Gewöhnliche Differentialgleichungen*, Teubner Verlag (2006), S. 501

Aussagen über die Lösungen des Differentialgleichungssystems in (5.6):

1. Die Lösungen des Differentialgleichungssystems (ohne Anfangsbedingungen) setzen sich additiv aus den Lösungen des homogenen Systems und einer speziellen Lösung des inhomogenen Systems zusammen:

$$\vec{u}(x) = \vec{u}_{\mathrm{H}}(x) + \vec{u}_{\mathrm{S}}(x).$$

2. Das homogene System hat bei Stetigkeit der Koeffizientenfunktionen stets

$$n \text{ linear unabhängige Fundamentallösungen} \quad \vec{u}_1(x), \ \vec{u}_2(x), \ldots, \vec{u}_n(x).$$

$$\Rightarrow \vec{u}_{\mathrm{H}}(x) = C_1\vec{u}_1(x) + C_2\vec{u}_2(x) + \cdots + C_n\vec{u}_n(x), \quad (C_1, \ C_2, \ldots, C_n \in \mathbb{R})$$

Mit der Lösungsmatrix $U = U(x) := [\vec{u}_1(x), \ldots, \vec{u}_n(x)]$, deren Spalten aus den Funktionen $\vec{u}_i(x)$ bestehen, hat die allgemeine Lösung des Differentialgleichungssystems die Form

$$\vec{u}(x) = U(x) \cdot \vec{c} + \vec{u}_{\mathrm{S}}(x), \qquad \vec{c} = (C_1, C_2, \ldots, C_n)^{\mathrm{T}} \in \mathbb{R}^n.$$

3. Die lineare Unabhängigkeit der Lösungen $\vec{u}_1, \ldots, \vec{u}_n$ ist äquivalent zu:

Die Wronskische Determinante $W(x) := \det U(x)$ ist für mindestens ein $x \in J$ von Null verschieden. ($W(x)$ ist dann überall in J ungleich Null.)

Beispiel 5.6

$$\vec{u}_1(x) = \begin{bmatrix} 1 \\ x \end{bmatrix}, \qquad \vec{u}_2(x) = \begin{bmatrix} x \\ x^2 + x \end{bmatrix} \qquad \Rightarrow \ W(x) = x.$$

Die beiden Funktionen $\vec{u}_1(x)$ und $\vec{u}_2(x)$ könnten also ein Fundamentalsystem eines Differentialgleichungssystems ($n = 2$) sein, $J = \mathbb{R}^+$.

4. Zur Ermittlung der Lösungen des homogenen Systems benutzt man im Allgemeinen wie bei Differentialgleichungen n-ter Ordnung das Reduktionsverfahren. Hierbei ist das Wort „Verfahren" nicht wörtlich zu nehmen, denn in der Realität ist es das kaum. Man kennt meist die dazu notwendige erste Lösung nicht, womit man die zweite usw. berechnen muss. Und für Differentialgleichungssysteme mit $n \geq 4$ lässt sich die Lösung des reduzierten Systems der Ordnung $n - 1$ nicht ohne weiteren Aufwand ermitteln.

5. Eine spezielle Lösung des inhomogenen Systems liefert wieder die Methode Variation der Konstanten mit dem Ansatz

$$\vec{u}_{\mathrm{S}}(x) = U(x) \cdot \begin{bmatrix} C_1(x) \\ C_2(x) \\ \vdots \\ C_n(x) \end{bmatrix}.$$

Man bestimmt zunächst die Ableitungen $C_i'(x)$ der Koeffizientenfunktionen. Die Funktionen $C_i(x)$, $(i = 1, 2, \ldots n)$ ermittelt man anschließend durch Integration.

Die $C_i'(x)$ erhält man als Lösung des linearen Gleichungssystems

$$U(x) \cdot \begin{bmatrix} C_1'(x) \\ C_2'(x) \\ \vdots \\ C_n'(x) \end{bmatrix} = \vec{r}(x).$$

Warum? Dieses Gleichungssystem ergibt sich, wenn man die Funktion $\vec{u}_S(x)$ nach der Produktregel differenziert, in die inhomogene Differentialgleichung einsetzt und dann ausnutzt, dass $U(x)$ die Lösungsmatrix des homogenen Systems ist, d. h. $U' = A \cdot U$ gilt. Schreiben Sie diese Überlegungen auf!

Beispiel 5.7

In dieser Aufgabe ist das Fundamentalsystem gegeben und die allgemeine Lösung gesucht.

$$u_1'(x) = \frac{1}{2x} u_1 + \frac{1}{2x^2} u_2 + x$$

$$u_2'(x) = \frac{1}{2} u_1 + \frac{1}{2x} u_2 + x^2$$

$$J := (0, \infty)$$

$$\Rightarrow \begin{bmatrix} u_1'(x) \\ u_2'(x) \end{bmatrix} = \begin{bmatrix} \frac{1}{2x} & \frac{1}{2x^2} \\ \frac{1}{2} & \frac{1}{2x} \end{bmatrix} \begin{bmatrix} u_1(x) \\ u_2(x) \end{bmatrix} + \begin{bmatrix} x \\ x^2 \end{bmatrix}$$

Es seien zwei linear unabhängige Fundamentallösungen des homogenen Differentialgleichungssystems bekannt

$$\vec{u}_1(x) = \begin{bmatrix} 1 \\ x \end{bmatrix}, \quad \vec{u}_2(x) = \begin{bmatrix} \frac{1}{x} \\ -1 \end{bmatrix}$$

$$\Rightarrow \vec{u}_H(x) = \begin{bmatrix} 1 & \frac{1}{x} \\ x & -1 \end{bmatrix} \begin{bmatrix} C_1 \\ C_2 \end{bmatrix}$$

Es existiert eine spezielle Lösung des inhomogenen Systems der Gestalt

$$\vec{u}_S(x) = \begin{bmatrix} 1 & \frac{1}{x} \\ x & -1 \end{bmatrix} \begin{bmatrix} C_1(x) \\ C_2(x) \end{bmatrix}.$$

Zur Bestimmung von $C_1'(x)$ und $C_2'(x)$ lösen wir das Gleichungungssystem

$$\begin{bmatrix} 1 & \frac{1}{x} \\ x & -1 \end{bmatrix} \cdot \begin{bmatrix} C_1'(x) \\ C_2'(x) \end{bmatrix} = \begin{bmatrix} x \\ x^2 \end{bmatrix}$$

Dies ist hier sehr einfach, es folgt

$$C_1'(x) = x, \qquad C_2'(x) = 0.$$

$$\Rightarrow C_1(x) = \frac{x^2}{2}, \quad C_2(x) = 0, \quad \text{jeweils mit Integrationskonstante = Null.}$$

$$\Rightarrow \vec{u}_S(x) = \begin{bmatrix} 1 & \frac{1}{x} \\ x & -1 \end{bmatrix} \begin{bmatrix} \frac{x^2}{2} \\ 0 \end{bmatrix} = \begin{bmatrix} \frac{x^2}{2} \\ \frac{x^3}{2} \end{bmatrix}$$

$$\Rightarrow \vec{u}(x) = \begin{bmatrix} 1 & \frac{1}{x} \\ x & -1 \end{bmatrix} \begin{bmatrix} C_1 \\ C_2 \end{bmatrix} + \begin{bmatrix} \frac{x^2}{2} \\ \frac{x^3}{2} \end{bmatrix} \qquad (C_1,\, C_2 \in \mathbb{R}).$$

Wir notieren zur Übung auch noch die beiden anderen Formen der Lösungsdarstellung

$$u_1(x) = C_1 + C_2 \cdot \frac{1}{x} + \frac{x^2}{2}$$

$$u_2(x) = C_1 \cdot x - C_2 + \frac{x^3}{2}$$

und

$$\vec{u}(x) = C_1 \begin{bmatrix} 1 \\ x \end{bmatrix} + C_2 \begin{bmatrix} \frac{1}{x} \\ -1 \end{bmatrix} + \frac{1}{2} \begin{bmatrix} x^2 \\ x^3 \end{bmatrix} \qquad (C_1,\, C_2 \in \mathbb{R}).$$

Aufgabe 5.3.1

a) Berechnen Sie die Wronskische Determinante des Funktionenpaares

$$\begin{pmatrix} x^2 \\ 0 \end{pmatrix} \qquad \begin{pmatrix} x \\ 0 \end{pmatrix}$$

und der beiden Funktionen

$$\begin{pmatrix} -e^x \\ e^{-x} \end{pmatrix} \qquad \begin{pmatrix} e^{2x} \\ 2e^{3x} \end{pmatrix}.$$

b) Mit einem der beiden Funktionenpaare kann die allgemeine Lösung eines linearen homogenen Differentialgleichungssystems erster Ordnung gebildet werden. Es sei $\vec{u}_S(x)$ eine spezielle Lösung des zugehörigen inhomogenen Differentialgleichungssystems. Wie würde dann die allgemeine Lösung dieses inhomogenen Systems gebildet werden? Notieren Sie die Darstellung der Lösung als Summe von Vektoren als auch in einer Darstellung, bei der die Integrationskonstanten zu einem Vektor zusammengefasst werden.

5.4   Lineare Differentialgleichungssysteme mit konstanten Koeffizienten ($n \geq 2$)

5.4.1   Lösung des homogenen Systems

Wir schreiben das homogene lineare Differentialgleichungssystem mit einer Matrix $A \in \mathbb{R}^{n \times n}$ aus konstanten Koeffizienten in der Form

$$\vec{u}\,'(x) = A \cdot \vec{u}(x). \tag{5.7}$$

Von Differentialgleichungen dieser Art wissen wir, dass ihre allgemeine Lösung eine Linearkombination aus Termen der Form $e^{\lambda x}$ in reeller oder komplexer Bedeutung ist (siehe Kapitel 4).

Bekannt ist die Struktur der allgemeinen Lösung $\vec{u}_{\mathrm{H}}(x)$ des homogenen Differentialgleichungssystems

$$\vec{u}_{\mathrm{H}}(x) = C_1 \vec{u}_1(x) + C_2 \vec{u}_2(x) + \cdots + C_n \vec{u}_n(x), \quad C_1, \ C_2, \ldots C_n \in \mathbb{R}.$$

Wenn wir für eine Lösung des Systems (5.7) den Ansatz

$$\vec{u}(x) = \vec{v}\, e^{\lambda x} \quad \vec{v} = konstant \tag{5.8}$$

verwenden, erkennen wir die prinzipielle Berechnungsgrundlage solcher Lösungen. Mit dem Einsetzen der Ableitung von (5.8) in (5.7) folgt

$$(A - \lambda E)\vec{v} = \vec{0}, \tag{5.9}$$

d. h. λ ist ein Eigenwert der Matrix A und $\vec{v} \neq \vec{0}$ zugehöriger Eigenvektor.

Aus der Gleichung $\det(A - \lambda E) = 0$ (charakteristisches Polynom) lassen sich bekanntlich die Eigenwerte λ berechnen und dann aus (5.9) die zugehörigen Eigenvektoren $\vec{v}$.

Frage: Unter welchen Voraussetzungen liefert der obige Ansatz tatsächlich n linear unabhängige Lösungsvektoren $\vec{u}_1(x)$ bis $\vec{u}_n(x)$, um mit ihnen die gesamte allgemeine Lösung $\vec{u}_{\mathrm{H}}(x)$ zu erhalten?

Antwort: Wenn die Matrix A n linear unabhängige Eigenvektoren hat.

$\vec{v}_1, \vec{v}_2, \ldots, \vec{v}_n$ seien diese Eigenvektoren (jeweils zu den Eigenwerten $\lambda_1, \lambda_2, \ldots, \lambda_n$).

Satz 5.1

Die Koeffizientenmatrix des Differentialgleichungssystems

$$\vec{u}'(x) = A \cdot \vec{u}(x)$$

sei eine konstante symmetrische Matrix, d. h. es gilt $A = A^{\mathrm{T}}$. Dann ist die allgemeine Lösung $\vec{u}(x)$ eine Linearkombination aus n linear unabhängigen Eigenvektoren der Matrix A. Die Menge der Vektoren

$$\left\{ \vec{v}_1 e^{\lambda_1 x}, \vec{v}_2 e^{\lambda_2 x}, \ldots, \vec{v}_n e^{\lambda_n x} \right\} \tag{5.10}$$

bildet ein Fundamentalsystem des Differentialgleichungssystems und

$$\vec{u}(x) = C_1 \vec{v}_1 e^{\lambda_1 x} + C_2 \vec{v}_2 e^{\lambda_2 x} + \cdots + C_n \vec{v}_n e^{\lambda_n x}, \quad C_1, \, C_2, \ldots C_n \in \mathbb{R}$$

ist seine allgemeine Lösung.

Bemerkung:

Bei symmetrischen Matrizen $A \in \mathbb{R}^{n \times n}$ gehört zur Vielfachheit k eines Eigenwertes λ immer die gleiche Anzahl k linear unabhängiger Eigenvektoren $\vec{v}_k$. Sie haben genau n reelle Eigenwerte λ_i, wenn man die Vielfachheit berücksichtigt.

Weitere Aussagen:
Symmetrische Matrizen sind diagonalierbar. Eigenvektoren zu verschiedenen Eigenwerten symmetrischer Matrizen sind zueinander orthogonal.

Bemerkung:
Die Orthogonalität lässt sich zur Berechnung von Eigenvektoren ausnutzen.

Beispiel 5.8

Gegeben ist ein Differentialgleichungssystem mit einer symmetrischen Koeffizientenmatrix

$$\vec{u}\,' = \begin{bmatrix} 2 & 0 \\ 0 & 2 \end{bmatrix} \vec{u}$$

Wir wollen die Lösung $\vec{u}(x)$ ermitteln.

1. Eigenwerte aus dem charakteristischen Polynom $p(\lambda)$ berechnen

$$p(\lambda) = \det(A - \lambda E) = \det \begin{bmatrix} 2 - \lambda & 0 \\ 0 & 2 - \lambda \end{bmatrix} = 0$$

$$(2 - \lambda) \cdot (2 - \lambda) = 0$$

$$\Rightarrow \lambda_{1,2} = 2$$

Bemerkung:
Bei nicht symmetrischen Matrizen haben Eigenwerte mit doppelter Vielfachheit oft nur einen Eigenvektor.

2. Eigenvektoren zum doppelten Eigenwert $\lambda = 2$ berechnen

$$(A - \lambda E)\, \vec{v} = \vec{0}$$

$$\Rightarrow \begin{bmatrix} 2 - 2 & 0 \\ 0 & 2 - 2 \end{bmatrix} \cdot \vec{v} \qquad\qquad = \vec{0}$$

$$\text{Rang} \begin{bmatrix} 0 & 0 \\ 0 & 0 \end{bmatrix} \qquad\qquad = 0$$

Die „Rangdifferenz" aus der Anzahl der Zeilen und dem Rang der Koeffizienten-matrix ist 2, also hat das lineare Gleichungssystem 2 freie Parameter, d. h. 2 linear unabhängige Lösungen. Wir nehmen die einfachsten Repräsentanten

$$\vec{v}_1 = \begin{bmatrix} 1 \\ 0 \end{bmatrix}, \qquad \vec{v}_2 = \begin{bmatrix} 0 \\ 1 \end{bmatrix}$$

Der Eigenraum zum Eigenwert $\lambda = 2$ ist der Raum $\mathbb{R}^2$.

3. Damit haben wir die Lösung des Differentialgleichungssystems laut Satz (5.1) berech-net

$$\vec{u}(x) = C_1 \begin{bmatrix} 1 \\ 0 \end{bmatrix} e^{2x} + C_2 \begin{bmatrix} 0 \\ 1 \end{bmatrix} e^{2x} = \begin{bmatrix} C_1 \\ C_2 \end{bmatrix} e^{2x}, \qquad C_1, \ C_2 \in \mathbb{R}.$$

Bemerkung:
Die Lösung lässt sich sofort aus der Diagonalgestalt der Matrix ablesen.

Beispiel 5.9

Zur Übung wollen wir ein zweites Beispiel rechnen

$$\vec{u}\,' = \begin{bmatrix} 3 & 2 \\ 2 & 3 \end{bmatrix} \vec{u}$$

1. Eigenwerte der Koeffizientenmatrix

$$\begin{vmatrix} 3 - \lambda & 2 \\ 2 & 3 - \lambda \end{vmatrix} = 0$$

$$p(\lambda) = (3 - \lambda)(3 - \lambda) - 4 = 0$$

$$9 - 6\lambda + \lambda^2 - 4 = 0$$

$$\lambda^2 - 6\lambda + 5 = 0$$

$$\Rightarrow \lambda_{1,2} = 3 \pm \sqrt{9 - 5} = 3 \pm 2$$

$$\lambda_1 = 5, \qquad \lambda_2 = 1$$

2. Eigenvektoren

   • Eigenvektor zu $\lambda_1 = 5$

   $$\begin{bmatrix} 3 - 5 & 2 \\ 2 & 3 - 5 \end{bmatrix} \cdot \vec{v} = \vec{0}$$

   $$\begin{bmatrix} -2 & 2 \\ 2 & -2 \end{bmatrix} \cdot \vec{v} = \vec{0},$$

Umformung nach Gauß:

$$\begin{bmatrix} -2 & 2 \\ 0 & 0 \end{bmatrix} \cdot \vec{v} = \vec{0}$$

Die Rangdifferenz mit einer Zeile Nullen ist jetzt $2 - 1 = 1$, d. h. das lineare Gleichungssystem hat einen eindimensionalen Lösungsraum. v_2 sei beliebig, $v_2 = C \in \mathbb{R}$.

$$- 2v_1 + 2\,C = 0 \quad \Rightarrow \quad v_1 = C$$

$$\Rightarrow \begin{bmatrix} v_1 \\ v_2 \end{bmatrix} = C \begin{bmatrix} 1 \\ 1 \end{bmatrix}$$

$$\Rightarrow \text{Eigenvektor zu } \lambda_1 = 5 \text{ ist } \vec{v}_1 = \begin{bmatrix} 1 \\ 1 \end{bmatrix}$$

- Eigenvektor zu $\lambda_2 = 1$

  Hier können wir ausnutzen, dass die Koeffizientenmatrix symmetrisch ist, also ihre Eigenvektoren zueinander nicht nur linear unabhängig, sondern orthogonal sind. Das Skalarprodukt von $\begin{bmatrix} 1 \\ 1 \end{bmatrix}$ und dem gesuchten zweiten Eigenvektor

  $\vec{v}_2 = \begin{bmatrix} v_1 \\ v_2 \end{bmatrix}$ muss deshalb Null ergeben

  d. h. $v_1 \cdot 1 + v_2 \cdot 1 = 0$. Der Vektor $\begin{bmatrix} v_1 \\ v_2 \end{bmatrix} = \begin{bmatrix} -1 \\ 1 \end{bmatrix}$ erfüllt diese Bedingung.

3. Lösung des Differentialgleichungssystems:

$$u(x) = C_1 \begin{bmatrix} 1 \\ 1 \end{bmatrix} e^{5x} + C_2 \begin{bmatrix} -1 \\ 1 \end{bmatrix} e^x \qquad C_1,\ C_2 \in \mathbb{R}.$$

Über den Zusammenhang zwischen einem k-dimensionalen Eigenraum einer Koeffizientenmatrix und dem zugehörigen „Lösungsanteil" des Systems (5.7) gibt der folgende Satz Auskunft.

Satz 5.2

Zu einem k-fachen Eigenwert λ der Koeffizientenmatrix A des Differentialgleichungssystems

$$\vec{u}\,'(x) = A \cdot \vec{u}(x).$$

gibt es k linear unabhängige Lösungen der Struktur

$$\vec{v}_1 e^{\lambda x}, \vec{v}_2 e^{\lambda x}, \dots, \vec{v}_k e^{\lambda x},$$

wenn die Dimension des Eigenraums zum Eigenwert λ gleich k ist. Die $\vec{v}_1$ bis $\vec{v}_k$ sind die Basisvektoren dieses Eigenraumes.

Offene Frage: Lassen sich im Falle kleinerer Dimensionen l des Eigenraumes zum k-fachen Eigenwert λ (d. h. $l < k$) noch $k - l$ weitere linear unabhängige Lösungen des Differentialgleichungssystems finden?

Antwort: Ja.

Satz 5.3

Der zum k-fachen Eigenwert λ gehörige Eigenraum sei nur l-dimensional mit $l < k$ und habe die l Basisvektoren

$$\vec{v}_1, \vec{v}_2, \ldots, \vec{v}_l.$$

Alle fehlenden Basislösungen des Differentialgleichungssystems (5.7) zu diesem Eigenwert λ erhält man über einen Ansatz

$$\vec{v}(x) = \vec{p}(x)e^{\lambda x} \quad \text{mit} \quad \vec{p}(x) = \begin{bmatrix} p_1(x) \\ \vdots \\ p_n(x) \end{bmatrix},$$

wobei $p_1, \ldots, p_n$ Polynome vom Grade $k - l$ sind.

Man berechnet eine Anzahl „Koeffizientenvektoren" in $\vec{p}(x)$ (genauer siehe nachfolgende Bemerkungen), mit denen dann die Basis der fehlenden Basislösungen gebildet wird.

Die Sätze 5.2 und 5.3 und findet man in [6].

Die Darstellung komplexer Lösungen ist prinzipiell in diesen Sätzen eingeschlossen. Häufig ist es aber ausreichend oder sogar vorteilhaft, Lösungen von Differentialgleichungssystemen, die komplexe Eigenwerte haben, mit reeller Basis darzustellen.

Merke:

Um zu einem konjugiert komplexen Paar Eigenwerten eine zugehörige reelle Lösungsbasis des Differentialgleichungssystems (5.7) zu ermitteln genügt es, einen Eigenvektor zu berechnen.

Aussage:

Es sei $\lambda \notin \mathbb{R}$ ein komplexer Eigenwert der Koeffizientenmatrix A im Differentialgleichungssystem (5.7) mit dem Realteil $Re(\lambda) = \alpha$ und dem Imaginärteil $Im(\lambda) = \beta$ ($\beta \neq 0$). Der Vektor $\vec{v}$ sei der zugehörige komplexe Eigenvektor. Zwei linear unabhängige reelle Lösungen sind dann

$$\begin{aligned}
\vec{u}_1(x) &= Re\left(e^{\lambda x}\vec{v}\right) = e^{\alpha x}(Re(\vec{v})\cos(\beta x) - Im(\vec{v})\sin(\beta x)), \\
\vec{u}_2(x) &= Im\left(e^{\lambda x}\vec{v}\right) = e^{\alpha x}(Re(\vec{v})\sin(\beta x) + Im(\vec{v})\cos(\beta x)).
\end{aligned} \tag{5.11}$$

Ein Beispiel dazu finden Sie am Ende dieses Abschnittes (Beispiel 5.11).

---

[6] Merziger, G., Wirth, Th.: *Repetitorium der Höheren Mathematik*, Binomi Verlag Springe (2002), S. 469

Bemerkungen zu Satz 5.3:

- Wenn die Differenz aus der Vielfachheit k des Eigenwertes und der Dimension l des zugehörigen Eigenraumes gleich 1 ist, hat $\vec{p}(x)$ die Gestalt

$$\vec{p}(x) = \vec{a}x + \vec{b}$$

und für $k - l = 2$

$$\vec{p}(x) = \vec{a}x^2 + \vec{b}x + \vec{c}.$$

- Bei diagonalisierbaren Koeffizientenmatrizen hat man automatisch n linear unabhängige Eigenvektoren, da für diese Matrizen die Vielfachheit jedes Eigenwertes mit der Dimension des zugehörigen Eigenraumes übereinstimmt. Die Diagonalisierbarkeit erspart spezielle Ansätze zur Lösung des homogenen Differentialgleichungssystems.

- Das in Satz (5.3) beschriebene Problem wird auch mit sogenannten Hauptvektoren erster, zweiter bis $(k-l)$-ter Stufe gelöst. Da wir aber nur Grundkenntnisse über Eigenvektoren ($\hat{=}$ Hauptvektoren) aus der linearen Algebra voraussetzen wollen, wählen wir den vorgeschlagenen Lösungsweg über entsprechende Ansätze. Das folgende Beispiel soll die prinzipielle Vorgehensweise dabei erläutern.

Beispiel 5.10

Es sei ein Differentialgleichungssystem mit nichtsymmetrischer Matrix gewählt. Außerdem wollen wir die allgemeine Lösung am Schluss noch an Anfangsbedingungen anpassen und so die eindeutige Lösung der folgenden Anfangswertaufgabe ermitteln:

$$u_1'(x) = 3u_1(x) - 4u_2(x)$$
$$u_2'(x) = u_1(x) - u_2(x)$$

Anfangsbedingungen: $u_1(0) = 3$ $u_2(0) = 1.$

$$\Rightarrow \vec{u}\,'(x) = \begin{bmatrix} 3 & -4 \\ 1 & -1 \end{bmatrix} \vec{u}(x), \qquad \vec{u}_0(x) = \begin{bmatrix} 3 \\ 1 \end{bmatrix}$$

Lösung:

$$\det \begin{bmatrix} 3 - \lambda & -4 \\ 1 & -1 - \lambda \end{bmatrix} = (3 - \lambda)(-1 - \lambda) + 4 = -3 + \lambda - 3\lambda + \lambda^2 + 4$$

$$0 = \lambda^2 - 2\lambda + 1$$

$$\lambda_{1,2} = 1 \pm \sqrt{1 - 1} = 1$$

Die Koeffizientenmatrix hat nur einen Eigenwert der Vielfachheit 2.

$$\begin{bmatrix} 3 - 1 & -4 \\ 1 & -1 - 1 \end{bmatrix} \cdot \vec{v} = \vec{0}$$

$$\begin{bmatrix} 2 & -4 \\ 1 & -2 \end{bmatrix} \cdot \vec{v} = \vec{0}$$

$$\begin{bmatrix} 2 & -4 \\ 0 & 0 \end{bmatrix} \cdot \vec{v} = \vec{0}$$

$v_2 = C \in \mathbb{R}$ sei beliebig.

$$2v_1 - 4\,C = 0$$
$$v_1 = 2\,C$$
$$\Rightarrow \begin{bmatrix} v_1 \\ v_2 \end{bmatrix} = C \begin{bmatrix} 2 \\ 1 \end{bmatrix}$$

Es gibt also nur diesen einen Eigenvektor $\vec{v}_1 = \begin{bmatrix} 2 \\ 1 \end{bmatrix}$.

Für die vollständige Lösung des vorliegenden Differentialgleichungssystems fehlt nun ein zweiter Vektor, für den in der folgenden Darstellung das Fragezeichen „?" steht:

$$\vec{u}(x) = C_1 \begin{bmatrix} 2 \\ 1 \end{bmatrix} e^x + C_2 \cdot \textbf{?} \cdot e^x.$$

Um den fehlenden, zu $\vec{v}_1$ linear unabhängigen Vektor $\vec{v}(x)$ zu berechnen machen wir einen Ansatz nach Satz (5.3). Wir suchen einen Vektor $\vec{p}(x)$ aus Polynomen vom Grad $k - l$, hier vom Grad $2 - 1 = 1$.

$$\Rightarrow \vec{v}(x) = (\vec{a}x + \vec{b})e^{\lambda x} \qquad \text{mit } \lambda = 1$$

$$\Rightarrow \vec{u}_{\text{Rest}}(x) = C_2 \cdot \vec{v}(x)$$
$$\Rightarrow \vec{v}\,'(x) = \vec{a} \cdot e^{\lambda x} + (\vec{a}x + \vec{b})e^{\lambda x} \cdot \lambda = (\vec{a} + \lambda \vec{a}x + \lambda \vec{b})e^{\lambda x}$$

Einsetzen in die Differentialgleichung ergibt

$$(\vec{a} + \lambda \vec{a}x + \lambda \vec{b})e^{\lambda x} = A \cdot (\vec{a}x + \vec{b})e^{\lambda x}.$$

Der Koeffizientenvergleich führt jetzt auf zwei lineare Gleichungssysteme:

$$x^0 : \quad \vec{a} + \lambda \vec{b} = A \cdot \vec{b}$$
$$x^1 : \quad \lambda \vec{a} \quad = A\vec{a} \iff (A - \lambda E)\,\vec{a} = \vec{0}.$$

Die Lösung des zweiten Gleichungssystems kennen wir schon, sie ist in Form des Eigenvektors $\vec{a}$ der Ausgangsmatrix A zum Eigenwert $\lambda = 1$ bekannt.

$$\Rightarrow \vec{a} = \begin{bmatrix} 2 \\ 1 \end{bmatrix}.$$

Nun berechnen wir noch die Lösung des ersten Gleichungssystems:

$$\begin{bmatrix} 2 \\ 1 \end{bmatrix} + \lambda \vec{b} = A \cdot \vec{b}$$

$$\Rightarrow \begin{bmatrix} 2 \\ 1 \end{bmatrix} = (A - \lambda E)\,\vec{b}$$

$$\Rightarrow \begin{bmatrix} 2 \\ 1 \end{bmatrix} = \begin{bmatrix} 2 & -4 \\ 1 & -2 \end{bmatrix} \cdot \vec{b}.$$

Wir haben das gleiche lineare Gleichungssystem wie oben, jetzt aber mit inhomogener rechter Seite $\vec{a}$.

Die Umformung nach Gauß ergibt

$$\begin{bmatrix} 2 & -4 \\ 0 & 0 \end{bmatrix} \cdot \vec{b} = \begin{bmatrix} 2 \\ 0 \end{bmatrix}$$

$$b_2 = C \in \mathbb{R}$$

$$2b_1 - 4\,C = 2$$

$$b_1 = 1 + 2\,C$$

$$\vec{b} = \begin{bmatrix} b_1 \\ b_2 \end{bmatrix} = C \begin{bmatrix} 2 \\ 1 \end{bmatrix} + \begin{bmatrix} 1 \\ 0 \end{bmatrix}.$$

Da nur eine spezielle Lösung gebraucht wird, wählen wir

$$C = 0 \quad \Rightarrow \quad \vec{b} = \begin{bmatrix} 1 \\ 0 \end{bmatrix}.$$

Damit haben wir unsere zweite Basislösung

$$\vec{v}(x) = \left(\begin{bmatrix} 2 \\ 1 \end{bmatrix} x + \begin{bmatrix} 1 \\ 0 \end{bmatrix} \right) e^x$$

und den gesuchten Anteil an der Lösung des Differentialgleichungssystems

$$\vec{u}_{\text{Rest}}(x) = C_2 \cdot \left(\begin{bmatrix} 2 \\ 1 \end{bmatrix} x + \begin{bmatrix} 1 \\ 0 \end{bmatrix} \right) e^x = C_2 \cdot \begin{bmatrix} 2x+1 \\ x \end{bmatrix} \cdot e^x, \qquad C_2 \in \mathbb{R}.$$

Die allgemeine Lösung ist folglich

$$\vec{u}(x) = C_1 \cdot \begin{bmatrix} 2 \\ 1 \end{bmatrix} e^x + C_2 \cdot \begin{bmatrix} 2x+1 \\ x \end{bmatrix} e^x, \qquad C_1,\ C_2 \in \mathbb{R}.$$

Nun bestimmen wir mit den Anfangsbedingungen die beiden freien Parameter und damit die Lösung des Anfangswertproblems

$$u_1(0) = C_1 \cdot 2 \cdot 1 + C_2 \cdot 1 \cdot 1 = 3$$

$$2C_1 + C_2 = 3 \qquad C_2 = 3 - 2C_1$$

$$u_2(0) = C_1 \cdot 1 \cdot 1 + 0 = 1 \qquad\qquad\qquad \Rightarrow C_1 = 1$$

$$C_2 = 3 - 2 = 1$$

$$\Rightarrow \vec{u}(x) = \begin{bmatrix} 2 + 2x + 1 \\ 1 + x \end{bmatrix} e^x = \begin{bmatrix} 3 + 2x \\ 1 + x \end{bmatrix} e^x = \begin{bmatrix} 3 \\ 1 \end{bmatrix} e^x + \begin{bmatrix} 2 \\ 1 \end{bmatrix} x e^x$$

Beispiel 5.11

Schließlich wenden wir uns mit diesem Beispiel einem komplexen Fall zu.

$$\vec{u}\,'(x) = \begin{bmatrix} -1 & -1 \\ 1 & -1 \end{bmatrix} \vec{u}(x)$$

Lösung:

$$\det \begin{bmatrix} -1-\lambda & -1 \\ 1 & -1-\lambda \end{bmatrix} = (1+\lambda)^2 + 1$$

$$0 = \lambda^2 + 2\lambda + 2$$

$$\lambda_{1,2} = -1 \pm \sqrt{1-2}$$

$$\Rightarrow \lambda_1 = -1+i, \quad \lambda_2 = -1-i$$

$$\begin{bmatrix} -1-(-1+i) & -1 \\ 1 & -1-(-1+i) \end{bmatrix} \cdot \vec{v} = \vec{0}$$

$$\begin{bmatrix} -i & -1 \\ 1 & -i \end{bmatrix} \cdot \vec{v} = \vec{0}$$

$$-iv_1 - v_2 = 0$$

$$v_1 - iv_2 = 0$$

$$v_1 = iv_2$$

$$\Rightarrow -i \cdot iv_2 - v_2 = 0$$

$$v_2 - v_2 = 0$$

$\Rightarrow v_2$ ist beliebig, wir wählen $v_2 = 1$.

$$\Rightarrow v_1 = i \quad \Rightarrow \vec{v} = \begin{bmatrix} v_1 \\ v_2 \end{bmatrix} = \begin{bmatrix} i \\ 1 \end{bmatrix} = \begin{bmatrix} 0 \\ 1 \end{bmatrix} + i \cdot \begin{bmatrix} 1 \\ 0 \end{bmatrix}$$

Wir wissen, dass wir mit Hilfe des Realteils und des Imaginärteils von $\vec{v}$ eine reelle Lösungsbasis erzeugen können. Mit der Formel (5.11) und den Werten $\alpha = -1$ und $\beta = 1$ ergeben sich zwei linear unabhängige reelle Lösungen zu

$$\vec{u}_1(x) = e^{-x}(Re(\vec{v})\cos x - Im(\vec{v})\sin x),$$

$$\vec{u}_2(x) = e^{-x}(Re(\vec{v})\sin x + Im(\vec{v})\cos x),$$

d. h.

$$\vec{u}_1(x) = e^{-x}\left(\begin{bmatrix} 0 \\ 1 \end{bmatrix}\cos x - \begin{bmatrix} 1 \\ 0 \end{bmatrix}\sin x\right)$$

$$\vec{u}_2(x) = e^{-x}\left(\begin{bmatrix} 0 \\ 1 \end{bmatrix}\sin x + \begin{bmatrix} 1 \\ 0 \end{bmatrix}\cos x\right).$$

Die Linearkombination von $\vec{u}_1$ und $\vec{u}_2$ führt schließlich zur allgemeinen Lösung unseres homogenen Differentialgleichungssystems

$$\vec{u}_{\mathrm{H}}(x) = C_1 e^{-x} \begin{bmatrix} -\sin x \\ \cos x \end{bmatrix} + C_2 e^{-x} \begin{bmatrix} \cos x \\ \sin x \end{bmatrix}$$

$$= e^{-x} \begin{bmatrix} -C_1 \sin x + C_2 \cos x \\ C_1 \cos x + C_2 \sin x \end{bmatrix} \quad (C_1,\ C_2 \in \mathbb{R}).$$

5.4.2   Lösung des inhomogenen Systems (für konstante Koeffizienten)

Wir wollen jetzt für inhomogene Differentialgleichungssysteme exemplarisch in drei Fällen jeweils eine spezielle Lösung des inhomogenen Systems bestimmen. Das inhomogene Differentialgleichungssystem sei

$$\vec{u}\,' = A\vec{u} + \vec{r}, \qquad \vec{r} = \begin{bmatrix} r_1(x) \\ \vdots \\ r_n(x) \end{bmatrix} \quad \text{Vektor der Störfunktionen.}$$

Bei Störfunktionen der Bauart

$$\vec{r}(x) = \vec{p}(x) \cdot e^{\alpha x} \cos \beta x$$

oder

$$\vec{r}(x) = \vec{p}(x) \cdot e^{\alpha x} \sin \beta x$$

lassen sich wie bei inhomogenen Differentialgleichungen $n$ter Ordnung (siehe Kapitel 4) spezielle Ansätze verwenden, wobei zwischen „Resonanz" und fehlender „Resonanz" unterschieden werden muss. Dies erläutern wir an einem Beispiel:

Beispiel 5.12

Für die Störfunktion $\vec{r}_i(x)$, $i = 1, 2, 3$ des folgenden Differentialgleichungssystems betrachten wir drei verschiedene Fälle.

$$\vec{u}\,' = \begin{bmatrix} 1 & -2 \\ 1 & 4 \end{bmatrix} \vec{u} + \vec{r}_i(x) \tag{5.12}$$

Berechnen Sie als Übung die Eigenwerte und die Eigenvektoren der Koeffizientenmatrix!

Sie erhalten $\lambda_1 = 2,$ $\lambda_2 = 3,$ $\vec{v}_1 = \begin{bmatrix} 2 \\ -1 \end{bmatrix},$ $\vec{v}_2 = \begin{bmatrix} -1 \\ 1 \end{bmatrix},$

$$\Rightarrow \vec{u}_{\mathrm{H}}(x) = C_1 \begin{bmatrix} 2 \\ -1 \end{bmatrix} e^{2x} + C_2 \begin{bmatrix} -1 \\ 1 \end{bmatrix} e^{3x}.$$

Fall a)

$$\vec{r}_1(x) = \begin{bmatrix} -2e^x \\ -36x \end{bmatrix} \quad \text{„zerlegen" in} \quad \begin{bmatrix} -2 \\ 0 \end{bmatrix} e^x + \begin{bmatrix} 0 \\ -36 \end{bmatrix} x e^0$$

$$\swarrow \qquad\qquad\qquad \searrow$$

$$\alpha = 1, \ \beta = 0 \qquad\qquad\qquad \alpha = 0, \ \beta = 0$$

jeweils in der Darstellung $e^{(\alpha \pm \beta i)x} = e^{\alpha x}(\cos(\beta x) \pm i \sin(\beta x))$,
d. h. keine Resonanz.

Hier verwendet man den Ansatz

$$\vec{u}_S(x) = \vec{a}e^x + \vec{b}x + \vec{c}.$$

$$\vec{u}\,'_S(x) = \vec{a}e^x + \vec{b} \qquad \text{in das Differentialgleichungssystem einsetzen}$$

$$\vec{a}e^x + \vec{b} = A(\vec{a}e^x + \vec{b}x + \vec{c}) + \vec{r}_1(x)$$

$$= \begin{bmatrix} 1 & -2 \\ 1 & 4 \end{bmatrix}(\vec{a}e^x + \vec{b}x + \vec{c}) + \begin{bmatrix} -2 \\ 0 \end{bmatrix}e^x + \begin{bmatrix} 0 \\ -36 \end{bmatrix}x.$$

Koeffizientenvergleich:

$$e^x : \quad \vec{a} = A\vec{a} + \begin{bmatrix} -2 \\ 0 \end{bmatrix}$$

$$x^1 : \quad \vec{0} = A\vec{b} + \begin{bmatrix} 0 \\ -36 \end{bmatrix}$$

$$x^0 : \quad \vec{b} = A\vec{c}$$

Es sind drei lineare Gleichungssysteme zu lösen.

Erstes Gleichungssystem:

$$(A - E)\vec{a} = \begin{bmatrix} 2 \\ 0 \end{bmatrix}$$

$$\begin{bmatrix} 0 & -2 \\ 1 & 3 \end{bmatrix} \cdot \begin{bmatrix} a_1 \\ a_2 \end{bmatrix} = \begin{bmatrix} 2 \\ 0 \end{bmatrix}$$

$$\Rightarrow \vec{a} = \begin{bmatrix} 3 \\ -1 \end{bmatrix}.$$

Analog erhält man die Lösung des zweiten und schließlich des dritten Gleichungssystems

$$\vec{b} = \begin{bmatrix} 12 \\ 6 \end{bmatrix}, \qquad \vec{c} = \begin{bmatrix} 10 \\ -1 \end{bmatrix}.$$

$$\Rightarrow \vec{u}_{S_1}(x) = \begin{bmatrix} 3 \\ -1 \end{bmatrix}e^x + \begin{bmatrix} 12 \\ 6 \end{bmatrix}x + \begin{bmatrix} 10 \\ -1 \end{bmatrix} = \begin{bmatrix} 3e^x + 12x + 10 \\ -e^x + 6x - 1 \end{bmatrix}.$$

$$\Rightarrow \vec{u}(x) = \vec{u}_H(x) + \vec{u}_{S_1}(x).$$

Fälle b) und c)

$$\vec{r}_2(x) = \begin{bmatrix} 1 \\ 1 \end{bmatrix} e^{2x}, \quad \vec{r}_3(x) = \begin{bmatrix} 1 \\ -1 \end{bmatrix} e^{2x} \quad \Rightarrow \quad \text{Resonanz! (wegen } \lambda_1 = 2)$$

Da die weitere Rechnung zunächst für beide Störfunktionen gleich ist, benutzen wir die Abkürzung

$$\vec{r}_{2,3}(x) = \begin{bmatrix} 1 \\ \pm 1 \end{bmatrix} e^{2x}.$$

Ansatz für einfache Resonanz: $\vec{u}_S(x) = (\vec{a}x + \vec{b})e^{2x}$.

Wir differenzieren die Ansatzfunktion, setzen $\vec{u}\,'_S(x)$ und $\vec{u}_S(x)$ in das Differentialgleichungssystem (5.12) ein und dividieren durch e^{2x}:

$$e^{2x}(\vec{a} + 2\vec{a}x + 2\vec{b}) = Ae^{2x}(\vec{a}x + \vec{b}) + \vec{r}_{2,3}(x)$$

$$= \begin{bmatrix} 1 & -2 \\ 1 & 4 \end{bmatrix} e^{2x}(\vec{a}x + \vec{b}) + \begin{bmatrix} 1 \\ \pm 1 \end{bmatrix} e^{2x}.$$

Koeffizientenvergleich:

$$x^1: \quad 2\vec{a} \quad = A\vec{a}$$

$$x^0: \quad \vec{a} + 2\vec{b} = A\vec{b} + \begin{bmatrix} 1 \\ \pm 1 \end{bmatrix}$$

Hier müssen nun zwei lineare Gleichungssysteme gelöst werden.

Erstes Gleichungssystem:

$$(A - 2E)\vec{a} = \vec{0}$$

$$\begin{bmatrix} -1 & -2 \\ 1 & 2 \end{bmatrix} \cdot \begin{bmatrix} a_1 \\ a_2 \end{bmatrix} = \begin{bmatrix} 0 \\ 0 \end{bmatrix}$$

$$\Rightarrow \vec{a} = C \cdot \begin{bmatrix} 2 \\ -1 \end{bmatrix}, \quad C \in \mathbb{R} \text{ beliebig.}$$

Bei der Lösung des zweiten Gleichungssystems wählen wir am Schluss für die Konstante C je einen Wert in Abhängigkeit von der Störfunktion $\vec{r}_2(x)$ bzw. $\vec{r}_3(x)$

$$\begin{bmatrix} 2C \\ -C \end{bmatrix} + 2 \cdot \begin{bmatrix} b_1 \\ b_2 \end{bmatrix} = \begin{bmatrix} 1 & -2 \\ 1 & 4 \end{bmatrix} \cdot \begin{bmatrix} b_1 \\ b_2 \end{bmatrix} + \begin{bmatrix} 1 \\ \pm 1 \end{bmatrix}$$

$$\begin{bmatrix} -1 & -2 \\ 1 & 2 \end{bmatrix} \cdot \begin{bmatrix} b_1 \\ b_2 \end{bmatrix} = \begin{bmatrix} 2C - 1 \\ -C \mp 1 \end{bmatrix}$$

Die beiden linearen Gleichungssysteme, die sich nur im Vorzeichen $\mp$ der Zahl 1 unterscheiden, erzwingen für ihre Lösbarkeit die Werte $C = 2$ im Falle der Störfunktion $\vec{r}_2(x)$ und $C = 0$ für $\vec{r}_3(x)$.

Hieraus folgen die speziellen Lösungen

$$\vec{u}_{S_2}(x) = \begin{bmatrix} 4x - 3 \\ -2x \end{bmatrix} e^{2x} \quad \text{mit} \quad \vec{a} = \begin{bmatrix} 4 \\ -2 \end{bmatrix} \quad \text{und} \quad \vec{b} = \begin{bmatrix} -3 \\ 0 \end{bmatrix}$$

und

$$\vec{u}_{S_3}(x) = \begin{bmatrix} 1 \\ 0 \end{bmatrix} e^{2x} \quad \text{mit} \quad \vec{a} = \begin{bmatrix} 0 \\ 0 \end{bmatrix}.$$

Aufgabe 5.4.1

Berechnen Sie mit der Eigenwertmethode die Lösung $\vec{u}(x)$ des Differentialgleichungssystems

$$\vec{u}' = \begin{pmatrix} 0 & 4 & -3 \\ 1 & -3 & 3 \\ 1 & -4 & 4 \end{pmatrix} \cdot \vec{u}.$$

Aufgabe 5.4.2

Berechnen Sie die Lösung des zu einem inhomogenen Differentialgleichungssystem formulierten Anfangswertproblems

$$\begin{aligned} u_1' &= 3u_1 - u_2 & u_1(0) &= 3 \\ u_2' &= -u_1 + 3u_2 - 3e^x & u_2(0) &= 2. \end{aligned}$$

Aufgabe 5.4.3

a) In der Aufgabe 5.2.2 haben Sie die Lösung eines Differentialgleichungssystems durch Elimination mit der Operatorenmethode ermittelt. Notieren Sie mit Hilfe dieser Lösungsdarstellung jetzt die Eigenvektoren der zugehörigen Koeffizientenmatrix.

b) Die Lösung eines homogenen Differentialgleichungssystems habe folgende Struktur (C_1, $C_2 \in \mathbb{R}$)

$$\vec{u}_{\mathrm{H}}(x) = C_1 \begin{pmatrix} a \\ b \end{pmatrix} e^{\lambda x} + C_2 \begin{pmatrix} c + d \cdot x \\ f + g \cdot x \end{pmatrix} e^{\lambda x}$$

Welche Aussage können Sie daraus über die Diagonalisierbarkeit der zugehörigen Koeffizientenmatrix treffen? Beschreiben Sie kurz, wie Sie die zweite Basislösung des homogenen Systems berechnen, wenn Sie den ersten Eigenvektor

$$\vec{v}_1(x) = \begin{pmatrix} a \\ b \end{pmatrix}$$

ermittelt haben?

Aufgabe 5.4.4

Berechnen Sie die Lösung des folgenden Differentialgleichungssystems mit nicht diagonalisierbarer Koeffizientenmatrix

$$\vec{u}\,' = \begin{pmatrix} 2 & 2 & -1 \\ -2 & 4 & 1 \\ -3 & 8 & 2 \end{pmatrix} \cdot \vec{u}.$$

5.4.3   Modellbeispiel

Zum Abschluss von Kapitel 5 wollen wir ein anschauliches Modell betrachten, dessen Problemlösung durch geeignete Anfangswertaufgaben erfolgt und deren Lösungen wir darstellen. Das zugehörige Differentialgleichungssystem gehört zu den sogenannten *autonomen Systemen,* die wir in Kapitel 6 behandeln werden.

Anknüpfend an die Einleitung, die wir mit dem Weg-Zeit-Gesetz für die Bewegung eines Massenpunktes entlang der x-Achse begonnen haben (siehe Kapitel 1.1), wollen wir hier die in der (x, y)-Ebene gelegenen Bahnkurven von vier Massenpunkten beschreiben. Die Bahnkurven der im folgenden Beispiel modellierten Bewegung stellen die Lösung eines Differentialgleichungssystems mit Anfangsbedingungen dar.

Beispiel/Modell:

a) Gesamtmodell

Vier Mäuse seien durch vier Massenpunkte symbolisiert. Die Mäuse sitzen, dargestellt in einem (x, y)-Koordinatensystem, in dieser Reihenfolge jeweils auf den Punkten $(1, 1)$, $(-1, 1)$, $(-1, -1)$ und $(1, -1)$. Jede Maus schaut stets in die Richtung der vor ihr laufenden (sitzenden) Maus. Zeitgleich (zum Zeitpunkt $t = 0$) rennen alle vier Mäuse im mathematisch positiven Drehsinn, also im Gegenuhrzeigersinn, los. Es sei vorausgesetzt, dass in gleichen Zeitspannen jede Maus den gleichen Weg wie jede der anderen Mäuse zurücklegt.

Zeichnen Sie eine Skizze der Situation! So können Sie gut die nachfolgenden Überlegungen schrittweise nachvollziehen.

Frage:

Wie verlaufen die Wege der Mäuse?

Lösungsansatz zum Entwurf eines Differentialgleichungssystems

Die Steigungen von Tangenten an eine Kurve charakterisieren ihren Verlauf, ihre Richtung.

Es gilt folgende **Aussage** (genauere Erläuterungen siehe [7]):

In jedem Punkt $\vec{\xi}$ des Definitionsbereiches eines Differentialgleichungssystems $\vec{x}\,' = \vec{f}(\vec{x})$ ist der Tangentialvektor an die Bahnkurve im Punkt $\vec{\xi}$ durch den Richtungsvektor $\vec{f}(\vec{\xi})$ gegeben, der außerdem die Orientierung der Bahnkurve bestimmt.

Ein Richtungsvektor (des zugehörigen Richtungsfeldes) lässt sich aus der Differenz zweier Ortsvektoren bestimmen. Für die Ortsveränderung von Maus1 können wir diese am einfachsten ermitteln.

---

[7]   Aulbach, B.: *Gewöhnliche Differentialgleichungen*, Spektrum Akademischer Verlag, (2004), S. 122

Von Punkt $(1, 1)$ starte Maus1. Sie hat zu einem Zeitpunkt $t = t_m$ die Koordinaten (x, y). Wir nennen diesen Punkt $P_1(x, y)$. Zur gleichen Zeit $t = t_m$ erreichen die drei anderen Mäuse die Punkte P_2, P_3 und P_4. Für die Berechnung unseres Richtungsvektors benötigen wir die Koordinaten von P_2.

Über die Lage dieses Punktes $P_1(x, y)$ wissen wir, dass die Werte x und y jeweils kleiner als 1 sein müssen und setzen voraus, dass sie positiv sind. Maus1 „rennt" zunächst in Richtung negativer x-Achse los. Da aber Maus2 gleichzeitig ihren „Platz" $(-1, 1)$ in Richtung negativer y-Achse verlässt, weicht ihre Verfolgerin Maus1 sofort von ihrem linearen Kurs ab. Da unser Modell punktsymmetrisch zum Koordinatenursprung ist, bewegen sich alle vier Mäuse in Richtung $(0, 0)$.

Ausgehend von Punkt $P_1(x, y)$ der Bahn von Maus1 wollen wir jetzt die Koordinaten der Punkte P_2, P_3 und P_4 beschreiben. Den gleichen Weg, den Maus1 in Richtung negativer x-Achse zurücklegt, „rennt" Maus2 in Richtung negativer y-Achse. Deshalb ist die y-Koordinate von P_2 gleich der x-Koordinate von P_1. Analog hat die x-Koordinate von P_2 den Wert $-y$. Der Punkt P_2 hat also die Koordinaten $P_2(-y, x)$.

Algorithmus: Der Wert der y-Koordinate des Punktes P_{i+1} ist gleich dem x-Wert von P_i, der Wert der x-Koordinate von P_{i+1} ist gleich dem Wert $-y$ von P_i ($i = 1, 2, 3$). Mit diesem „Algorithmus" ermitteln wir schnell die Koordinaten $P_2(-y, x)$, $P_3(-x, -y)$, $P_4(y, -x)$. Schließlich würde uns diese Vorschrift auch wieder zum Bahnpunkt P_1 der ersten Maus führen.

b) Bahn von Maus1

Die „Durchlaufrichtung" von Maus1 von P_1 zu P_2:
Der Richtungsvektor berechnet sich aus der Differenz der zwei Ortsvektoren $\vec{O}P_2 - \vec{O}P_1$

$$\begin{bmatrix} -y \\ x \end{bmatrix} - \begin{bmatrix} x \\ y \end{bmatrix} = \begin{bmatrix} -y & -x \\ x & -y \end{bmatrix}.$$

Mit der Matrixgleichung (Bild einer linearen Abbildung)

$$\begin{bmatrix} -y & -x \\ x & -y \end{bmatrix} = \begin{bmatrix} -1 & -1 \\ 1 & -1 \end{bmatrix} \begin{bmatrix} x \\ y \end{bmatrix} \quad (= \vec{f}(\vec{x}))$$

und unserer Aussage erhalten wir das gesuchte (lineare!) Differentialgleichungssystem

$$\begin{bmatrix} x' \\ y' \end{bmatrix} = \begin{bmatrix} -1 & -1 \\ 1 & -1 \end{bmatrix} \begin{bmatrix} x \\ y \end{bmatrix}. \tag{5.13}$$

Lösung zu b)

Die allgemeine Lösung des Systems (5.13) haben wir in Beispiel 5.11 bereits berechnet

$$\begin{bmatrix} x(t) \\ y(t) \end{bmatrix} = e^{-t} \begin{bmatrix} -C_1 \sin t & +C_2 \cos t \\ C_1 \cos t & +C_2 \sin t \end{bmatrix}, \quad \text{hier} \quad t \geq 0.$$

Die Lösung ist eine Kurvenschar mit zwei freien Parameterwerten C_1 und C_2.

Mit den Anfangsbedingungen, die sich aus dem Startpunkt $(1, 1)$ von Maus1 und der Startzeit $t = 0$ für alle Mäuse ergeben,

$$x(0) = 1, \quad y(0) = 1 \tag{5.14}$$

erhalten wir die eindeutige Lösung des Anfangswertproblems und damit den Weg von Maus1

$$\begin{bmatrix} x(t) \\ y(t) \end{bmatrix} = e^{-t} \begin{bmatrix} -\sin t + \cos t \\ \cos t + \sin t \end{bmatrix}, \quad t \geq 0. \tag{5.15}$$

Lösung zu a)

Wir haben schon alle Bahnkurven berechnet! (Dies ist auch plausibel, da der Weg-Zeit-Abhängigkeit in unserem Modell für alle Mäuse die gleiche Funktion zugrunde liegen muss, lediglich ihr Ort ist ein anderer.) Folglich müssen wir nur noch die zu den Mäusen 2 bis 4 passenden Lösungen herausfinden, d. h. die allgemeine Lösung unseres Differentialgleichungssystems (5.13) an die zugehörigen Startpunkte anpassen

$$\text{Maus2:} \quad x(0) = -1, \quad y(0) = 1 \tag{5.16}$$
$$\text{Maus3:} \quad x(0) = -1, \quad y(0) = -1 \tag{5.17}$$
$$\text{Maus4:} \quad x(0) = 1, \quad y(0) = -1. \tag{5.18}$$

Lösungen der Anfangswertaufgaben:

$$\text{Bahn von Maus2:} \quad \begin{bmatrix} x(t) \\ y(t) \end{bmatrix} = e^{-t} \begin{bmatrix} -\cos t - \sin t \\ -\sin t + \cos t \end{bmatrix}, \quad t \geq 0, \tag{5.19}$$

$$\text{Bahn von Maus3:} \quad \begin{bmatrix} x(t) \\ y(t) \end{bmatrix} = e^{-t} \begin{bmatrix} \sin t - \cos t \\ -\cos t - \sin t \end{bmatrix}, \quad t \geq 0, \tag{5.20}$$

$$\text{Bahn von Maus4:} \quad \begin{bmatrix} x(t) \\ y(t) \end{bmatrix} = e^{-t} \begin{bmatrix} \cos t + \sin t \\ \sin t - \cos t \end{bmatrix}, \quad t \geq 0. \tag{5.21}$$

Antwort:

Die Lösungsbahnen der Mäuse sehen wir in den Abbildungen 5.7 und 5.8, jeweils um eine Bahn der benachbarten Maus erweitert.

Alle vier Lösungen konvergieren für $t \to \infty$ gegen den Punkt $(0, 0)$. Die Abstände (der Bahnen) der Mäuse werden mit wachsendem t zwar offensichtlich immer geringer, aber nie gleich Null, d. h. die Mäuse erreichen die vorauslaufende Maus theoretisch nicht! Man nennt einen solchen Punkt, wie hier den Nullpunkt, einen *Strudelpunkt*.

Die erhaltene Gesamtkurve lässt sich auch anders darstellen (siehe Abbildung 5.9). Dort wird noch deutlicher, dass sich die Lösungsbahn unendlich oft und unendlich dicht um den Nullpunkt windet.

Bemerkung:

Die Lösung eines Anfangswertproblems zum Differentialgleichungssystem (5.13) definiert eine räumliche Kurve in einem (t, x, y)-Koordinatensystem. In der Abbildung 5.10 zeigen wir diese Darstellung für unsere vier gewählten Anfangsbedingungen in zwei Perspektiven.

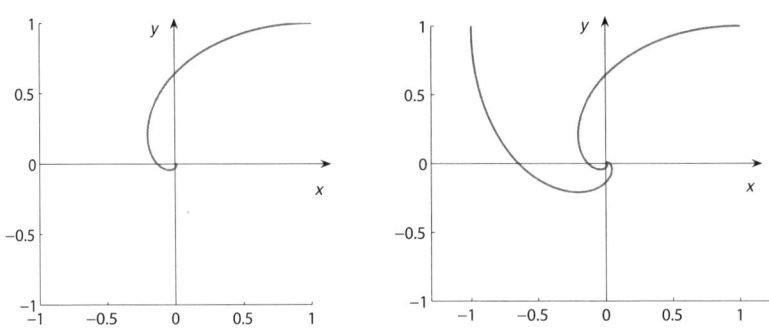

Abb. 5.7: *Weg Maus1 und Wege Maus1+Maus2*

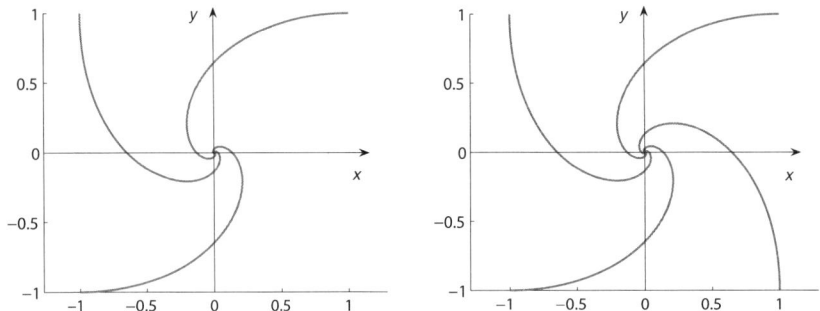

Abb. 5.8: *Wege Maus1 bis Maus3 und Wege aller 4 Mäuse*

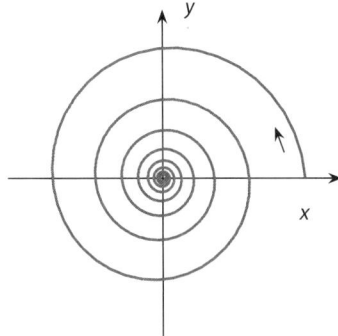

Abb. 5.9: *Logarithmische Spirale — Strudelpunkt* $(0, 0)$

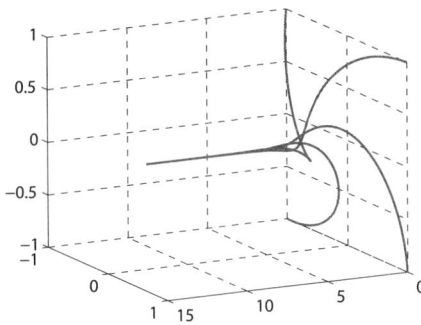 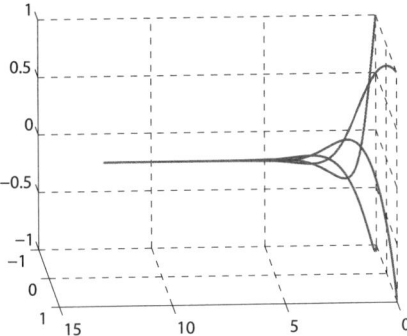

Abb. 5.10: Lösungsbahnen im Raum

Formulierungen für ein solches „Mäusemodell", aber mit anderer Zielstellung, finden wir auch in [8] und [9].

Stellen Sie ein um den Nullpunkt symmetrisches Modell für drei Mäuse auf, die sich im gleichen Abstand voneinander befinden und sich ebenso bewegen wie die vier Mäuse im beschriebenen Beispiel. Zeichnen Sie mit Hilfe von MATLAB® auch die Bahnen der drei Mäuse in ein (x, y)-Koordinatensystem. Eine Skizze von den Bahnen können Sie sofort liefern!

[8] Preuß, W., Wenisch, G.: *Lehr- und Übungsbuch Numerische Mathematik*, Fachbuchverlag Leipzig (2001), S. 263

[9] Meyberg, K., Vachaenauer, P.: *Höhere Mathematik 2 (Differentialgleichungen, Funktionentheorie, Fourier-Analysis, Variationsrechnung)*, Springer Verlag (2001), S. 31

6   Autonome Systeme ($n = 2$)

6.1   Einführung und Beispiele

Definition 6.1

Ein *autonomes Differentialgleichungssystem* erster Ordnung für zwei gesuchte Funktionen $x = x(t)$ und $y = y(t)$ hat die Form

$$\dot{x}(t) = F(x, y)$$
$$\dot{y}(t) = G(x, y). \tag{6.1}$$

Die Funktionen F und G sind auf einem Gebiet $D \subseteq \mathbb{R}^2$ definiert und hängen nicht explizit von der unabhängigen Variablen $t \in \mathbb{R}$ ab.

Es sei vorausgesetzt, dass die Funktionen F und G in ihrem Definitionsbereich stetig partiell nach x und y differenzierbar sind.

Durch die Vorgabe von Anfangswerten $x(t_0) = x_0$ und $y(t_0) = y_0$ entsteht mit (6.1) ein zugehöriges Anfangswertproblem.

Wiederholung, siehe Kapitel 5.2:

Als Bahn, Trajektorie, Orbit oder Phasenkurve der Lösung eines Systems (6.1) haben wir die in der Phasenebene mittels Parameterdarstellung dargestellte Kurve $\begin{bmatrix} x(t) \\ y(t) \end{bmatrix}$, $t \in [t_0, T]$ bezeichnet. Jede Lösung von (6.1) definiert eine räumliche Kurve $\begin{bmatrix} t \\ x(t) \\ y(t) \end{bmatrix}$, $t \in [t_0, T]$.

Im Abschnitt 5.4.3 haben wir mit (5.13) bereits ein lineares autonomes Differentialgleichungssystem betrachtet. Wir stellen in den folgenden Bemerkungen zuerst einige allgemeine Aussagen zu autonomen Differentialgleichungssystemen zusammen, für deren Verständnis dieses Modell nützlich ist, und wenden uns später genaueren Untersuchungen linearer Systeme zu.

Bemerkungen:

Für das Studium einer detaillierten Beschreibung autonomer Differentialgleichungssysteme empfehlen wir das Buch von B. Aulbach[1]. Wir beschränken uns hier auf die Zusammenstellung einiger Aussagen, die für autonome Systeme der Form $\vec{x}\,' = \vec{f}(\vec{x})$ gelten.

---

[1]   Aulbach, B.: *Gewöhnliche Differentialgleichungen*, Spektrum Akademischer Verlag, (2004)

- (Räumliche) Lösungskurven autonomer Systeme (6.1) sind *translationsinvariant*, d. h., eine Verschiebung einer Lösungskurve in t-Richtung liefert wieder eine Lösungkurve des Systems. Bei festen Anfangswerten x_0, y_0 unterscheiden sich Lösungskurven zu verschiedenen Anfangszeiten $t = t_{01}$ und $t = t_{02}$ nur durch eine Verschiebung in t-Richtung. Man spricht von einer „gemeinsamen Projektion" aller Lösungskurven zu einem festen Anfangswert in die (x, y)-Ebene. Die Abbildungen 5.1 bis 5.6 in Kapitel 5.2 veranschaulichen den dargestellten Sachverhalt.
  Für das qualitative Ergebnis unseres Modells im Abschnitt 5.4.3 mit dem autonomen System (5.13) war es unerheblich, den Startzeitpunkt $t_0 = 0$ zu wählen. Dies hat „nur" den Rechenaufwand beim Anpassen an die Anfangsbedingungen erheblich verringert. Vier Lösungskurven des Systems sehen Sie in der Abbildung 5.10.

- Unter den obigen Voraussetzungen für das autonome System (6.1) können sich (die räumlichen) Lösungskurven nicht schneiden, da bei Lipschitzstetigkeit der rechten Seite eines Differentialgleichungssystems erster Ordnung (die hier vorhanden ist) eine eindeutige Lösbarkeit vorliegt. Wegen der Translationsinvarianz der Lösungen schneiden sich auch die Trajektorien, d. h. die zugehörigen Bahnkurven in der (x, y)-Ebene, nicht.

- In jedem Punkt (x, y) des Definitionsbereiches $D \subseteq \mathbb{R}^2$ ist der Tangentialvektor an die Trajektorie durch den Richtungsvektor $\vec{f} = \begin{bmatrix} F(x, y) \\ G(x, y) \end{bmatrix}$ gegeben. Dieser bestimmt auch die Orientierung der Trajektorie. (Vergleiche die betreffende Aussage in Abschnitt 5.4.3) Die Trajektorien autonomer Systeme passen in ein Vektorfeld, genau wie die Lösungen von Differentialgleichungen erster Ordnung in ein Richtungsfeld passen!

- In der Phasenebene unterscheidet man zwei Arten von Punkten $(x, y) \in D \subseteq \mathbb{R}^2$. Es gibt *singuläre Punkte* oder *Ruhelagen*, die die Trajektorien konstanter (stationärer) Lösungen darstellen. Es sind auch die Bezeichnungen *kritischer Punkt* oder *Gleichgewichtspunkt* üblich. Alle anderen Punkte, die *regulären Punkte*, liegen jeweils auf genau einer „glatten" Kurve, auf genau einer Trajektorie, die die Bahn einer Lösung einer Anfangswertaufgabe zum betrachteten autonomen System darstellt.

Mit den Trajektorien kann man tatsächlich die Lösungen autonomer Differentialgleichungssysteme vollwertig veranschaulichen!

Trägt man in die Phasenebene alle Trajektorien eines autonomen Differentialgleichungssystems ein, so entsteht das *Phasenporträt* des Systems.

Wir wollen nun noch einige genannte Bezeichnungen für unser System (6.1) genauer formulieren.

Bezeichnungen:

Gelten in einem Punkt $P(p_0, q_0) \in D \subseteq \mathbb{R}^2$ die Gleichungen

$$F(p_0, q_0) = 0 \quad \text{und} \quad G(p_0, q_0) = 0, \tag{6.2}$$

dann sind die konstanten Kurven

$$x(t) := p_0 \quad \text{und} \quad y(t) := q_0$$

offensichtlich Lösungen des Differentialgleichungssystems (6.1). Sie heißen *stationäre Lösungen* des Systems, d. h. für stationäre Lösungen gilt

$$\left.\begin{array}{l} \dot{x}(t) = 0 \\ \dot{y}(t) = 0 \end{array}\right\} \text{ Ruhelage.}$$

Beispiel 6.1

Wir wollen eine stationäre Lösung eines autonomen Systems ermitteln, suchen also den oder die Punkte der Ruhelagen. Außerdem interessiert uns das Verhalten der Trajektorien rund um die Ruhelage(n).

In unserem Modellbeispiel (5.13) kennen wir die Ruhelage, denjenigen Punkt, um den die Mäuse endlos lange „rennen", es ist der Nullpunkt.

Jetzt betrachten wir ein inhomogenes System, das sich von (5.13) gerade durch eine Störfunktion unterscheidet:

$$\begin{bmatrix} \dot{x} \\ \dot{y} \end{bmatrix} = \begin{bmatrix} -1 & -1 \\ 1 & -1 \end{bmatrix} \begin{bmatrix} x \\ y \end{bmatrix} + \begin{bmatrix} 1 \\ 0 \end{bmatrix}. \tag{6.3}$$

$$\Rightarrow \begin{cases} F(x, y) = -x - y + 1 \\ G(x, y) = x - y \end{cases}$$

Wir ermitteln den Gleichgewichtspunkt:

$$\begin{cases} -x - y + 1 = 0 \\ \quad\quad x - y = 0 \end{cases} \Rightarrow \quad x = y, \quad -2y + 1 = 0$$

$$\Rightarrow x = \frac{1}{2} \quad y = \frac{1}{2}$$

$(p_0, q_0) = \left(\dfrac{1}{2}, \dfrac{1}{2}\right)$ ist der kritische Punkt bzw. Gleichgewichtspunkt des Systems (6.3).

Als allgemeine Lösung von (6.3) erhält man aus der bereits berechneten Lösung des homogenen Systems und einer speziellen Lösung des inhomogenen Systems

$$\begin{bmatrix} x(t) \\ y(t) \end{bmatrix} = e^{-t} \begin{bmatrix} -C_1 \sin t + C_2 \cos t \\ C_1 \cos t + C_2 \sin t \end{bmatrix} + \frac{1}{2} \begin{bmatrix} 1 \\ 1 \end{bmatrix} \quad C_1, C_2 \in \mathbb{R}, \quad t \in [0, \infty),$$

Bitte nachrechnen!

Das inhomogene System (6.3) wäre ebenfalls ein Modell für unsere vier Mäuse. Aus ihren passend geänderten Startpunkten

$$(1, 1); \quad (0, 1); \quad (0, 0) \quad \text{und} \quad (1, 0)$$

ergeben sich vier Lösungsbahnen, die offensichtlich zum stationären Punkt $\left(\frac{1}{2}, \frac{1}{2}\right)$ hinfüh-
ren.

Die Lösung für die Anfangsbedingungen $x(0) = 1$, $y(0) = 1$, d. h. der Weg von Maus1
bezüglich dieses inhomogenen Systems, lautet

$$\begin{bmatrix} x(t) \\ y(t) \end{bmatrix} = 0.5 \, e^{-t} \begin{bmatrix} -\sin t + \cos t \\ \cos t + \sin t \end{bmatrix} + \frac{1}{2} \begin{bmatrix} 1 \\ 1 \end{bmatrix}.$$

Das Bild der vier Trajektorien ist, abgesehen von der Lage des Gleichgewichtspunktes,
identisch mit dem der vier Trajektorien des Systems (5.13), siehe Abbildung 6.1, was auch
genauso zu erwarten war.

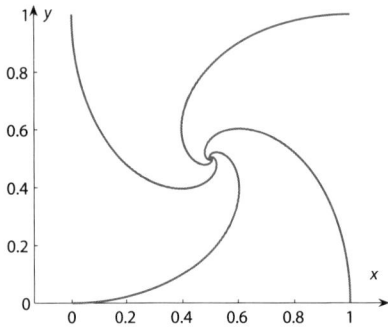

Abb. 6.1: *Die Bahnen der vier Mäuse um den Punkt* (0.5,0.5)

Die tatsächliche Orientierung der Bahnkurven kann man aus dem „natürlichen Durchlauf-
sinn" des Parameters t in der Parameterdarstellung der Lösungen ablesen, in dem man für
wachsendes t zugehörige Punkte der Bahnkurve berechnet.
Wie wir wissen, können wir diese Information aber auch aus der rechten Seite des Differentialgleichungssystems erhalten, die den Richtungsvektor des zugehörigen Vektorfeldes
darstellt.

Mittels der Lösungsdarstellung der Bahn von Maus1 berechnen wir zwei Punkte dieser
Kurve:

$$t_1 = \frac{1}{4} \quad \Rightarrow \quad \begin{bmatrix} x(t_1) \\ y(t_1) \end{bmatrix} \approx \begin{bmatrix} 0.78 \\ 0.97 \end{bmatrix},$$

$$t_2 = \frac{\pi}{2} \quad \Rightarrow \quad \begin{bmatrix} x(t_2) \\ y(t_2) \end{bmatrix} \approx \begin{bmatrix} 0.4 \\ 0.6 \end{bmatrix}.$$

Die zugehörigen Richtungsvektoren in diesen Punkten ermitteln wir durch Einsetzen der
jeweiligen Koordinaten in die rechte Seite des Differentialgleichungssystems:

$$\begin{bmatrix} -0.78 - 0.97 + 1 \\ 0.78 - 0.97 \end{bmatrix} = \begin{bmatrix} -0.75 \\ -0.2 \end{bmatrix}$$

$$\begin{bmatrix} -0.4 - 0.6 + 1 \\ 0.4 - 0.6 \end{bmatrix} = \begin{bmatrix} -0.0 \\ -0.2 \end{bmatrix}.$$

Wir sehen, dass die Kurve zum späteren Zeitpunkt t_2 wesentlich steiler in Richtung der Ruhelage $(0,5; 0,5)$ verläuft als das zum Zeitpunkt t_1 der Fall war. In der Abbildung 6.2 haben wir zur Veranschaulichung das Richtungsfeld und diese beiden Punkte eingezeichnet.

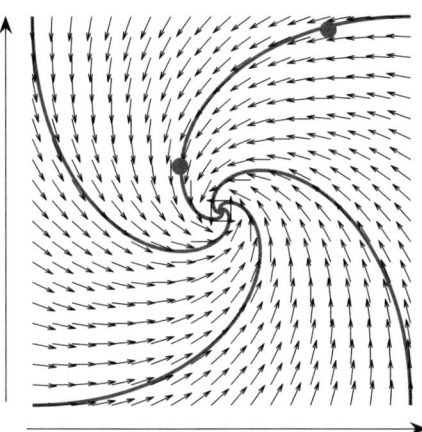

Abb. 6.2: Strudel mit Richtungsfeld

Vergleichen Sie jetzt die Abbildung 6.2 mit der Abbildung 2.8 aus Kapitel 2.1, die Lösungen einer Differentialgleichung (der Differentialgleichung (2.3)) zeigt.
Sie stellen fest, dass vermutlich außer den Pfeilrichtungen fast alle Informationen über die Bahnkurven des autonomen Differentialgleichungssystems vollständig aus den Lösungen einer zugehörigen Differentialgleichung gewonnen werden können.

Welche Eigenschaft der Lösungen des autonomen Systems können Sie den Lösungskurven dieser zugehörigen Differentialgleichung nicht ansehen?

Das ist die Richtung der Trajektorien und der genaue Verlauf der Lösungen für $t \to \infty$!

Für die Lösungen des autonomen Systems im vorliegenden Beipiel gilt

$$\lim_{t \to \infty} \begin{bmatrix} x(t) \\ y(t) \end{bmatrix} = \lim_{t \to \infty} \left\{ e^{-t} \begin{bmatrix} -C_1 \sin t + C_2 \cos t \\ C_1 \cos t + C_2 \sin t \end{bmatrix} + \frac{1}{2} \begin{bmatrix} 1 \\ 1 \end{bmatrix} \right\} = \begin{bmatrix} p_0 \\ q_0 \end{bmatrix}.$$

Die Bahnkurven nähern sich genauso schnell der Ruhelage, wie die Funktion e^{-t} für $t \to \infty$ gegen Null konvergiert.
Der kritische Punkt $\left(\dfrac{1}{2}, \dfrac{1}{2} \right)$ ist ein *asymptotisch stabiler* Strudelpunkt.

Für lineare Systeme geben wir in den Kapiteln 6.2 und 6.3 eine Übersicht über das Stabilitätsverhalten der Trajektorien in der Nähe der Ruhelagen. Mit den nachfolgenden Beispielen wollen wir auch hier schon auf wichtige Merkmale hinweisen.

Um die Trajektorien des autonomen Differentialgleichungssystems (6.1) als (zunächst nicht orientierte) Kurven in der (x, y)-Ebene darzustellen, muss man, wie wir schon vermutet haben, das System nicht lösen. Man entnimmt dem System nur die Richtungsvektoren und erhält somit die Orientierung der Kurven.

Die Trajektorien des autonomen Systems (6.1)

$$\dot{x}(t) = F(x, y)$$
$$\dot{y}(t) = G(x, y).$$

lassen sich als einparametrige Lösungsschar der Differentialgleichung

$$\frac{dy}{dx} = \frac{G(x, y)}{F(x, y)} \qquad \text{bzw.} \qquad \frac{dx}{dy} = \frac{F(x, y)}{G(x, y)} \tag{6.4}$$

ermitteln. Dabei wird $F(x, y) \neq 0$ bzw. $G(x, y) \neq 0$ für alle Punkte $(x, y) \in D$ vorausgesetzt.

Wenn die Funktionen F bzw. G Nullstellen besitzen, dann lässt sich das Verfahren für die Teilbereiche ohne Nullstellen anwenden.

Wir werden sehen, dass wir als Trajektorien autonomer Systeme bekannte Lösungen von Differentialgleichungen erster Ordnung wiederfinden. Auf die hier auszuführenden Charakterisierungen von Phasenporträts haben wir schon (am Schluss von Kapitel 2.1) hingewiesen, und durch die gleichnamigen Bezeichnungen von Lösungsporträts vorbereitet.

Beispiel 6.2

Wir wollen die Trajektorien des autonomen Differentialgleichungssystems, das wir in Kapitel 5.1, Beispiel 5.3 gelöst und veranschaulicht haben, jetzt durch die zugehörige Differentialgleichung erster Ordnung bestimmen.

$$\left.\begin{array}{l} \dot{x}(t) = y(t) \\ \dot{y}(t) = -x(t) \end{array}\right\} \quad \Rightarrow \quad \text{kritischer Punkt } (0, 0)$$

Man erhält die Trajektorien als Lösung $y(x)$ der Differentialgleichung

$$\frac{dy}{dx} = -\frac{x}{y}.$$

Lösung (Wiederholung):

$$y' \cdot y = -x$$

$$\int dy \cdot y = -\int x \, dx$$

$$\frac{y^2}{2} = -\frac{x^2}{2} + C$$

$$x^2 + y^2 = 2C, \quad (C > 0).$$

Die Trajektorien des gegebenen Differentialgleichungssystems sind Kreise mit dem Radius $r = \sqrt{2C}$ um den Mittelpunkt $(0, 0)$.

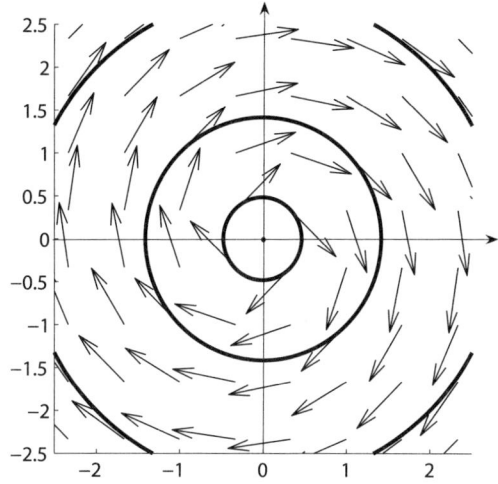

Abb. 6.3: *Wirbelpunkt mit Richtungsvektoren*

In der Abbildung 6.3 ist wieder ein Richtungsfeld eingezeichnet. Man erkennt, dass einige der gezeigten Vektoren tatsächlich Richtungsvektoren der Kreisbahnen sind.

Beobachtungen:
Es existiert offensichtlich kein Grenzwert für $t \to \infty$. Die Trajektorien sind geschlossene Kurven, die den kritischen Punkt in ihrem Inneren einschließen. Die Lösungen des gegebenen Differentialgleichungssystems (siehe Beispiel 5.3)

$$\begin{bmatrix} x(t) \\ y(t) \end{bmatrix} = \begin{bmatrix} C_1 \sin t - C_2 \cos t \\ C_1 \cos t + C_2 \sin t \end{bmatrix} \quad (C_1, \ C_2 \in \mathbb{R})$$

sind deshalb nicht asymptotisch, aber stabil. Die Trajektorien haben eine feste Entfernung vom Gleichgewichtspunkt. Ein Gleichgewichtspunkt mit dieser Eigenschaft heißt *Wirbelpunkt*.

Oft werden geschlossene Trajektorien durch die Linien von **Ellipsen** dargestellt. Die Gleichung ihrer Kurvenschar ist

$$\frac{x^2}{(\beta b)^2} + \frac{y^2}{b^2} = 1 \tag{6.5}$$

mit einem Parameter $b > 0$ und dem Imaginärteil β des konjugiert komplexen Eigenwertpaares

$$\lambda = \alpha \pm \beta i \quad (\text{mit } \beta > 0)$$

der Koeffizientenmatrix des zugehörigen linearen autonomen Differentialgleichungssystems.
Im Fall von Kreislinien gilt $b^2 = 2C$ und $\beta = 1$.

Ergänzung zu Beispiel 6.2

Die Eigenwerte der Koeffizientenmatrix

$$A = \begin{bmatrix} 0 & 1 \\ -1 & 0 \end{bmatrix} \quad \text{sind} \quad \lambda_{1,2} = \pm i.$$

Merke:

Lineare ebene autonome Systeme haben Ellipsen als Trajektorien, wenn die Eigenwerte ihrer Koeffizientenmatrix rein imaginär sind.

Beispiel 6.3

Es ist ein weiteres, bekanntes, lineares autonomes Differentialgleichungssystem gegeben:

$$\left. \begin{array}{l} \dot{x}(t) = x \\ \dot{y}(t) = y \end{array} \right\} \quad \Rightarrow \quad \text{kritischer Punkt } (0, 0).$$

Gesucht sind die Trajektorien. Wir wollen hierzu wieder die entsprechende Differentialgleichung lösen. Meistens ist das nicht so trivial möglich!

$$\frac{dy}{dx} = \frac{G(x, y)}{F(x, y)} = \frac{y}{x}, \qquad x \neq 0$$

$$\int \frac{dy}{y} = \int \frac{dx}{x}, \qquad y \neq 0$$

$$\ln |y| = \ln |x| + C$$

$$\Rightarrow \quad y = x \cdot K \quad \text{mit } K \in \mathbb{R}, \quad \text{vergleiche Kapitel 3.1.}$$

Die Trajektorien sind alle Geraden durch den Nullpunkt: $y(x) = x \cdot K, \quad K \in \mathbb{R}$.

Welche Orientierung haben diese Trajektorien? Man kann in diesem Fall die Orientierung der Trajektorien an einer Eigenschaft des Gleichgewichtspunktes ablesen.

$$A = \begin{bmatrix} 1 & 0 \\ 0 & 1 \end{bmatrix} \qquad \text{Eigenwerte: } (1 - \lambda)^2 = 0$$

$$\lambda_{1,2} = 1$$

Der Gleichgewichtspunkt ist wegen der Existenz eines reellen, positiven Eigenwertes instabil, d. h. die Orientierung der Trajektorien ist vom Gleichgewichtspunkt nach außen hin gerichtet (siehe Satz 6.2 in Kapitel 6.2).

Merke:

- Bei doppeltem, reellen, positiven Eigenwert, d. h.

$$\lambda_{1,2} = \alpha \pm \beta i \quad \text{mit} \quad \alpha > 0, \ \beta = 0$$

und Diagonalisierbarkeit der Matrix ist die Ruhelage ein *instabiler Stern*.

- Wann liegt ein *stabiler Stern* vor?

  Bei doppeltem, reellen, negativen Eigenwert, d. h.

  $$\lambda_{1,2} = \alpha \pm \beta i \quad \text{mit} \quad \alpha < 0, \ \beta = 0$$

  und Diagonalisierbarkeit der Matrix.

Beispiel 6.4

Die Koeffizientenmatrix eines linearen autonomen Differentialgleichungssystems sei jetzt die folgende Diagonalmatrix:

$$A = \begin{bmatrix} -1 & 0 \\ 0 & -1 \end{bmatrix} \ \Rightarrow \ \lambda_{1,2} = -1.$$

Das System hat die gleichen Trajektorien wie im vorigen Beispiel, nur mit dem entscheidenden Unterschied, dass sie stabil in Richtung Gleichgewichtspunkt verlaufen!

Abschließend wollen wir noch den Strudelpunkt mit den Eigenwerten der Koeffizientenmatrix charakterisieren. Strudelpunkte liegen vor, wenn das Eigenwertepaar sowohl einen nichtverschwindenden Realteil als auch einen solchen Imaginärteil hat. Die Stabilität wird wieder von dem Vorzeichen des Realteils bestimmt.

Ergänzung zu Beispiel 6.1

Die Eigenwerte sind $\lambda_{1,2} = -1 \pm i$. Folglich liegt ein *stabiler Strudelpunkt* vor.

6.2   Stabilität linearer autonomer Systeme

In der Stabilitätstheorie gewöhnlicher Differentialgleichungssysteme wird die Frage untersucht, wie sich Lösungen über unendlich lange Zeiträume in Abhängigkeit der Wahl ihrer Anfangswerte verhalten. Auf Stabilitätsbegriffe für allgemeine Systeme können wir hier nicht eingehen. Wir beschränken uns speziell auf Untersuchungen linearer autonomer Differentialgleichungssysteme für zwei gesuchte Funktionen.

Wir können uns die zu behandelnde Fragestellung am Modellbeispiel von Kapitel 5.4.3 veranschaulichen. Für das prinzipielle zeitliche Verhalten der Lösungskurven dieses linearen autonomen Systems ist es gleichgültig, in welchem Punkt der Ebene sie beginnen. Innerhalb eines hinreichend großen Zeitintervalls befinden sich die zugehörigen Lösungsbahnen alle in hinreichender Nähe zum Nullpunkt. An anderen Beispielen linearer Systeme haben wir gesehen, dass es für das zeitliche Verhalten der Trajektorien noch zwei weitere Möglichkeiten gibt: sie behalten einen festen Abstand rund um die Gleichgewichtslage oder sie verlaufen in verschiedene Richtungen von ihr abgewandt.

Die Stabilitätseigenschaft einer Ruhelage lässt sich offensichtlich an Hand des Abstandes der Nachbartrajektorien von der Ruhelage ablesen. Dies funktioniert deshalb, weil ein Gleichgewichtspunkt die einpunktige Trajektorie einer (zeitlich) konstanten Lösung ist.

Mit dem Euklidischen Abstand zwischen zwei Punkten (x_1, y_1) und (x_2, y_2)

$$|(x_1, y_1) - (x_2, y_2)| := \sqrt{(x_1 - x_2)^2 + (y_1 - y_2)^2}$$

wollen wir nun eine Definition von Stabilitätszuständen von Ruhelagen (p_0, q_0) bzw. ihren zugehörigen stationären Lösungen mit den konstanten Kurven

$$x(t) := p_0 \quad \text{und} \quad y(t) := q_0$$

formulieren.

Definition 6.2

Ein Gleichgewichtspunkt (p_0, q_0) des autonomen Differentialgleichungssystems (6.1)

$$\dot{x}(t) = F(x, y)$$
$$\dot{y}(t) = G(x, y) \qquad \text{heißt}$$

- *stabil*,

  wenn es für jedes $\varepsilon > 0$ ein $\delta > 0$ gibt, so dass für eine beliebige Lösung $\begin{bmatrix} x(t) \\ y(t) \end{bmatrix}$ und ein t_1 gilt:

$$\left| \begin{bmatrix} x(t_1) \\ y(t_1) \end{bmatrix} - \begin{bmatrix} p_0 \\ q_0 \end{bmatrix} \right| < \delta \quad \Rightarrow \quad \left| \begin{bmatrix} x(t) \\ y(t) \end{bmatrix} - \begin{bmatrix} p_0 \\ q_0 \end{bmatrix} \right| < \varepsilon \quad \text{für alle } t \geq t_1,$$

$$(6.6)$$

- *instabil*, wenn sie nicht stabil ist,

- *attraktiv*,

  wenn ein $r > 0$ existiert, so dass für eine beliebige Lösung $\begin{bmatrix} x(t) \\ y(t) \end{bmatrix}$ und ein t_1 gilt:

$$\left| \begin{bmatrix} x(t_1) \\ y(t_1) \end{bmatrix} - \begin{bmatrix} p_0 \\ q_0 \end{bmatrix} \right| < r \quad \Rightarrow \quad \lim_{t \to \infty} \begin{bmatrix} x(t) \\ y(t) \end{bmatrix} = \begin{bmatrix} p_0 \\ q_0 \end{bmatrix},$$

$$(6.7)$$

- *asymptotisch stabil*, wenn sie stabil und attraktiv ist.

In der Abbildung 6.4 haben wir von drei verschiedenen Ruhelagen das Verhalten der Trajektorien in den jeweiligen Umgebungen veranschaulicht.

Die Definition 6.2 ist mit dem Euklidischen Abstand im $\mathbb{R}^n$ auch für autonome Systeme der Form

$$\vec{x}\,'(t) = \vec{f}(\vec{x}(t)) \tag{6.8}$$

gültig.

Bei **linearen**, nicht notwendig autonomen (auch inhomogenen) Differentialgleichungssysstemen haben alle Lösungen des Systems das gleiche Stabilitätsverhalten. Es gilt der folgende Satz:

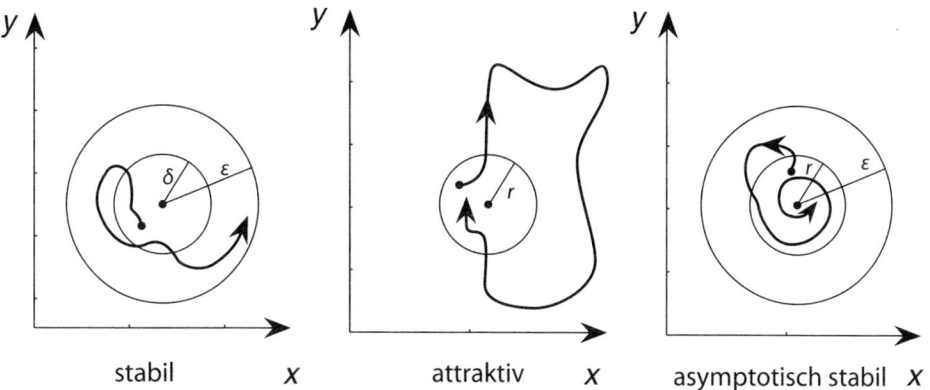

Abb. 6.4: Stabilitätsverhalten von Trajektorien

Satz 6.1

Alle Lösungen eines linearen inhomogenen Differentialgleichungssystems der Form

$$\vec{x}\,'(t) = A(t)\vec{x}(t) + r(t) \tag{6.9}$$

sind stabil bzw. asymptotisch stabil genau dann, wenn die triviale Lösung des zugehörigen homogenen Systems stabil bzw. asymptotisch stabil ist.

Bemerkung:

Im Fall konstanter Koeffizientenmatrix $A(t) = A$ ist das zu (6.9) zugehörige homogene System ein autonomes System. Bei linearen autonomen Systemen ist die triviale Lösung Gleichgewichtslage des Systems. Das Verhalten der Lösungen linearer ebener Systeme um die Ruhelage ist vollständig bekannt (siehe Kapitel 6.3). Die Stabilitätsaussagen gelten dann laut Satz 6.1 für alle Lösungen des zugehörigen inhomogenen Systems (6.9). Man ist in der Lage, das qualitative Lösungsverhalten zu beurteilen, ohne Lösungen von (6.9) zu berechnen.

Die Klassifizierung „attraktive Lösung" hat bei linearen Systemen keine Bedeutung, weil dort jede attraktive Lösung auch stabil und damit asymptotisch stabil ist. (Für den Beweis dieser Behauptung und von Satz 6.1 siehe [2]).

Wir wollen am Schluss unserer Ausführungen über autonome Differentialgleichungssysteme ein Beispiel eines **nichtlinearen** Systems betrachten, das einen stabilen und zwei instabile Gleichgewichtspunkte hat. Dieses System ist unter dem Namen Lorenz-Attraktor bekannt, obwohl es keine attraktive Ruhelage im Sinne der Definition 6.2 hat. Bei einem attraktiven Gleichgewichtspunkt kann die Trajektorie, wenn sie sich in seiner Nähe befindet, diese zwar wieder verlassen, muss aber dann ab einem gewissen Zeitpunkt in dieser Nähe bleiben und den Gleichgewichtspunkt für $t \to \infty$ erreichen. Diesen Zustand haben wir in dem in Kapitel 6.4

---

[2] Aulbach, B.: *Gewöhnliche Differentialgleichungen*, Spektrum Akademischer Verlag, (2004), S. 327, 329

beschriebenen System nicht, die Trajektorien entfernen sich wieder von den zwei instabilen Gleichgewichtspunkten, auch wenn sie schon beliebig lange in ihrer Nähe waren.

Um zu prüfen, welches Stabilitätsverhalten lineare autonome Systeme haben, schaut man sich die Eigenwerte ihrer Koeffizientenmatrix an. Näherer Auskunft gibt der folgende Satz.

Satz 6.2

Es seien $\lambda_1, \ldots, \lambda_n \in \mathbb{C}$ mit $\lambda_j = \alpha_j \pm \beta_j \cdot i$ $(j = 1, \ldots, n)$ die reellen bzw. komplexen Eigenwerte einer Koeffizientenmatrix A.

Dann sind alle Lösungen des linearen Systems mit konstanten Koeffizienten

$$\vec{x}\,'(t) = A\vec{x}(t) + \vec{r}(t), \quad A \in \mathbb{R}^{(n \times n)} \tag{6.10}$$

- asymptotisch stabil genau dann, wenn $\alpha_j < 0$ für alle $j = 1, \ldots, n$ gilt,

- stabil genau dann, wenn für jedes j $\alpha_j \leq 0$ gilt und für alle $\alpha_j = 0$ die algebraische mit der geometrischen Vielfachheit von λ_j übereinstimmt $(j = 1, \ldots, n)$, d. h. die Matrix A diagonalisierbar ist,

- instabil, wenn mindestens ein j existiert mit $\alpha_j > 0$.

Zum Beweis dieses Satzes genügt es, das jeweilige Stabilitätsverhalten für das zugehörige homogene System zu zeigen. Der Beweis erfolgt mittels Darstellung des von einem Eigenwert $\lambda = \alpha + \beta i$ erzeugten Vektors der Lösungsbasis, dessen Gestalt wir im Abschnitt 5.4.1 mit Satz (5.3) und Formel (5.11) beschrieben haben:

$$\vec{v}(t) = e^{\alpha t}(\vec{p}_1(t)\cos(\beta t) + \vec{p}_2(t)\sin(\beta t)),$$
$$\vec{p}_1(t), \ \vec{p}_2(t) \text{ sind Vektoren aus Polynomen in } t. \tag{6.11}$$

Die Konvergenz bzw. Divergenz von (6.11) für $t \to \infty$ ergibt sich daraus, dass die e-Funktion schneller fällt (hier mit $\alpha < 0$) bzw. schneller wächst (hier mit $\alpha > 0$) als jedes Polynom. Im Fall $\alpha = 0$ kann Stabilität nur eintreten, wenn $\vec{p}_1(t)$ und $\vec{p}_2(t)$ nicht von t abhängen, also Eigenvektoren oder deren Real-bzw. Imaginärteil sein müssen.

In den folgenden Beispielen soll das Stabilitätsverhalten der Lösungen von vier autonomen Systemen, deren Eigenwerte und Lösungen wir größtenteils schon berechnet haben, noch einmal kurz anhand von Satz (6.2) charakterisiert werden.

Beispiel 6.5

Wir beginnen mit dem homogenen Differentialgleichungssystem des Mäusebeispiels:

$$\begin{bmatrix} \dot{x}(t) \\ \dot{y}(t) \end{bmatrix} = \begin{bmatrix} -1 & -1 \\ 1 & -1 \end{bmatrix} \begin{bmatrix} x(t) \\ y(t) \end{bmatrix}$$
$$\lambda_{1,2} = -1 \pm i \qquad \Rightarrow \quad \text{Das System ist asymptotisch stabil.}$$

Die in Beispiel (5.11) ermittelte allgemeine Lösung lautet

$$\begin{bmatrix} x(t) \\ y(t) \end{bmatrix} = e^{-t} \begin{bmatrix} -C_1 \sin t + C_2 \cos t \\ C_1 \cos t + C_2 \sin t \end{bmatrix}, \qquad C_1, \, C_2 \in \mathbb{R}.$$

Sie konvergiert gegen die stationäre Lösung

$$\lim_{t \to \infty} \begin{bmatrix} x(t) \\ y(t) \end{bmatrix} = \begin{bmatrix} 0 \\ 0 \end{bmatrix},$$

d. h. alle Trajektorien bewegen sich auf die Gleichgewichtslage $(0, 0)$ zu.

Beispiel 6.6

Nun berechnen wir die Eigenwerte der Koeffizientenmatrix aus Beispiel (6.2)

$$\begin{bmatrix} \dot{x}(t) \\ \dot{y}(t) \end{bmatrix} = \begin{bmatrix} 0 & 1 \\ -1 & 0 \end{bmatrix} \begin{bmatrix} x(t) \\ y(t) \end{bmatrix}$$

$$\det \begin{bmatrix} 0 - \lambda & 1 \\ -1 & 0 - \lambda \end{bmatrix} = (-\lambda)^2 + 1$$

$$0 = \lambda^2 + 1$$

$$\lambda_{1,2} = \pm i \qquad \Rightarrow \quad \text{Das System ist stabil.}$$

Für ein rein komplex konjugiertes Eigenwertepaar trifft in Satz (6.2) der Fall $\alpha = 0$ zu. Warum müssen wir für dieses Beispiel nicht prüfen, ob die geometrische und die algebraische Vielfachheit der beiden Eigenwerte übereinstimmen? Für (2×2)-Matrizen hat jeder komplexe Eigenwert einen Eigenvektor, weil es hier nicht mehr als ein Paar konjugiert komplexe Eigenwerte geben kann. Erst bei einem konjugiert komplexen Eigenwertpaar, das unter den Eigenwerten einer Matrix doppelt vorkommt, könnten Eigenvektoren fehlen, könnte die geometrische Vielfachheit kleiner als die algebraische sein.

Aus der allgemeinen Lösung, die wir mit einem zugehörigen Eigenvektor

$$\vec{v} = \begin{bmatrix} 0 \\ 1 \end{bmatrix} + i \begin{bmatrix} -1 \\ 0 \end{bmatrix}$$

und der Formel (5.11) erhalten:

$$\vec{x}(t) = \begin{bmatrix} -C_1 \cos t + C_2 \sin t \\ C_1 \sin t + C_2 \cos t \end{bmatrix}, \qquad C_1, \, C_2 \in \mathbb{R}$$

lesen wir ab, dass sich die Trajektorien in jeweils (zeitlich) konstantem Abstand um den Nullpunkt befinden.

Beispiel 6.7

Um für autonome Systeme, deren Koeffizientenmatrix Diagonalgestalt hat, Stabilitätsaussagen zu treffen, muss man nichts berechnen, auch die instabile Lösung lässt sich sofort
angeben:

$$\begin{bmatrix} \dot{x}(t) \\ \dot{y}(t) \end{bmatrix} = \begin{bmatrix} a & 0 \\ 0 & b \end{bmatrix} \begin{bmatrix} x(t) \\ y(t) \end{bmatrix} \quad \text{mit } a, \ b > 0$$

$$\lim_{t \to \infty} \begin{bmatrix} x(t) \\ y(t) \end{bmatrix} = \lim_{t \to \infty} \begin{bmatrix} C_1 e^{at} \\ C_2 e^{bt} \end{bmatrix} \quad (C_1, \ C_2 \in \mathbb{R}) \quad \text{existiert nicht!}$$

Merke:

Sobald eine Koeffizientenmatrix in Diagonalform ein positives Diagonalelement enthält, sind
alle Lösungen des zugehörigen Systems instabil (auch für den Fall, dass das zweite Diagonalelement gleich Null ist — siehe Ende von Kapitel 6.3).

Beispiel 6.8

Bei einer Diagonalmatrix mit ausschließlich negativen Diagonalelementen ist die Stabilitäts-
frage ebenfalls klar. Das System ist asymptotisch stabil. Die allgemeine Lösung konvergiert
gegen die triviale stationäre Lösung:

$$\begin{bmatrix} \dot{x}(t) \\ \dot{y}(t) \end{bmatrix} = \begin{bmatrix} -a & 0 \\ 0 & -b \end{bmatrix} \begin{bmatrix} x(t) \\ y(t) \end{bmatrix} \quad \text{mit } a, \ b > 0$$

$$\lim_{t \to \infty} \begin{bmatrix} x(t) \\ y(t) \end{bmatrix} = \lim_{t \to \infty} \begin{bmatrix} C_1 e^{-at} \\ C_2 e^{-bt} \end{bmatrix} = \begin{bmatrix} 0 \\ 0 \end{bmatrix} \quad (C_1, \ C_2 \in \mathbb{R}).$$

Abschließend wollen wir eine Stabilitätsaussage für das zu Beginn von Kapitel 6.1 eingeführte
nichtlineare System angeben (siehe [3]). Eine ähnliche Aussage gibt es für autonome Systeme
höherer Ordnung $\vec{x}' = \vec{f}(\vec{x})$, in der für die zu charakterisierende Gleichgewichtslösung die
Jacobi-Matrix von $\vec{f}$ betrachtet wird (siehe [4]).

Satz 6.3

Der Nullpunkt $(0, 0)$ sei ein Gleichgewichtspunkt des Systems

$$\dot{x}(t) = F(x, y)$$
$$\dot{y}(t) = G(x, y).$$

---

[3] Heuser, H.: *Gewöhnliche Differentialgleichungen*, Teubner Verlag (2006), S. 549
[4] Meyberg, K., Vachaenauer, P.: *Höhere Mathematik 2 (Differentialgleichungen, Funktionentheorie, Fourier-
Analysis, Variationsrechnung)*, Springer Verlag (2001), S. 144

Die Funktionen F und G seien auf $\mathbb{R}^2$ stetig differenzierbar. Mit den Werten der partiellen Ableitungen

$$a_{11} := \frac{\partial F}{\partial x}(0,0), \qquad a_{12} := \frac{\partial F}{\partial y}(0,0)$$

$$a_{21} := \frac{\partial G}{\partial x}(0,0), \qquad a_{22} := \frac{\partial G}{\partial y}(0,0)$$

werde die Matrix $A := (a_{ij})$ gebildet.

Wenn für die Realteile der Eigenwerte $\lambda_{1,2} = \alpha_{1,2} \pm \beta \cdot i$ $(\beta \geq 0)$ der Matrix A gilt:

- $\alpha_{1,2} > 0$, dann ist der Nullpunkt ein instabiler Gleichgewichtspunkt,

- $\alpha_{1,2} < 0$, dann ist der Nullpunkt ein asymptotisch stabiler Gleichgewichtspunkt.

6.3 Phasenporträts

In Abhängigkeit von den Eigenwerten und der Diagonalisierbarkeit der Koeffizientenmatrix A eines linearen autonomen Differentialgleichungssystems

$$\begin{bmatrix} \dot{x}(t) \\ \dot{y}(t) \end{bmatrix} = A \cdot \begin{bmatrix} x(t) \\ y(t) \end{bmatrix}$$

lassen sich Phasenporträts zeichnen. Man stellt die Trajektorien um die Ruhelage(n) des Systems dar.

Wir wissen, dass die allgemeine Lösung der zum autonomen System zugehörigen Differentialgleichung alle Bahnkurven beinhaltet. Es ist aber möglich, Phasenporträts zu zeichnen, ohne diese Lösungen explizit zu ermitteln.

Wir wollen zunächst voraussetzen, dass $\det A \neq 0$ gilt. Damit ist der Nullpunkt der einzige Gleichgewichtspunkt des Systems.

Man kann die verschiedenen Fälle der nun nichttrivialen Eigenwerte $\lambda_{1,2} = \alpha \pm \beta i$ durch eine Funktionsdarstellung in einer Ebene lokalisieren und ihnen dann in der gleichen Darstellung die Struktur des jeweiligen Phasenporträts zuordnen.

Wir verwenden für eine beliebige Matrix $A \in \mathbb{R}^{(2,2)}$ die Identität

$$\det(A - \lambda E) = \lambda^2 - \lambda s + d, \tag{6.12}$$

wobei $s := \mathrm{Sp}\,(A) = \sum_{i=1}^{2} a_{ij}$ die Spur der Matrix A und $d := \det A$ ihre Determinante ist.

Führen Sie den Beweis von (6.12) durch, indem Sie die $(2, 2)$-Determinante der Matrix $(A - \lambda E)$ entwickeln!

Aus der Nullstellenberechnung des in der Gleichung (6.12) formulierten charakteristischen Polynoms der Matrix A

$$0 = \lambda^2 - s\lambda + d \tag{6.13}$$

folgt für die Eigenwerte die Darstellung

$$\lambda_{1,2} = \frac{s \pm \sqrt{s^2 - 4d}}{2}. \tag{6.14}$$

Wir betrachten nun ein rechtwinkliges (s, d)-Koordinatensystem. Jedem Eigenwertepaar $\lambda_{1,2}$ wird ein Punkt (s, d) in dieser Ebene zugeordnet (siehe [5]). Alle doppelten Eigenwertepaare liegen auf der Parabel $d = \dfrac{s^2}{4}$. Man kann die Eigenwerte jetzt sortieren, ob sie auf, oberhalb (das sind die konjugiert komplexen) oder unterhalb (das sind die reellen Eigenwerte) der Parabel liegen, siehe Abbildung 6.5. (Die Lage auf der s-Achse haben wir laut Voraussetzung ausgeschlossen.)

Um an jedem Ort eines Eigenwertepaares ein Schema des zugehörigen Phasenporträts zu haben, führen wir noch folgende Überlegungen aus.

An den Beispielen im letzten Kapitel haben wir gesehen, dass man das Verhalten der Trajektorien leicht ermitteln kann, wenn die Koeffizientenmatrix A als Diagonalmatrix $D = \text{diag}(\lambda_1, \lambda_2)$ vorliegt. Um eine gute schematische Übersicht über die möglichen Phasenporträts zu bekommen, nehmen wir im Folgenden an, dass die jeweils vorliegende Matrix A das Ergebnis einer Transformation der ursprünglichen Koeffizientenmatrix auf Diagonalgestalt ist (bzw. bei Vorliegen eines konjugiert komplexen Eigenwertepaares nicht verändert wurde).

Die Koeffizientenmatrix A des autonomen Differentialgleichungssystems

$$\vec{x}\,'(t) = A\vec{x}(t) \quad A \in \mathbb{R}^{(2 \times 2)} \tag{6.15}$$

sei diagonalisierbar.

Dann lässt sich mit einer geeigneten Matrix S die Basistransformation $D = S^{-1}A\,S$ ausführen. Man erhält das zu (6.15) äquivalente System

$$\vec{w}\,'(t) = D\vec{x}\,'(t) \quad \text{mit} \quad \vec{w} = S\vec{x}. \tag{6.16}$$

Die Phasenporträts in der Abbildung 6.5 gehören jeweils zu dem entsprechend diagonalisierten autonomen System.

Jetzt beschreiben wir die dargestellten drei Hauptfälle für ein Eigenwertepaar-Phasenporträt:

1. $\lambda_1 = \lambda_2 \quad\Leftrightarrow\quad s^2 = 4d, \qquad d = \dfrac{s^2}{4} \quad$ Eigenwerte auf der Parabel

2. $\lambda_{1,2} = \alpha \pm \beta i \Leftrightarrow s^2 - 4d < 0, \quad d > \dfrac{s^2}{4} \quad$ Eigenwerte oberhalb der Parabel

3. $\lambda_{1,2} \in \mathbb{R}, \quad\Leftrightarrow\quad s^2 - 4d, \qquad d < \dfrac{s^2}{4} \quad$ Eigenwerte unterhalb der Parabel

Wir beginnen mit

---

[5] Aulbach, B.: *Gewöhnliche Differentialgleichungen*, Spektrum Akademischer Verlag (2004), Seite 205

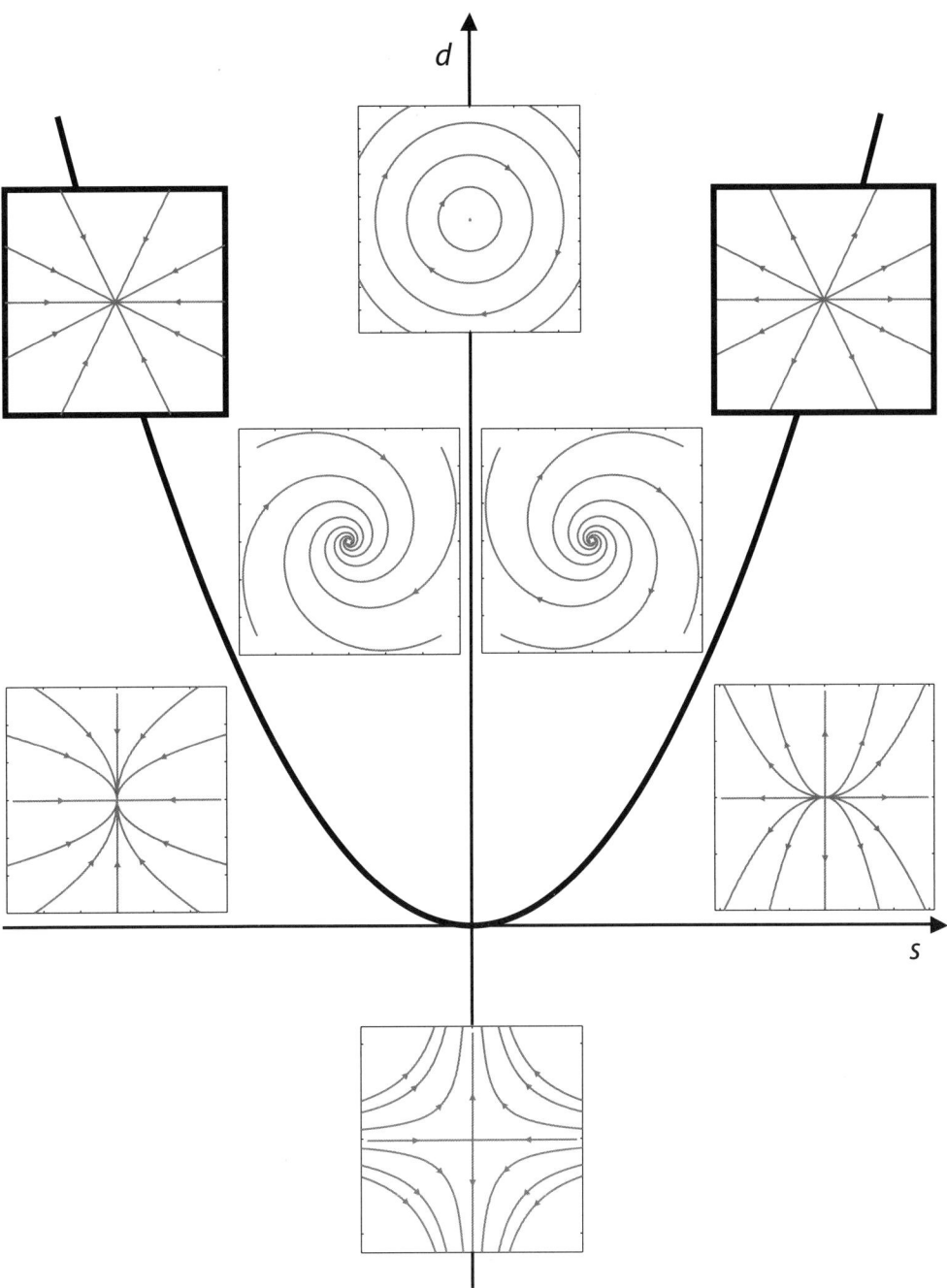

Abb. 6.5: *Phasenporträts*

Fall 3) Es gilt $\lambda_1 \neq \lambda_2$ und λ_1, $\lambda_2 \in \mathbb{R}$. Es entstehen zwei Teilfälle:

3a) Es sei det $A > 0$. Mit det $A = \lambda_1 \cdot \lambda_2$ haben dann λ_1 und λ_2 gleiches Vorzeichen.

3aa) λ_1, $\lambda_2 < 0$:

Die Lösungen sind asymptotisch stabil. Der Gleichgewichtspunkt $(0, 0)$ ist ein stabiler *zweitangentiger Knoten*.

3ab) $\lambda_1, \lambda_2 > 0$:

Hier sind alle Lösungen instabil. Der Gleichgewichtspunkt $(0, 0)$ ist ein instabiler *zweitangentiger Knoten*.

3b) Es ist det $A < 0$. Mit det $A = \lambda_1 \cdot \lambda_2$ haben nun λ_1 und λ_2 verschiedene Vorzeichen.

Auch hier sind die Lösungen instabil. Der Gleichgewichtspunkt $(0, 0)$ ist ein *Sattelpunkt*.

Fall 2) $\lambda_{1,2} = \alpha \pm \beta i$ mit $\beta > 0$ konjugiert komplexes Eigenwertepaar:

2a) Es sei $\alpha \neq 0$.

2aa) $\alpha < 0$: Der Gleichgewichtspunkt $(0, 0)$ ist ein asymptotisch stabiler *Strudelpunkt*.

2ab) $\alpha > 0$: Der Gleichgewichtspunkt $(0, 0)$ ist ein instabiler *Strudelpunkt*.

2b) $\alpha = 0$:

Der Gleichgewichtspunkt $(0, 0)$ ist ein *Wirbelpunkt*. Die Lösungen sind stabil.

(In der Grafik ist der Fall $\beta = 1$ dargestellt. Für $\beta \neq 1$ sind die geschlossenen Trajektorien Ellipsen (siehe Gleichung (6.5)).)

Fall 1) $\lambda_1 = \lambda_2 \in \mathbb{R}$:

1a) $\lambda < 0$:

Die Lösungen sind asymptotisch stabil. Der Gleichgewichtspunkt $(0, 0)$ ist ein stabiler *Stern* oder ein stabiler *vieltangentiger Knoten*.

1b) $\lambda > 0$:

Die Lösungen sind instabil. Der Gleichgewichtspunkt $(0, 0)$ ist ein instabiler *Stern* oder ein instabiler *vieltangentiger Knoten*.

Abschließend sei noch der Fall **det $A = 0$** erwähnt, den wir bisher ausgeschlossen hatten.

Fall 4) det $A = 0$:

4a) Wenn die Matrix A eine Null-Matrix ist, dann sind alle Punkte des Phasenraumes Ruhelagen.

4b) Einer der beiden Eigenwerte ist von Null verschieden. Dieser hat einen Eigenvektor, für den je nach Bezeichnung von λ_1 und λ_2 der Einheitsvektor in Richtung x-Achse oder in Richtung y-Achse gewählt wird. Alle Punkte auf der entsprechenden Achse sind dann Gleichgewichtspunkte. Die Stabilität richtet sich nach dem Vorzeichen des von Null verschiedenen Eigenwertes.

Diskussion der Voraussetzung Diagonalisierbarkeit der Koeffizientenmatrix

Für nichtdiagonalisierbare Matrizen haben genau zwei Grafiken ein anderes Aussehen als in
der Abbildung 6.5 dargestellt. Es betrifft in beiden Fällen Eigenwerte, die auf der Parabel liegen, was sofort einzusehen ist.
Für doppelte reelle Eigenwerte einer nichtdiagonalisierbaren Matrix entstehen je nach Vorzeichen stabile oder instabile *eintangentige Knoten*, siehe Abbildung 6.6. Die Bezeichnungen sind
in der Literatur nicht einheitlich. Anstelle eintangentige Knoten ist auch die Bezeichnung *Knoten dritter Art* üblich; in unserem Fall 1 für „Stern" auch *Knoten erster Art* und in unserem
Fall 3a) für „zweitangentiger Knoten" auch *Knoten zweiter Art.*
Wenn die Koeffizientenmatrix A nicht diagonalisierbar ist, gehört in den Nullpunkt der Parabel
eine Grafik, in der alle Punkte der x-Achse Ruhelagen sind. Zugrunde liegt hierfür eine Matrix
A, deren einziges von Null verschiedenes Element a_{12} oder a_{21} ist.

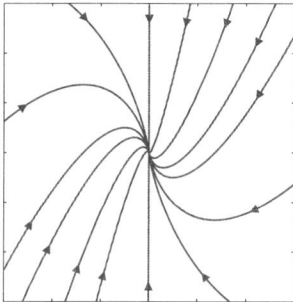

Abb. 6.6: *Phasenporträt für* $\lambda_1 = \lambda_2 < 0$ *und nicht diagonalisierbarer Matrix*

Abschließend wollen wir in einem Beispielsystem das Phasenporträt des transformierten und
des ursprünglichen Systems ermitteln.

Beispiel 6.9

Gegeben ist das autonome Differentialgleichungssystem

$$\begin{bmatrix} \dot{x}(t) \\ \dot{y}(t) \end{bmatrix} = \begin{bmatrix} -\frac{4}{3} & \frac{1}{3} \\ \frac{2}{3} & -\frac{5}{3} \end{bmatrix} \begin{bmatrix} x(t) \\ y(t) \end{bmatrix}.$$

Zunächst ordnen wir dem System das Phasenporträt zu, das zum entsprechend diagonalisierten System gehört, in dem wir die Eigenwerte der Koeffizientenmatrix ermitteln und
den entsprechenden Fall auswählen. Wir führen die Diagonalisierung durch und berechnen
die Lösung des diagonalisierten Systems, ebenso die Lösung des gegeben autonomen Differentialgleichungssystems. Auf diese Weise können wir die Trajektorien der beiden Systeme
vergleichen.

Zuerst berechnen wir die Eigenwerte der Koeffizientenmatrix

$$\left(-\frac{4}{3} - \lambda\right)\left(-\frac{5}{3} - \lambda\right) - \frac{2}{9} = 0$$

$$\lambda^2 + 3\lambda + 2 = 0$$

$$\lambda_{1,2} = -\frac{3}{2} \pm \sqrt{\frac{9}{4} - \frac{8}{4}}$$

$$\lambda_1 = -\frac{3}{2} + \frac{1}{2} = -1$$

$$\lambda_2 = -\frac{3}{2} - \frac{1}{2} = -2.$$

Aus Satz (6.2) folgt, dass alle Lösungen asymptotisch stabil sind.

Mit zwei reellen negativen Eigenwerten ordnet sich unser System in den Fall 3aa) ein:

$\lambda_{1,2}$ verschieden, reell $\Rightarrow$ Fall 3

$\lambda_{1,2} < 0 \Rightarrow$ 3aa) stabiler zweitangentiger Knoten mit $|\lambda_1| = 1 < 2 = |\lambda_2|$.

Durch diese Informationen können wir der Abbildung 6.5 das prinzipielle Phasenporträt für das gegebene System entnehmen. Die Lösungen des in der Grafik dargestellten diagonalisierten Systems lassen sich direkt mit den berechneten Eigenwerten beschreiben:

$$\begin{bmatrix} \overline{x}(t) \\ \overline{y}(t) \end{bmatrix} = \begin{bmatrix} C_1 e^{-t} \\ C_2 e^{-2t} \end{bmatrix} = C_1 e^{-t} \begin{bmatrix} 1 \\ 0 \end{bmatrix} + C_2 e^{-2t} \begin{bmatrix} 0 \\ 1 \end{bmatrix}, \quad C_1, C_2 \in \mathbb{R}.$$

Die y-Koordinate nähert sich offensichtlich schneller dem Nullpunkt als die x-Koordinate.

Die allgemeine Lösung unseres gegebenen Systems ergibt sich aus den Eigenvektoren zu den oben berechneten Eigenwerten (bitte zur Übung nachrechnen!):

$$\begin{bmatrix} x(t) \\ y(t) \end{bmatrix} = C_1 \begin{bmatrix} 1 \\ 1 \end{bmatrix} e^{-t} + C_2 \begin{bmatrix} -\frac{1}{2} \\ 1 \end{bmatrix} e^{-2t}, \quad C_1, C_2 \in \mathbb{R}.$$

Einige Trajektorien $\begin{bmatrix} x(t) \\ y(t) \end{bmatrix}$ haben wir in der Abbildung 6.7 gezeichnet.

Die Transformation des gegebenen Systems auf Diagonalgestalt ergibt sich aus der Matrixgleichung

$$D = S^{-1} A\, S \quad \text{mit der Diagonalmatrix} \quad D = \begin{bmatrix} -1 & 0 \\ 0 & -2 \end{bmatrix}. \tag{6.17}$$

Die verwendete Transformationsmatrix S wird aus den Eigenvektoren der Matrix A gebildet:

$$S = \begin{bmatrix} 1 & -\frac{1}{2} \\ 1 & 1 \end{bmatrix}.$$

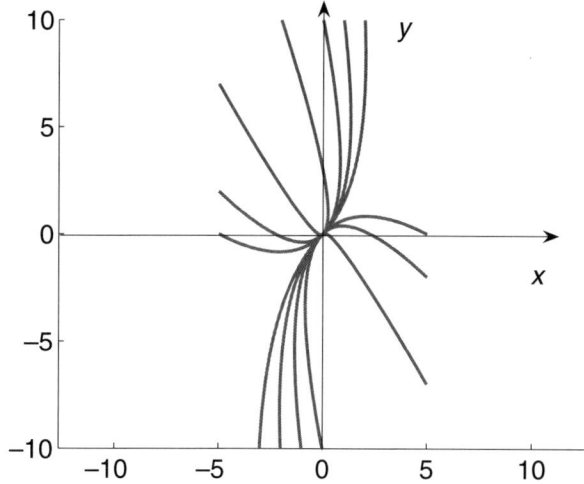

Abb. 6.7: *Phasenkurven für einen nichtdiagonalisierten Fall mit* $\lambda_1 \neq \lambda_2 \in \mathbb{R}$

Rechnen Sie nach, es gilt tatsächlich:

$$\begin{bmatrix} x(t) \\ y(t) \end{bmatrix} = \begin{bmatrix} 1 & -\frac{1}{2} \\ 1 & 1 \end{bmatrix} \begin{bmatrix} \bar{x}(t) \\ \bar{y}(t) \end{bmatrix}.$$

Bemerkung:
Wir haben eine Möglichkeit kennengelernt, die Trajektorien in der Phasenebene direkt zu berechnen, allerdings ohne ihre Orientierung zu erhalten

$$\left. \begin{aligned} \dot{x}(t) &= F(x, y) \\ \dot{y}(t) &= G(x, y) \end{aligned} \right\} \;\Rightarrow\; \frac{dy}{dx} = \frac{G(x, y)}{F(x, y)} \quad \text{liefert die gesuchte Kurvenschar.}$$

$$\left. \begin{aligned} \dot{x}(t) &= -\frac{4}{3}x + \frac{1}{3}y \\ \dot{y}(t) &= \frac{2}{3}x - \frac{5}{3} \end{aligned} \right\}$$

$$\Rightarrow \frac{dy}{dx} = \frac{\frac{2}{3}x - \frac{5}{3}y}{-\frac{4}{3}x + \frac{1}{3}y}.$$

Diese gewöhnliche Differentialgleichung ist eine Ähnlichkeitsdifferentialgleichung (siehe Kapitel 3.2), deren schriftliche Lösung im vorliegenden Fall umfangreicher ist als die Berechnung der Lösung des gegebenen Systems.

Wenn man mit MATLAB® einige Trajektorien ebener linearer autonomer Differentialgleichungssysteme erzeugen will, kann man dies wahlweise mit den Lösungen des Systems oder mit den Lösungen der zugehörigen Differentialgleichung erster Ordnung durchführen. Man kann in beiden Fällen die mit dem MATLAB® -Befehl *dsolve* erzeugte allgemeine Lösung für eine Auswahl an Parameterwerten mit dem MATLAB® -Befehl *ezplot* darstellen oder man berechnet und zeichnet die Lösungen einer gewünschten Anzahl von Anfangswertaufgaben.

6.4 Lorenz-Attraktor, Wetterprognose

Ein berühmtes Beispiel für ein nichtlineares autonomes Differentialgleichungssystem ist der *Lorenz-Attraktor*. Mit dieser Bezeichnung meint man das folgende Differentialgleichungssystem für die drei zu bestimmenden Funktionen $x = x(t)$, $y = y(t)$ und $z = z(t)$:

$$\begin{cases} \dot{x}(t) = 3(y - x) \\ \dot{y}(t) = \left(1 + a^2\right) x - y - xz \qquad (a > 0 \text{ konstant}) \\ \dot{z}(t) = xy - z. \end{cases} \qquad (6.18)$$

Zuerst wollen wir Stabilitätsaussagen zum System (6.18) angeben und dann auf die zugehörige Modellbildung eingehen.

Mit den hier behandelten Methoden können wir die Ruhelagen (Punkte im Raum $\mathbb{R}^3$) des Systems berechnen

$$\left. \begin{aligned} \dot{x}(t) &= 0 \\ \dot{y}(t) &= 0 \\ \dot{z}(t) &= 0 \end{aligned} \right\} \quad \Rightarrow \quad \begin{aligned} 3(y - x) &= 0 \\ \left(1 + a^2\right) x - y - xz &= 0 \\ xy - z &= 0 \end{aligned}$$

$$\begin{aligned} y &= x \\ \left(1 + a^2\right) y &= y - yz \\ y^2 &= z \end{aligned}$$

$$\Rightarrow y^3 + a^2 y = 0.$$

Mit den Nullstellen $y_1 = 0$, $y_2 = a$ und $y_3 = -a$ dieses Polynoms in y ergeben sich die drei Gleichgewichtspunkte

$$P_1\left(0, 0, 0\right), \quad P_2\left(a, a, a^2\right), \quad P_3\left(-a, -a, a^2\right). \qquad (6.19)$$

Man kann auch die Stabilität dieser Ruhelagen ermitteln, siehe [6].

Der Nullpunkt ist eine stabile Ruhelage. Die Gleichgewichtspunkte P_2 und P_3 sind instabil für die Wahl des Parameters a mit $a^2 > 20$.

Es ist darüber hinaus bekannt, durch numerische Berechnungen getestet und vielfach visualisiert, dass sich bei genannter Wahl des Parameters a die Trajektorie einer zugehörigen Anfangswertaufgabe den beiden Punkten P_2 und P_3 beliebig nähert, aber in keinem der beiden

---

[6] Meyberg, K., Vachenauer, P.: *Höhere Mathematik 2 (Differentialgleichungen, Funktionentheorie, Fourier-Analysis, Variationsrechnung)*, Springer Verlag (2001), S. 147

Punkte bleibt, sondern nach scheinbar zufälliger Anzahl von Umkreisungen des einen Punktes wieder in die Richtung des anderen springt. Man spricht von „chaotischem Verhalten". Dieses Phänomen wird in der Chaostheorie ausführlich untersucht, wo man für derartiges Verhalten der Trajektorien den Begriff „Seltsamer Attraktor" verwendet und versucht, für chaotisches Verhalten Gesetzmäßigkeiten zu formulieren.

Das System (6.18) mit einem Parameter a ist nur ein Beispiel für den Lorenz-Attraktor. Üblicherweise wird dieses autonome Differentialgleichungssystem mit drei Parametern formuliert.

MATLAB$^{®}$ bietet eine sehr schöne Visualisierung von Lösungsbahnen des Lorenz-Attraktors. Durch Eingabe von lorenz im Command Window starten Sie die zugehörige Demo.

> This demo animates the integration of the three coupled nonlinear differential equations that define the „Lorenz Attractor", a chaotic system first described by Edward Lorenz of the Massachusetts Institute of Technology.
> As the integration proceeds you will see a point moving around in a curious orbit in 3-D space known as a strange attractor. The orbit is bounded, but not periodic and not convergent (hence the word „strange").

Führen Sie diese Demo mehrmals hintereinander aus! Dabei wird deutlich, dass die Bahn tatsächlich scheinbar zufällig, aber doch deterministisch verläuft. Wie wir wissen, hängt der Verlauf einer Trajektorie von der Wahl der Anfangsbedingungung ab, die in jeder Ausführung der Demo eine andere ist.

Das Bild einer Trajektorie einer solchen Anfangswertaufgabe ist nach endlicher Zeit im Prinzip immer das gleiche: Die (sehr lange) Bahn der Lösung, die immer wieder dicht an sich selbst vorbeiführt, erzeugt die Form von zwei Schmetterlingsflügeln, die im dreidimensionalen Raum tatsächlich wie zwei gegeneinander gekippte Flächen wirken. Dieses Aussehen hat möglicherweise zur Bildung des Begriffs *Schmetterlingseffekt* beigetragen, der als Bezeichnung eines Effekts großer Empfindlichkeit auf kleine Abweichungen in den Anfangsbedingungen verwendet wird.

In der Einleitung haben wir diesen Schmetterlingseffekt schon erwähnt, dort im Zusammenhang mit der dem Lorenz-Attraktor zugrunde liegenden Modellbildung, auf die wir jetzt kurz eingehen möchten.

Der Lorenz-Attraktor stellt ein sehr vereinfachtes Modell für verschiedene zeitliche Veränderungen in der Erdatmosphäre dar:

$x(t)$: die sogenannte konvektive Luftbewegung,

$y(t)$: die horizontale Temperaturänderung,

$z(t)$: die vertikale Temperaturänderung.

E. N. Lorenz hatte im Jahr 1963 begonnen, langfristige Wettervorhersagen mit dem Computer zu berechnen. Die durch Sonneneinstrahlung angeregte Luftzirkulation in der Erdatmosphäre beschrieb er mit den Vorgängen der Erwärmung von Flüssigkeiten in einem hydrodynamischen System. Lorenz stellte als Modell ein autonomes Differentialgleichungssystem der Form (6.18) auf und führte numerische Berechnungen zugehöriger Anfangswertaufgaben durch. Was ihm dabei deutlich auffiel: Nur bei exakter Kenntnis der Anfangsbedingungen lässt sich eine präzise Vorhersage des Verhaltens treffen.

Tatsächlich ist der Prozess der Simulation und der Berechnung von Wettervorhersagen viel komplizierter als dies mit dem von E. N. Lorenz aufgestellten Modell erscheint. Man verwendet sechs Variablen: drei Geschwindigkeitskomponenten des Windes, den Luftdruck, die Luftdichte und die Luftfeuchtigkeit. Die Simulation wird aus sechs physikalischen Gleichungen gebildet, mit einer Ausnahme sind dies partielle Differentialgleichungen. Die Erfassung der Wetterdaten führt man mit dreidimensionalen Gittermodellen durch. Es werden Diskretisierungen von Randwertaufgaben durchgeführt, die zeitlich miteinander durch Anfangsbedingungen verknüpft sind und anschließend numerisch iterativ gelöst werden (siehe [7]).

Das hier diskutierte nichtlineare autonome Differentialgleichungssystem soll ein anschauliches symbolisches Beispiel für die Unvorhersehbarkeit von Prozessen sein, wie sie zum Beispiel in den Ingenieurwissenschaften in zahlreichen Anwendungen modelliert und untersucht werden. Den interessierten Leser möchten wir ausdrücklich ermutigen, sich in der Literatur weiterführend mit der Analyse nichtlinearer Differentialgleichungen und -systeme auseinanderzusetzen.

Zur Lösung nichtlinearer Differentialgleichungen verwendet man verschiedene Näherungsverfahren. Eine Möglichkeit zur näherungsweisen Ermittlung der Trajektorien ist die *Methode der langsam veränderlichen Amplituden*. Im Buch von Heuser [8] wird dieses Verfahren anhand der Van-der-Polschen Differentialgleichung der Elektrotechnik demonstriert. Im Buch HÜTTE [9] finden Sie weitere Verfahren zur näherungsweisen Bestimmung sogenannter Grenzzyklen, die, wie bei der Van-der-Polschen Differentialgleichung, in den Phasenporträts der betreffenden Differentialgleichung auftreten.

Aufgabe 6.4.1

Aus Beobachtungen von Fischpopulationen Anfang des zwanzigsten Jahrhunderts wurde das folgende mathematische Modell entwickelt (Räuber-Beute-Modell).

$x(t)$ sei die Anzahl von Beutetieren, $y(t)$ die Anzahl von Räubern, $t \geq t_0$ die Zeit.

Die zeitliche Änderung der Populationen $x'(t)$ und $y'(t)$ ist abhängig von ihren Anzahlen, den entsprechenden Geburts- und Sterberaten und natürlich von der momentanen Zahl der Begegnungen zwischen Räubern und Beutetieren $x(t) \cdot y(t)$.

$a > 0$: Differenz aus Geburtsrate und natürlicher Sterberate der Beutetiere
$b > 0$: Sterberate der Beutetiere aufgrund der Begegnungen
$c > 0$: „Lebenserhaltungsrate" der Räuber aufgrund der Begegnungen
$d > 0$: Differenz aus natürlicher Sterbe- und Geburtsrate der Räuber.

Das folgende nichtlineare Differentialgleichungssystem, unter dem Namen *Lotka-Volterra-Gleichungen* bekannt, beschreibt dieses Modell:

$$x'(t) = a \; x(t) - b \, x(t)y(t) \tag{6.20}$$

$$y'(t) = -d \; y(t) + c \, x(t)y(t). \tag{6.21}$$

---

[7] Huckle, T., Schneider, S.: *Numerische Methoden*, Springer Verlag (2006), S. 331–335
[8] Heuser, H.: *Gewöhnliche Differentialgleichungen*, Teubner Verlag (2006), S. 772–574
[9] HÜTTE: *Das Ingenieurwissen*, Springer Verlag (2007), S. E67 bis E69

Anfangsbedingungen: Zu einem Anfangszeitpunkt t_0 existieren x_0 Beutetiere und y_0 Räuber, d. h.

$$x(t_0) = x_0, \quad y(t_0) = y_0. \tag{6.22}$$

a) Bestimmen Sie den nichttrivialen Gleichgewichtspunkt dieses Systems!

b) Ermitteln Sie diejenige Differentialgleichung, deren Lösung die Trajektorien des Systems liefern.

c) Die Trajektorien sind geschlossene Linien um den in a) berechneten Gleichgewichtspunkt. Deuten Sie dies für das vorliegende Populationsmodell, indem Sie zuerst überlegen, wo die jeweilige Anfangsbedingung einer zugehörigen Anfangswertaufgabe liegen kann.

Bemerkung: Die Anzahlen $x(t)$ und $y(t)$ sind periodische Funktionen, ihre kleinste Periode sei T. Die Durchschnittsgrößen $\bar{x}$ und $\bar{y}$ der Anzahlen der Räuber und der Beutetiere lässt sich durch die Formeln

$$\bar{x} = \frac{1}{T} \int_{t=t_0}^{T+t_0} x(t)dt, \quad \bar{y} = \frac{1}{T} \int_{t=t_0}^{T+t_0} y(t)dt \tag{6.23}$$

berechnen.

d) Welche Bedeutung hat ein Wert T für die zugehörige geschlossene Trajektorienlinie? Wovon hängt der Wert von T ab? Welche Werte erwarten Sie für die durchschnittlichen Anzahlen der beiden Populationen?

e) Unter Verwendung von $y(T + t_0) = y(t_0)$, der zweiten Gleichung des Differential-gleichungssystems und der Integration $\int \frac{y'}{y} dt$ lässt sich $\bar{x}$ elementar ermitteln, ähnlich $\bar{y}$. Führen Sie diese Rechnungen aus.

Aufgabe 6.4.2

a) Welchen Gleichgewichtspunkt haben jeweils die autonomen Systeme

$$x' = 2x + y, \quad y' = x + y$$

und

$$x' = x^2 - y, \quad y' = x - y^2 ?$$

b) Ermitteln Sie die Trajektorien der Systeme und zeichnen Sie jeweils ein Phasenporträt

$$x' = 1, \quad y' = 1; \qquad x' = -x, \quad y' = -x^2; \qquad x' = -x, \quad y' = -2y.$$

Aufgabe 6.4.3

a) Berechnen Sie zuerst die allgemeine Lösung des gegebenen Differentialgleichungssystems.

$$x' = 4y, \quad y' = -x.$$

b) Ermitteln Sie die allgemeine Gleichung der Trajektorien des Systems und zeichnen Sie ein Phasenporträt.

Aufgabe 6.4.4

Für die folgenden autonomen Systeme ist das Stabilitätsverhalten im jeweiligen Gleichgewichtspunkt zu charakterisieren. Treffen Sie Ihre Aussagen anhand der entsprechenden Berechnungen und skizzieren Sie zugehörige Phasenporträts.

$$\begin{array}{lllll}
a) & x' = 2x, & y' = 4x + y; & x' = -4x + 3y, & y' = -2x + y \\
b) & x' = -x - 2y, & y' = 4x - 5y; & x' = 2x + 4y, & y' = -2x + 6y \\
c) & x' = -x + 3y, & y' = x + y; & x' = 2x - 4y, & y' = 2x - 2y.
\end{array}$$

Aufgabe 6.4.5

Im Abschnitt 4.5.2 haben wir die Differentialgleichung der freien mechanischen Schwingung behandelt.

a) Formen Sie die Differentialgleichung

$$s'' + 2\delta \cdot s' + \omega_0^2 \cdot s = 0$$

für die gesuchte Kurvenschar $s(t)$ mit der Abklingkonstanten δ und der Eigenfrequenz ω_0 in ein entsprechendes Differentialgleichungssystem erster Ordnung um. Verwenden Sie auch die Matrixschreibweise.

b) Das erhaltene Differentialgleichungssystem ist ein autonomes System. Welche physikalische Bedeutung haben die zugehörigen Phasenkurven? Erzeugen Sie in MATLAB® für die Werte $\omega_0 = 1$ und $\delta = 0$ ein Phasenporträt, verwenden Sie dabei die räumliche Darstellung der Lösungskurven (siehe Abschnitt 5.2.1 und Kapitel 7.1). Drehen Sie anschließend das Koordinatensystem der dargestellten Lösungskurven so, dass Sie einmal die Phasenebene und dann jeweils eine der beiden Zeitdarstellungen der Lösungskurven exakt sehen. Mit welchen beiden zusätzlichen Bedingungen erhalten Sie genau eine der dargestellten Phasenkurven? Welchen Wert hat der Radius der so erzeugten zugehörigen Kreisbahn für $s'(0) = 0$?
Testen Sie auch für einen Wert von ω_0 mit $0 < \omega_0 < 1$! Beachten Sie hierbei, welches Intervall Sie für den Zeitparameter t mindestens wählen müssen, um geschlossene Bahnkurven zu erhalten.

c) Ordnen Sie im Fall $\delta > 0$ (gedämpfte Schwingung) dem jeweils zugehörigen autonomen System eines der Phasenporträts aus der Abbildung 6.5 bzw. der Abbildung 6.6 zu.
Sie erkennen: Die autonomen Systeme der freien mechanischen Schwingung bzw. des ungestörten harmonischen Oszillators sind stabil bzw. asymptotisch stabil. Ihre Ruhelage ist der Nullpunkt.

7   Einführung in MATLAB®

MATLAB®

- ist Programmiersprache und Entwicklungsumgebung

- ist ein Visualisierungsprogramm

- ist ein Rechenprogramm und ein umfangreiches Softwarepaket für numerische Mathematik

- enthält eine Vielzahl mathematischer Funktionen für Anwendungen in Wissenschaft, Technik und Datenanalyse

- ist mit der Symbolic Math Toolbox ein Computer-Algebra-System.

Eine vollständige Beschreibung finden Sie in [1].

In diesem Kapitel wollen wir eine kurze, beispielbezogene Einführung in MATLAB® bereitstellen. Zur weiteren Einarbeitung in MATLAB® zum Recherchieren bestimmter Details und als Grundlage für professionelle Anwendungen empfehlen wir die in der Einleitung zitierten Bücher [2] und [3].

Man kann unkompliziert mit der Software selbst lernen, wenn man nach dem Programmstart von MATLAB® beispielsweise durch die Taste *F1* der Tastatur den MATLAB® *Help* Browser (MATLAB Hilfe-Browser) aufruft. Anschließend wählt man zwischen inhaltlicher Navigation, Index- oder Volltextsuche und Demos. In der mittels *F1* standardmäßig erzeugten inhaltlichen Auflistung bekommt man sofort einen Überblick und kann durch Auswahl einiger Themen einen Einstieg in die Nutzung von MATLAB® erhalten. Um zum Beispiel Informationen über grafische Gestaltungsmöglichkeiten zu bekommen, kann man das unter dem Menüpunkt *Demos, Matlab, Graphics* aufgeführte Video „Interactive Plot Creation with the Plot Tools" anschauen. Eine *Demo* zur Einführung in die algebraische Lösung von Gleichungen einschließlich Differentialgleichungen finden Sie unter *Demos, Toolbooxes, Symbolic Math, Solving Equations*. Wenn Sie frühere Versionen von MATLAB® bereits kennen, können Sie sich unter dem Menüpunkt *Demos* mit *New Features in Version 7* weiter informieren.

Der Name MATLAB® ist die Abkürzung für MATrix LABoratory.

---

[1] http://www.mathworks.de/products/matlab/description1.html MATLAB® 7.5 Produktbeschreibung, 10.01. 2008

[2] Schweizer, W.: MATLAB® *kompakt*, Oldenbourg Verlag (2007)

[3] Angermann, Beuschel, Rau, Wohlfarth: MATLAB-SIMULINK-STATEFLOW. *Grundlagen, Toolboxen, Beispiele*, Oldenbourg Verlag (2005)

Wir wollen im Folgenden einige Hinweise geben, die einerseits mit der Matrixorientierung von MATLAB® und andererseits mit seiner einfachen Rechenfunktionalität zu tun haben. (Sollten Sie den im Weiteren beschriebenen MATLAB® Desktop nicht in der Standardanordnung vorfinden, erzeugen Sie diese über die Menüpunkte *Desktop, Desktop-Layout, Default*.)

Geben Sie im *Command Window* von MATLAB® beispielsweise die Zeile

$$A = [1 \quad 2 \quad 3 \quad 4; \quad 0 \quad 1 \quad 2 \quad 4; \quad -1 \quad 1 \quad 0 \quad 2; \quad 0 \quad 2 \quad 0 \quad 8]$$

ein, jeweils immer mit einem Leerzeichen hinter der Ziffer, wenn kein Semikolon folgt. Beenden Sie Ihre Eingabe mit der *Enter-Taste* Ihrer Tastatur. Hiermit veranlassen Sie den Abschluss der Eingabe, was in diesem Fall zur formatierten Anzeige der Matrix *A* im *Command Window* führt.

Sie können nun sofort Rechenoperationen mit dieser Matrix durchführen. Zum Beispiel erhalten Sie durch die Eingabe von

```
B=inv(A)
```

die zu *A* inverse Matrix *B*. Mit dem Kommando

```
format rat
```

ändert man das Ausgabeformat so ab, dass nun (nach erneuter Eingabe des Buchstabens *B*) die Elemente der inversen Matrix als Bruch angezeigt werden. Die Eingabe von

```
format short
```

führt wieder zum Standard von MATLAB® zurück. Geben Sie *help format* ein und informieren Sie sich über die möglichen Ausgabeformate.

Im nebenstehenden Fenster von MATLAB® können Sie zwischen *Current Directory* Browser und *Workspace* Browser umschalten. Im *Workspace* sehen Sie die in Ihrer Rechnung verwendeten Variablen. Die Elemente der Matrizen lassen sich hier durch Doppelklick im *Array Editor* anzeigen und verändern. Man kann einzelne markierte oder alle markierten Variablen im *Workspace* speichern, in dem man (beispielsweise über die rechte Maustaste) eine Datei **.mat* (d. h. name.*mat*) erzeugt. Im *Current Directory* erscheinen von Ihnen gespeicherte Dateien mit den Endungen .m bzw. .fig, dies sind Skriptdateien bzw. Grafikdateien.

Im *Command Window* lassen sich alle Eingaben wiederholen, solange diese in der *Command History* (im Fenster links unten) nicht gelöscht sind. Durch Betätigen der Pfeil-Tasten Ihrer Tastatur (*smart recall*) kann man sich alle dort automatisch gespeicherten Eingaben anzeigen lassen und nach Bedarf erneut, eventuell modifiziert, ausführen. Holen Sie Ihre Eingabezeile für die Matrix *A* zurück und verändern das zweite Element in der dritten Zeile!

Zur Übung könnten Sie jetzt die Matrizen *A* und *B* addieren oder multiplizieren usw., einfach durch die Eingabe von C=A+B oder D=A*B.

Man kann mit einer einzigen Eingabe unter Verwendung der *Punktoperationen* von MATLAB® auch Funktionswerte für jedes Element einer Matrix berechnen lassen, z. B.

```
F=A. ^ 2
```

Die Elemente der Matrix F sind die Quadrate der Elemente der Matrix A. Es gibt auch noch die *Punktoperationen* .* und ./.

Die Eingabe

```
G=A ^ 2
```

erzeugt dagegen mit Hilfe der Potenzfunktion das Matrizenprodukt $G = A \cdot A$.

Die *Punktoperationen* von MATLAB® sind zum Beispiel sehr nützlich, wenn man zur grafischen Darstellung von Kurven eine Auflistung von Werten der unabhängigen Variablen benötigt. Das folgende Beispiel ist eine Folge von Eingaben, die man z. B. auch im MATLAB® *Editor* als *m-File* anlegen und speichern kann. Auf diese Weise erzeugt man ein MATLAB® *Skript*. Man öffnet den Editor über *Start* (zu finden in der linken unteren Ecke), *Desktop Tools, Editor*. Geben Sie die folgenden Anweisungen zeilenweise ein, speichern Sie die Datei unter dem Namen *versuch1.m* und testen Sie Ihr *Skript File* unter dem Menüpunkt *Cell* mit *Evaluate entive file* oder durch Betätigen des Symbols mit dem roten, nach unten gerichteten Pfeil. (Später können Sie Ihr *Skript File* durch Eingabe von *versuch1* im *Command Window* oder direkt im *Current Directory* über die rechte Maustaste mit *Run* starten. Achten Sie auf die Groß- und Kleinschreibung der Namen. Verwenden Sie keine Standardbezeichnungen, die schon für Funktionen in MATLAB® vergeben sind.)

$$
\begin{array}{l}
\texttt{x=linspace(0,9,100);} \\
\texttt{y=1./(1+(x-6). \^{} 2);} \\
\texttt{plot(x,y)}
\end{array}
\qquad (7.1)
$$

Das Semikolon am Ende der Zeile verhindert die Anzeige der erzeugten Werte im *Command Window*. Die Zahl 100 ist in diesem Beispiel die gewählte Anzahl der Punkte im Intervall [0 9]. Ersetzen Sie die letzte Zeile durch `plot(x, y, '*')`. Testen Sie den Plot auch für kleinere Anzahlen wie 10, 20, 50.

Die automatische Bildung der Indizes von Vektoren und Matrizen beginnt in MATLAB® immer mit dem Wert 1.

Man kann alle Elemente von Vektoren und Matrizen einzeln aufrufen, einfach durch Angabe der gewünschten Indizes, z. B. `x(4)` oder `G(1,3)`.

Will man die erste Zeile und die zweite Spalte der Matrix G als Vektor benutzen, erreicht man dies mit

```
g=G(1,:)
h=G(:,2)
```

Durch die Eingabe von `h=h'` transponiert man den Vektor h in einen Zeilenvektor.

Abschließend zur allgemeinen kurzen Einführung in MATLAB® wollen wir auf das im Abschnitt 1.1.1 erwähnte *funtool* eingehen. Der Start (möglich bei installierter *Symbolic Math Toolbox*) erfolgt durch die Eingabe des Wortes `funtool` im *Command Window*.

„FUNTOOL A function calculator." FUNTOOL ist ein interaktiver Grafikrechner für Funktionen mit einer Veränderlichen. Nach seinem Start sind gleichzeitig drei Fenster geöffnet.

Zwei Fenster davon (*Figur 1* und *Figur 2*) beinhalten je ein Koordinatensystem zur gleichzeitigen Darstellung der Kurven von Funktionen $f(x)$ und $g(x)$. Im dritten Fenster (*Figur 3*) gibt man die Zuordnungsvorschriften und den gemeinsamen Definitionsbereich der darzustellenden Funktionen ein und wählt durch Anklicken der Tasten die auszuführenden Operationen. Wir empfehlen zum Kennenlernen die Ausführung der Taste *Demo*. Besonders anschaulich ist die grafische Ableitung von Funktionen. Man gebe hierfür die zu differenzierende Funktionsvorschrift gleichzeitig in die Felder für $f(x)$ und $g(x)$ ein, da man auf diese Weise nach Ausführung der Ableitung df/dx in *Figur 1* noch die ursprüngliche Funktion in *Figur 2* sehen kann.

7.1   Grafische Darstellungen

Eine erste grafische Darstellung der Werte einer Funktion haben wir zu Beginn von Kapitel 7 bereits besprochen. Wir wollen hier auf die Handhabung der Plot-Funktionen nicht weiter eingehen. Sie können sich mit der Eingabe von *help plot* darüber informieren.

Uns geht es in diesem Abschnitt vor allem um eine zweite Möglichkeit der Darstellung von Kurven und Flächen, mit der wir unsere Abbildungen erzeugt haben. Ausführliche Informationen finden Sie über *help ezplot*. Voraussetzung für die Verwendung dieser Darstellungsart ist die installierte *Symbolic Math Toolbox*.

„EZPLOT Easy to use function plotter". Probieren Sie die zwei Eingaben

```
ezplot ('sin (x)')
ezplot ('x ^ 2 + y ^ 2 -9')
```

aus. Die darzustellende Zuordnungsvorschrift (auch in impliziter Form) wird in Hochkommas ' (*Strings*) eingeschlossen, da es sich hier um symbolische Ausdrücke handelt. Alternativ können zu Beginn alle benötigten symbolischen Variablen deklariert werden, z. B.

```
syms   x y
```

(bitte Aufzählungen ohne Komma, sondern nur das Leerzeichen als Trennung verwenden).

Tipp: Sollen mehrere Kurven in einem Koordinatensystem dargestellt werden, verwenden Sie `hold on`. Dadurch erzwingen die folgenden *plots* oder *ezplots* keine neuen *Figures*, sondern verwenden die gerade geöffnete Grafik. Die MATLAB® *Figure* stellt den Rahmen für jede grafische Ausgabe in MATLAB® dar.

Der Standarddefinitionsbereich für *ezplot* ist das Intervall

$$[-2\pi \ 2\pi \,],$$

das man einfach durch Eingabe eines anderen geeigneten Intervalles ersetzen kann:

```
ezplot ('sin (x)', [0 10]).
```

Auf diese Weise ist zum Beispiel die Abbildung 1.1 entstanden:

```
ezplot ('y=atan(x-6)+1.5', [0  9]).
```

Die Grafik mit der erzeugten Kurve lässt sich anschließend in ihrem Ausgabefenster *Figure* bearbeiten (Speichern nicht vergessen). Man betätige den Button *Show Plot Tools* ganz rechts außen. Durch Markieren der Zuordnungsvorschrift oder durch Anklicken der Kurve erkennen Sie weitere Änderungsmöglichkeiten.

Für die Abbildung 1.4 haben wir die Koordinatenachsen abgeschaltet. Das funktioniert bei geöffneter Grafik durch die Eingabe von `axis off` (aufzuheben durch `axis on`).

Im Abschnitt 5.2.1 wurden Grafiken mit Hilfe der Parameterdarstellung von Kurven erzeugt. Der Kreis in der Abbildung 5.1 entstand durch

```
ezplot ('sin(t)', 'cos(t)').
```

Um die zugehörige Raumkurve in Abbildung 5.2 zu zeichnen, haben wir *ezplot3* verwendet:

```
ezplot3 ('t ', 'sin(t)', 'cos(t)').
```

Für die Abbildung 5.3 wurde das Standardintervall auf $[0\ 4\pi]$ abgeändert.

Die Grafiken in den Abbildungen 5.5 und 5.6 sind durch Drehung der zugehörigen Koordinatensysteme entstanden, indem man im Ausgabefenster *Figure* den Button *Rotate 3D* betätigt. Es kann sehr spannend sein, sich Kurven aus allen Perspektiven anzuschauen, ebenfalls bei dargestellten Flächen. *Tipp:* Wenn Sie bei Ihren Drehversuchen gezielt die senkrechte Perspektive auf eine der Koordinatenebenen erreichen möchten, können Sie diese Ebene über die rechte Maustaste auswählen.

In Kapitel 3.5 wurde die Abbildung 3.4 mittels

```
ezmesh ('x ^ 2 +y ^ 2 ').
```

erzeugt. Im Original ist die Abbildung farbig, so dass man die Höhe der Höhenlinien an den entsprechenden Farben erkennt.

Mit `help ezmesh` oder `help ezplot` lesen Sie über weitere Funktionsplotter nach.

Nicht an die *Symbolic Math Toolbox* gebunden ist die Darstellung von Richtungsfeldern (siehe Kapitel 2.1). In MATLAB® kann man Richtungsfelder mit dem Grafikbefehl `quiver` erzeugen. Wir geben im Folgenden an, wie wir in der Abbildung 2.3 Linienelemente der Differentialgleichung $y' = x$ erstellt haben:

```
x=linspace(-5,5,10);
y=linspace(-8,8,10);
[X,Y]=meshgrid(x,y);
Z=X;
[n,m]=size(Z);
E=ones(n,m);
quiver(X,Y,E,Z)
```

Um Richtungsfelder für weitere Differentialgleichungen darzustellen, ersetzen Sie nur den Ausdruck für Z durch die jeweilige rechte Seite der Differentialgleichung $y' = f(x, y)$.

meshgrid erzeugt aus den beiden Vektoren x und y zwei (10×10)-Matrizen X und Y. Lassen Sie sich X und Y im *Command Window* anzeigen, ebenfalls die Matrix E!

quiver wird auch Geschwindigkeitsabbildung genannt. *quiver(X, Y, E, Z)* zeichnet an die (X, Y)-Koordinatenpunkte, die sich aus den Elementen der Matrizen X und Y ergeben, jeweils Vektoren (Pfeile) der Richtungen (E, Z).

Unsere Grafiken wurden anschließend in der Umgebung *Show Plot Tools* weiter bearbeitet. Man kann dort auch nachträglich die Länge der Linien skalieren und die Pfeile entfernen, so dass in diesem Beispiel tatsächlich Linienelemente entstanden sind.

Zur Erzeugung des Richtungsfeldes in der Abbildung 6.2 in Kapitel 6.1 haben wir den normierten Richtungsvektor des zugehörigen Differentialgleichungssystems verwendet:

```
x=linspace(-1,1,20);

y=linspace(-1,1,20);

[X,Y]=meshgrid(x,y);

N=sqrt(X. ^ 2+Y. ^ 2);

[n,m]=size(Z);

E=ones(n,m);

quiver(X,Y,(-Y-X)./N, (X-Y./N))
```

7.2   Algebraische Berechnungen

Voraussetzung für die algebraische Lösung von gewöhnlichen Differentialgleichungen und Anfangswertaufgaben ist die installierte *Symbolic Math Toolbox*.

In der Abbildung 2.11 in Kapitel 2.2 sind sechs Kurven dargestellt, die jeweils Lösung einer Anfangswertaufgabe sind. Vergleichen Sie in Kapitel 2.2 die Abbildungen 2.11 und 2.4!

Nun erfahren Sie, wie die Lösung einer zugehörigen Anfangswertaufgabe berechnet wird, zum Beispiel für das Anfangswertproblem $y' = y$ mit $y(0) = 1$
durch

```
y=dsolve ('Dy=y ', 'y(0)=1').
```

Mit der Ausgabe

```
y=exp(t)
```

erhält man die eindeutige Lösung des Anfangswertproblems: $y(t) = e^t$. Die Ausdrücke *Dy* bzw. *D2y* bezeichnen die erste bzw. zweite Ableitung der symbolischen Funktion $y = y(t)$ in einer Differentialgleichung.

Für die algebraische Ermittlung der allgemeinen Lösung von Differentialgleichungen verwendet man *dsolve* analog, nur ohne Angabe von Anfangsbedingungen. Man erhält eine Lösungsschar mit der der Ordnung n der Differentialgleichung entsprechenden Anzahl freier Parameter $C1, C2, \ldots, Cn$. Die Form der ausgegebenen allgemeinen Lösung stimmt nicht immer mit der schriftlich berechneten allgemeinen Lösung überein.

Bei den numerischen Berechnungen von Lösungen gewöhnlicher Differentialgleichungen in Kapitel 2.3 wurde für das Beispiel 2.11 zu Vergleichszwecken ein Wert (wir bezeichnen ihn hier mit $y2$) der analytischen Lösung verwendet. Man könnte nach berechneter allgemeiner Lösung der Differentialgleichung im *Command Window* den benötigten Wert durch Einsetzen von $t = 2$ in die angezeigte Zuordnungsvorschrift ermitteln. Will man diesen Vorgang programmieren, verwendet man `subs`:

```
y=dsolve ('Dy=t+y', 'y(0)=0')
y2=subs(y,2)
```

Zur analytischen Lösung von Differentialgleichungen (siehe Aufgabe 4.3.4) müssen Stammfunktionen ermittelt, d. h. unbestimmte Integrale berechnet werden. Diese Operation lässt sich in MATLAB® auch symbolisch durchführen mit `int`. Das Ergebnis wird allerdings immer für die Wahl der Integrationskonstante $C = 0$ angegeben. Durch die Eingabe von

```
int('cos(2*t)')
```

erhält man den Ausdruck `1/2*sin(2*t)`.

Der Wert eines zugehörigen bestimmten Integrals wird mit `int('cos(2*t)', 0, 1)` berechnet. Die Zahlen 0 und 1 sind in diesem Beispiel die Grenzen des Integrationsintervalls.

Algebraisch differenzieren kann man mit `diff`:

```
diff('cos(s*t)')
```

Das Ergebnis lautet `-sin(s*t)*s`.

Den Graphen in der Abbildung 1.2 im Abschnitt 1.1.1 haben wir als Ableitung der Funktion aus Abbildung 1.1 dargestellt:

```
ezplot (diff('atan(x-6)+1.5 '), [0  9]).
```

Abschließend wollen wir noch ein Beispiel zur algebraischen Lösung von drei Anfangswertaufgaben zu einem Differentialgleichungssystem angeben (für ein aufzustellendes Modellbeispiel am Ende von Abschnitt 5.4.3):

```
S1=dsolve('Du=-u-v ', 'Dv=u-v ', 'u(0)=0.5*sqrt(3)', 'v(0)=0.5 ')
S2=dsolve('Du=-u-v ', 'Dv=u-v ', 'u(0)=-0.5*sqrt(3)', 'v(0)=0.5 ')
S3=dsolve('Du=-u-v ', 'Dv=u-v ', 'u(0)=0 ', 'v(0)=-1 ').
```

MATLAB® gibt zunächst nur den Abschluss dieser Berechnungen an, indem die symbolischen Variablen angezeigt werden: *S1, S2, S3* jeweils mit den beiden Komponenten u und v.

Die Zuordnungsvorschriften der symbolischen Funktionen u und v werden ausgegeben, wenn man (im Falle `S=dsolve...`) die Eingaben

```
S.u
S.v
```

verwendet bzw. diese in das *m-File* aufnimmt.

7.3   Skripte

Wenn Sie eine Folge von Kommandos hintereinander ausführen lassen wollen, dann schreiben Sie diese in ein MATLAB® *Skript*. Zu Beginn von Kapitel 7 haben wir in Bezug auf die Kommandofolge (7.1) schon erwähnt, wie man ein *Skript* anlegt, speichert und startet. Wir wollen hier ein weiteres Beispiel für eine solche Folge von Kommandos angeben, die wir im Abschnitt 2.3.1 für die Abbildung 2.14 verwendet haben.

```
%Kommentare: Eulersches Polygonzugverfahren mit

%y0: Anfangswert, t0 und tend: Endpunkte des Intervalls, h: Schrittweite


clear
t0 = 0;  tend = 2;  y0 = 0;  h = 1/10
N = (tend-t0)/h;
t(1) = t0;  y(1) = y0;
for  i = 1 : N
     t(i+1) = t(i) + h;
     y(i+1) = y(i) + h *(t(i)+y(i))
end
plot(t, y, 'g -')
hold on
plot(t, y, 'b *')
```

Es wurde hier u. a. bewusst auf explizite Ausgabeanweisungen verzichtet. Wer gerade mit der Einarbeitung in MATLAB® beginnt, kann auf diese einfache Weise schon Berechnungen und Tests ausführen. Es werden im *Command Window* automatisch alle Werte der Variablen ausgegeben, bei deren Verwendung dies nicht mit dem Semikolon verhindert wird. Denjenigen Variablen, deren Werte Sie im *Skript* nicht festlegen wollen, können Sie vor dem Aufruf oder Start des *Skript Files* durch Eingabe im *Command Window* gewünschte Werte zuweisen. In diesem Beispiel würde man die Schrittweite h nicht im *Skript* festlegen, d. h. dort die Zeile $h = 1/10$ weglassen. (Kommentarzeilen werden in MATLAB® mit dem %-Zeichen gekennzeichnet.)

Zum Programmieren verwendet man MATLAB® *Funktionen*. Diese werden wie MATLAB® *Skripte* in *m-Files* gespeichert, haben aber ihren eigenen lokalen Variablenbereich und verfügen über Eingabe- und Ausgabeparameter. Die Bezeichnung der *Function* muss mit dem Namen der Datei *Name.m* übereinstimmen. Weitere Informationen finden Sie in der zu MATLAB® zitierten Literatur.

Literaturverzeichnis

Angermann, Beuschel, Rau, Wohlfarth: MATLAB-SIMULINK-STATEFLOW. *Grundlagen, Toolboxen, Beispiele,* Oldenbourg Verlag (2005).

Aulbach, B.: *Gewöhnliche Differentialgleichungen*, Spektrum Akademischer Verlag (2004).

Bollhöfer, M., Mehrmann, V.: *Numerische Mathematik*, Vieweg Verlag (2004).

Brauch/Dreyer/Haacke: *Mathematik für Ingenieure*, Teubner Verlag (2006).

Braun, M.: *Differentialgleichungen und ihre Anwendungen*, Springer Verlag (1994).

Bronstein, Semendjajew, Musiol, Mühlig: *Taschenbuch der Mathematik*, Verlag Harri Deutsch (2001).

Burg, Haf, Wille: *Lineare Algebra. Band II Höhere Mathematik für Ingenieure*, Teubner Verlag (2007).

Burg, Haf, Wille: *Gewöhnliche Differentialgleichungen, Distributionen, Integraltransformationen. Band III Höhere Mathematik für Ingenieure*, Teubner Verlag (2002).

Collatz, L.: *Differentialgleichungen*, Teubner Verlag (1990).

Dahmen, W., Reusken, A.: *Numerik für Ingenieure und Naturwissenschaftler*, Springer Verlag (2006).

Demailly, J.-P.: *Gewöhnliche Differentialgleichungen. Theoretische und numerische Aspekte*, Vieweg Verlag (1994).

Dobner, G., Dobner, H.-J.: *Gewöhnliche Differentialgleichungen*, Fachbuchverlag Leipzig (2004).

Forst, W., Hoffmann, D.: *Gewöhnliche Differentialgleichungen (vertieft und visualisiert mit MAPLE)*, Springer Verlag (2005).

Hermann, M.: *Numerik gewöhnlicher Differentialgleichungen*, Oldenbourg Verlag (2004).

Heuser, H.: *Gewöhnliche Differentialgleichungen*, Teubner Verlag (2006).

Hollburg, U.: *Maschinendynamik*, Oldenbourg Verlag (2007).

Huckle, T., Schneider, S.: *Numerische Methoden*, Springer Verlag (2006).

HÜTTE: *Das Ingenieurwissen*, Springer Verlag (2007).

Knorrenschild, M.: *Numerische Mathematik. Eine Beispielorientierte Einführung*, Fachbuchverlag Leipzig (2003).

Merziger, G., Wirth, Th.: *Repetitorium der Höheren Mathematik*, Binomi Verlag Springe (2002).

Meyberg, K., Vachaenauer, P.: *Höhere Mathematik 2 (Differentialgleichungen, Funktionentheorie, Fourier-Analysis, Variationsrechnung)*, Springer Verlag (2001).

Preuß, W., Wenisch, G.: *Lehr- und Übungsbuch Mathematik, Band 2 Analysis*, Fachbuchverlag Leipzig (2000).

Preuß, W., Wenisch, G.: *Lehr- und Übungsbuch Numerische Mathematik*, Fachbuchverlag Leipzig (2001).

Schwarz, H. R., Köckler, N.: *Numerische Mathematik*, Teubner Verlag (2004).

Schweizer, W.: MATLAB® *kompakt*, Oldenbourg Verlag (2007).

Graf von Finckenstein, K.: *Differentialgleichungen, Funktionentheorie, Numerik und Statistik; Bd. II Arbeitsbuch Mathematik für Ingenieure*, Teubner Verlag (2006).

Walter, W.: *Gewöhnliche Differentialgleichungen*, Springer Verlag (2000).

http://www.mathworks.de/products/matlab/description1.html MATLAB® *7.5 Produktbeschreibung, 10.01. 2008*

http://de.wikipedia.org/ *wiki Edward N. Lorenz, 10. 08. 2007*

Index